HTML5·CSS3·RWD·jQuery Mobile

陈惠贞 著

跨设备 网页设计

清華大学 出版社

北 京

内 容 简 介

本书讲解以 HTML5 与 CSS3 为主，结合 Responsive Web Design（RWD）与 jQuery Mobile 技术为网页设计人员提供了一个跨平台、跨设备的解决方案。

本书共 17 章，分为 4 篇。HTML5 篇：介绍了网页设计基础，文件结构，数据编辑与格式化，超链接，表格，影音多媒体，窗口与后端处理；CSS3 篇：介绍了 CSS 基本语法，字体、文本、列表、颜色、背景、与渐变属性，Box Model 与定位方式，表格属性，特殊效果与媒体查询；Responsive Web Design（RWD）篇：介绍了移动版网页和 PC 版网页之间比较明显的差异、移动版网页的设计原则和实用技巧；jQuery Mobile 篇：介绍了使用 jQuery Mobile 开发移动网页和 jQuery Mobile 的 UI 组件。

本书适合网页设计初学者，可适用于高等院校相关专业和培训学校的教材和辅导用书。

图书在版编目（CIP）数据

HTML5、CSS3、RWD、jQuery Mobile 跨设备网页设计/陈惠贞著. —北京：清华大学出版社，2016

ISBN 978-7-302-43330-9

Ⅰ.①H… Ⅱ.①陈… Ⅲ.①网页制作工具 Ⅳ.①TP393.092

中国版本图书馆 CIP 数据核字（2016）第 051604 号

责任编辑：夏非彼
封面设计：王　翔
责任校对：闫秀华
责任印制：杨　艳

出版发行：清华大学出版社
　　　　网　　　　址：http：//www.tup.com.cn，http：//www.wqbook.com
　　　　地　　　　址：北京清华大学学研大厦 A 座　　　　邮　　编：100084
　　　　社　总　机：010-62770175　　　　邮　　购：010-62786544
　　　　投稿与读者服务：010-62776969，c-service@tup.tsinghua.edu.cn
　　　　质　量　反　馈：010-62772015，zhiliang@tup.tsinghua.edu.cn
印　装　者：清华大学印刷厂
经　　　销：全国新华书店
开　　　本：190mm×260mm　　　印　　张：24.25　　　字　　数：621 千字
版　　　次：2016 年 4 月第 1 版　　　印　　次：2016 年 4 月第 1 次印刷
印　　　数：1～3500
定　　　价：69.00 元

产品编号：067084-01

前　言

随着无线网络与移动通信的蓬勃发展，以及智能手机、平板电脑等移动设备的快速普及，网站推出"移动版"已经是大势所趋；但面临的问题是，市面上有数种不同的移动平台，例如 Android、iOS、Windows、BlackBerry OS等，即便同样是 Android 平台，也有许多不同品牌、不同尺寸的设备，总不能针对各个设备推出专用的网站吧。显然网页设计人员需要一个能够跨平台、跨设备的解决方案，让大家设计的网站可以在不同的设备上显示。

本书所要介绍的就是一个能够实现上述目标的解决方案，主要内容如下：

- HTML5：可以用来定义网页的内容，开发各种网页应用程序，例如在线文件处理系统、地图网站、在线游戏网站等，而不只是局限于静态网页。本书除了介绍 HTML 4.01 的元素，还介绍 HTML5 增加、修改或删除的元素，例如 <article>、<section>、<nav>、<header>、<footer> 等结构元素，<video>、<audio> 等影音多媒体元素，<canvas> 绘图区元素，以及新增的窗体输入类型与窗体元素。

- CSS3：可以用来定义网页的外观，包括编排、显示、格式化及特殊效果。本书除了介绍 CSS2.1 的属性；还介绍 CSS3 新增的属性，例如更多的选择器、渐变、阴影、透明度、圆角、框线图片、外框线、多字段排版、媒体查询、2D/3D 变形处理等；尤其是在移动设备上网蔚然成风之后，网页设计人员更需要通过媒体查询功能，再根据 PC 机或移动设备的特征来设计网页样式。

- Responsive Web Design（RWD）：除了介绍移动版网页和 PC 版网页之间比较明显的差异之外，例如移动设备的屏幕尺寸较小、分辨率较低、执行速度较慢、上网带宽较小，但可以任意切换成水平显示或垂直显示，而且是以触控操作为主；还说明移动版网页的设计原则，包括层级架构不要分太多层、把握简明扼要的原则、使用 CSS 设定特殊效果、不要使用 Flash 动画、单栏设计比较容易阅读、折叠目录、妥善运用窗体让用户输入数据、按钮要醒目且容易触碰以及有视觉回馈等。

  此外，本书以实例示范 Responsive Web Design（RWD，响应式网页设计），这种网页设计方式会根据用户的浏览器环境（例如屏幕的宽度、长度、分辨率、长宽比或移动设备的方向等），自动调整网页的版面配置，以提供最佳的显示结果；换句话说，只要设计单一版本的网页，就能够完整显示在PC机、平板电脑、智能手机等设备上，用户无须通过频繁地拉近、拉远、滚动来阅读网页的信息，达到 One Web One URL 的目标。

- jQuery Mobile：虽然上述技术已经可以用来开发移动版网站，但用户可能得自行研究不同设备之间的差异；而 jQuery Mobile 则克服了跨平台、跨设备所面临的兼容性问题，帮助用户快速打造移动版网站的界面。

排版惯例

本书在列举HTML 元素、CSS 属性与程序代码时，遵循下列排版惯例：

- HTML 不会区分英文字母的大小写，本书将采用小写英文字母，至于 CSS 则会区分英文字母的大小写。
- 斜体字表示网页设计人员输入的属性值、程序语句或名称。
- 中括号 [] 表示可以省略不写，例如 font-family: *字体名称 1*[, *字体名称 2*] 的 [, *字体名称 2*] 表示第二个字体名称可以有，也可以没有。
- 垂直线 | 用来隔开替代选项，例如 font-style:normal | italic | oblique 表示 font-style 属性的值可以是 normal、italic 或 oblique。

下载提示

本书范例的范例文件和附录电子书下载地址为：**http://pan.baidu.com/s/1kUfq5gF**。

如果下载有问题，请电子邮件联系booksaga@126.com，邮件主题为"求TML5、CSS3、RWD、jQuery Mobile跨设备网页设计范例文件"。

改编说明

　　本书综合考虑了用 HTML5 进行网页设计时兼顾电脑平台和移动平台的需要，让网页开发者可以做到"一次开发到处运行"，即只设计和编写一次网页程序，就可以在各种设备上风格一致地顺畅运行，达到事半功倍的效果。

　　而实现这一目标的关键是综合使用这四种技术：HTML5 + CSS + RWD + jQuery Mobile。本书的核心就是围绕这一关键目标展开的，每一章都配备了实用且细致的范例程序。因此，无论是采用此书作为教材的学生还是购买本书自学的读者，都能在学习和实践中迅速掌握将这些关键技术运用于跨平台网页设计的技能，并运用到自己的项目开发过程中。

　　由于 HTML5 标准相对比较新，并不是所有的浏览器或者它们的旧版本都能完整地支持本书的 HTML5 范例程序。要正确地运行这些范例程序，我们基本采用了两种浏览器：Internet Explorer 11 和 Opera 33.0。在改编本书的过程中，除了把所有的范例程序修改为简体中文版，还在 Internet Explorer 11 或者 Opera 33.0 浏览器上逐个测试和调试过了这些范例程序。因此，本书的所有范例程序至少可以在其中的一款浏览器上正确运行。

　　当然，支持 HTML5 的浏览器还包括 Firefox（火狐浏览器）、Chrome（谷歌的浏览器）、Safari等，以及国内的 QQ浏览器、猎豹浏览器等。如果读者想在这些浏览器上运行 HTML5 的程序，请注意它们的版本说明中对 HTML5 支持程度的细节说明。

赵军

2016 年 3 月

目　录

第 1 章

网页设计简介

1-1　网页设计的流程

网页设计的流程大致上可以分成如下图的四个阶段，以下就为您做说明。

1-1-1　搜集资料与规划网站架构

搜集资料与规划网站架构是网页设计的首要步骤，除了要厘清网站所要传递的内容，最重要的是确立网站的主题与目标族群，然后将网站的内容规划成阶层式架构，也就是规划出组成网站的网页（里面可能包括文字、图片、视频与音频），并根据主题与目标族群决定网页的呈现方式，下列几个问题值得您深思：

- 网站的建立是为了销售产品或服务？塑造并宣传企业形象？还是方便业务联系？抑或个人兴趣分享？若网站本身具有商业目的，那么您还需要进一步了解其行业背景，包括产品类型、企业文化、品牌理念、竞争对手等。
- 网站的建立与经营需要投入多少时间与资源？您打算如何营销网站？有哪些渠道及相关的费用？
- 网站的获利模式为何？例如销售产品或服务、广告收益、手续费或其他。
- 网站将提供哪些资源或服务给哪些对象？若是个人的话，那么其统计资料为何？包括年龄层分布、男性与女性的比例、教育程度、职业、婚姻状况、居住地区、上网的频率与时数、使用哪些设备上网等；若是公司的话，那么其统计数据为何？包括公司的规模、营业项目与预算。

  关于这些对象，它们有哪些共同的特征或需求？例如，彩妆网站的用户可能锁定为时尚爱美的女性，所以其主页往往呈现出艳丽的视觉效果，以便紧紧抓住用户的目光，而入口网站或购物网站的用户比较广泛，所以其主页通常涵盖了琳琅满目的题材。
- 网络上是否已经有相同类型的网站？如何让自己的网站比这些网站更吸引目标族群？因为人们往往只记得第一名的网站，却分不清楚第二名之后的网站，所以定位清楚且内容专业将是网站胜出的关键，光是一味地模仿，只会让网站流于平庸化。

彩妆网站的主页往往呈现出艳丽的视觉效果

1-1-2　网页制作与测试

在这个阶段中，您要着手制作"阶段一"所规划的网页，常见的网页编辑软件分成两种类型，其一是纯文本编辑软件，例如记事本、Notepad++，其二是所见即所得网页编辑软件，例如 Dreamweaver，而且必要时可能要搭配 Photoshop、Illustrator、CorelDraw 等图像处理软件来设计网页背景、标题图片、按钮、动画等。待网页制作完毕后，还要测试各个组件能否正常工作。

对于想学习HTML的人来说，纯文本编辑软件是较佳的选择，因为它可以让用户专注于 HTML 语法，不像所见即所得网页编辑软件会产生多余的或特有的 HTML 元素，造成初学者的困扰；相反地，对于不想学习 HTML 而只想快速编辑网页的人来说，所见即所得网页编辑软件是较佳的选择，因为它隔绝了用户与 HTML 语法，即便不具备程序设计的基础，一样也能够设计出图文并茂的网页。

1-1-3　网站上传与推广

辛苦制作的网站当然要上传到因特网让大家欣赏，此时，您得先替网站在因特网找个家，也就是申请网页空间，常见的方式如下：

- 租用专线（或 ADSL、光纤宽带）：若您的预算充足，可以向电信公司，通信公司等 ISP 租用专线，将计算机架设成 Web 服务器，维持 24 小时运行不打烊。
- 租用网页空间或虚拟主机：ISP 通常会提供网页空间或虚拟主机出租业务，这种业务的价格较低，适合预算少的人，详细的出租价格、申请程序、上传方式、网页空间大小、传输速率等事项，可以到 ISP 的网站查询。
- 申请免费网页空间：事实上，就算您没有预算，还是可以申请免费网页空间，目前提供免费网页空间的网站不少，例如 Google Sites、TACONET（章鱼网）等，而多数 ISP 也会为其用户提供免费的网页空间。虽然免费的网页空间相当吸引人，但它可能有下列几项缺点，若您的网页非常重要，建议您还是拿出预算去租用网页空间或虚拟主机：

➢ 有时可能会因为使用人数太多，导致传输迟缓。

➢ 网页空间大小会受到限制。

➢ 网页可能会被要求放上广告。

➢ 无法保证提供免费网页空间的网站不会当机、关闭或撤销网站。

➢ 服务或功能较少，例如不支持 PHP、ASP、CGI等动态网页技术。

➢ 网页空间通常只是一个文件夹，不能设置个人网站。

在将网页上传到因特网后，还要将它公之于世，其中最快速的方式就是到百度、Google 等搜索引擎进行登录，同时您还可以向"中国互联网信息中心（CNNIC）"（http://www.cnnic.cn/）申请.com.cn、.org.cn、.net.cn 等英语网站名称，.idv.cn 个人网站名称，或 .中国、.公司、.网络等属性型中文网站名称。

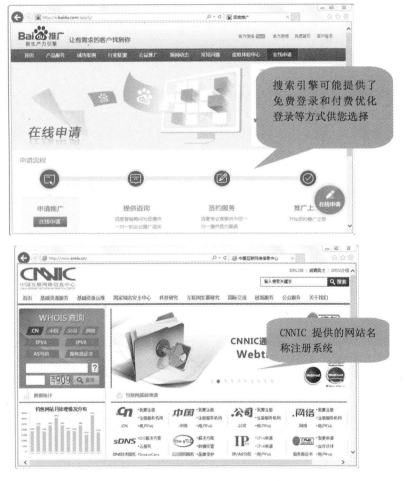

1-1-4 网站更新与维护

您的责任可不是将网站上传到因特网就结束了，既然设立了这个网站，就必须负起更新与维护的责任。您可以利用本书所教授的技巧，定期更新网页，然后通过网页空间提供者所提供的接口或 FTP 软件（例如WS_FTP、CuteFTP），将更新后的网页上传到因特网并检查网站的运转是否正常。

1-1-5 搜索引擎优化

搜索引擎优化（SEO，Search Engine Optimization）的构想起源于多数网站的新浏览者大都来自搜索引擎，而且搜索引擎的用户往往只会留意搜索结果中排名前面的几个网站，因此，网站的拥有者不仅要到各大搜索引擎进行登录，还要设法提高网站在搜索结果中的排名，因为排名越靠前，就越有机会被用户浏览到。

至于如何提高排名，除了购买关键词广告之外，另一种常见的方式就是利用搜寻引擎的搜索规则来调整网站架构，即所谓的搜索引擎优化，这种方式的效果取决于搜索引擎所采用的搜索算法，而搜索引擎为了提升搜索的准确度及避免人为操纵排名，有时会变更搜索算法，使得SEO成为一项越来越复杂的任务，也正因如此，有不少网络营销公司会推出网站SEO服务，代客户调整网站架构，增加网站被搜索引擎找到的几率，进而提升网站曝光度及流量。

除了委托网络营销公司进行 SEO，事实上，我们也可以在制作网页时留心下图的几个地方，亦有助于 SEO。

ⓐ 令网页的关键词成为网址的一部分　　　　ⓓ 令网页的关键词出现在内容中

ⓑ 令网页的关键词显示在标题栏或索引标签　　ⓔ 适当地为图片或视频指定替代显示文字，以利图片搜索

ⓒ 令网页的关键词出现在标题或超链中

1-2　网页设计相关的程序设计语言

网页设计相关的程序设计语言很多，比较常见的如下：

- HTML（HyperText Markup Language）：HTML 是由 W3C（World Wide Web

Consortium）所提出，主要的用途是制作网页（包括内容与外观）。HTML 文件是由"标签"（tag）与"属性"（attribute）所组成，统称为"元素"（element），浏览器只要看到 HTML 源代码，就能解析成网页。

网页的 HTML 源代码

网页的实际浏览结果

- CSS（Cascading Style Sheets）：CSS 是由 W3C 所提出，主要的用途是控制网页的外观，也就是定义网页的编排、显示、格式化及特殊效果，有部分功能与 HTML 重叠。

  或许您会问，"既然 HTML 提供的标签与属性就能将网页格式化，那为何还要使用 CSS ？"，没错，HTML 确实提供一些格式化的标签与属性，但其变化有限，而且为了进行格式化，往往会使得 HTML 源代码变得非常复杂，内容与外观的依赖性过高而不易修改。

  为此，W3C 鼓励网页设计人员使用 HTML 定义网页的内容，然后使用 CSS 定义网页的外观，将内容与外观分隔开来，便能通过 CSS 从外部控制网页的外观，同时 HTML 源代码也会变得精简。事实上，W3C 已经将某些 HTML 标签与属性列为 Deprecated（建议勿用），并鼓励改用 CSS 来取代它们。

- VRML（Virtual Reality Modeling Language）：VRML 是由 Web3D Consortium 所提出，主要的用途是描述物体的三维空间信息，让用户可以看到 3D 物体，换句话说，用户不仅能看到物体的正面，还能看到物体的其他角度，或将物体加以旋转、拉近、拉远等。

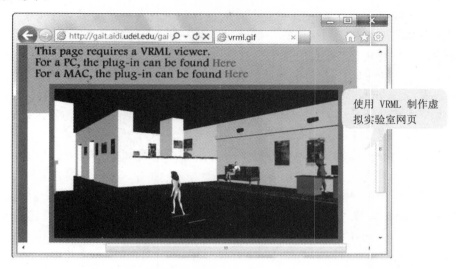

使用 VRML 制作虚拟实验室网页

- XML（eXtensible Markup Language）：XML 是由 W3C 所提出，主要的用途是传送、接收与处理数据，提供跨平台、跨程序的数据交换格式。XML 可以扩大 HTML 的应用及适用性，例如 HTML 虽然有着较佳的网页显示功能，却不允许用户自定义标签与属性，而 XML 则允许用户这么做。

- XHTML（eXtensible HTML）：XHTML 是一种类似 HTML，但语法更严格的标记语言。W3C 按照 XML 的基础，将 HTML 4、HTML5 重新制定为 XHTML 1.0/1.1 和 XHTML5，HTML 的元素均能沿用，只要留意一些来自 XML 的语法规则即可，例如标签与属性必须是小写英文字母、非空元素必须有结束标签、属性值必须放在双引号中、不能省略属性的默认值等。

- DHTML（Dynamic HTML）：HTML 虽然是最普遍的网页设计语言，但在早期它有一个缺点，凡网页上有数据需要更新，浏览器就必须从服务器重新下载整个网页，造成网络的负荷过大，为此，Microsoft 公司提出了一个解决方案——DHTML，这项技术能够在网页下载完毕后插入、删除或取代网页的某些 HTML 源代码，而浏览器会自动根据更新过的 HTML 源代码显示新的内容，无须从服务器重新下载整个网页，如此便能减少浏览器访问服务器的次数；此外，DHTML 还允许网页设计人员加入更多动态效果，例如文字或图片的飞出、跳动、逐字空投等。

- Java Applets：这是使用 Java 编写的小程序，无法单独执行，必须嵌入网页，然后通过支持 Java 的浏览器协助其执行，可以用来制造水中涟漪、水中倒影、计数器、跑马灯、探照灯、变色按钮、火焰背景、彩虹文字、魔术方块、电子钟等动态效果。Java Applets 曾经被大量应用在网页设计中，但目前已经比较少见了，不过，还是有些网站会提供现成的 Java Applets 让用户下载。

- ActiveX Controls：这是 Microsoft 公司所推出的控件，目的是让网页营造出更丰富的效果，以和当时盛行的 Java Applets 竞争，例如 ActiveMovie 控件（媒体播放程序）、日历控件、Office 图表控件等。

- 浏览器端 Scripts：严格来说，使用 HTML、CSS、XML 或 XHTML 所编写的网页都是属于静态网页，无法显示动态效果，例如，有人会希望网页显示实时更新的数据（例如股票指数、网络游戏、实时通信），有人会希望当用户点选网页的组件时，组件的外观会改变。此类的需求可以通过浏览器端 Scripts 来完成，这是一段嵌入在 HTML 源代码的小程序，由浏览器负责执行，JavaScript 和 VBScript 均能用来编写浏览器端 Scripts，其中以 JavaScript 为主流。事实上，HTML、CSS 和 JavaScript 可以说是网页设计最核心也最基础的技术，其中 HTML 用来定义网页的内容，CSS 用来定义网页的外观，而 JavaScript 用来定义网页的行为。

- 服务器端 Scripts：虽然浏览器端 Scripts 已经能够完成许多工作，但有些工作还是得在服务器端执行 Scripts 才能完成，例如访问数据库。由于在服务器端执行 Scripts 必须拥有特殊权限，而且会增加服务器端的负担，因此，网页设计人员应尽量以浏览器端 Scripts 取代服务器端 Scripts。常见的服务器端 Scripts 有下列几种：

  ➢ CGI（Common Gateway Interface）：CGI是在服务器端程序之间传送信息的标准接口，而 CGI 程序则是符合 CGI 标准接口的 Scripts，通常是由 Perl、Python 或 C 语言所编写（扩展名为.cgi）。

  ➢ JSP（Java Server Pages）：JSP是Sun公司所提出的动态网页技术，可以在 HTML 源代码嵌入Java程序并由服务器负责执行（扩展名为.jsp）。

  ➢ ASP（Active Server Pages）/ASP.NET：ASP程序是在Microsoft IIS Web服务器执行的 Scripts，通常是由 VBScript 或 JavaScript 所编写（扩展名为.asp），而新一代的 ASP.NET 程序则改由功能较强大的Visual Basic、Visual C#、JScript.NET 等 .NET 兼容语言所编写（扩展名为.aspx）。

  ➢ PHP（PHP:Hypertext Preprocessor）：PHP程序是在Apache、MicrosoftIIS 等Web 服务器执行的Scripts，由 PHP 语言所编写，属于开放源码（open source），具有免费、稳定、快速、跨平台（UNIX、FreeBSD、Windows、Linux、Mac OS...）、易学易用、面向对象等优点。

1-3 HTML 的演进

  HTML的起源可以追溯至 1990 年，当时一位物理学家 Tim Berners-Lee 为了让世界各地的物理学家方便进行合作研究，于是提出了 HTML，用来建立超文件系统（hypertext system）。

  不过，这个最初的版本只有纯文本格式，直到1993 年，Marc Andreessen 在他所开发的 Mosaic 浏览器加入 <img> 元素，HTML文件才终于可以包含图形图像，而 IETF（Internet Engineering Task Force）首度于 1993 年将 HTML发布为工作草案（Working Draft）。

  之后 HTML 陆续有一些发展与修正，如下所示，而且从 3.2 版开始，IETF 就不再负责HTML的标准化，而是改交由W3C负责：

- HTML2.0：1995 年 11 月发布。
- HTML3.2：1997 年 1 月发布为 W3C 推荐标准（W3C Recommendation）。
- HTML4.0：1997 年 12 月发布为 W3C 推荐标准。

- HTML4.01（小幅修正）：1999 年 12 月发布为 W3C 推荐标准。

HTML 在非常短的时间内即成为网页制作的标准语言，然而随着网页内容与上网设备的多元化，浏览器厂商任意自定义元素的情况日趋严重，不仅违背了 HTML 简单实用的本意，也导致文件在跨平台交换时发生不兼容的情况。

正因如此，W3C 于 1997 年发布 HTML 4.0 后，就决定不再继续发展 HTML，并撤销了 HTML 工作小组，然后于 1998 年发布 XML 1.0，他们认为未来应该以 XML 为主。往后的 10 年间，HTML 便停留在由 4.0 版进行了小幅修正的 4.01 版，同时 W3C 也按照 XML 的基础，将 HTML 4 重新制定为 XHTML，而且 XHTML 1.0/1.1 分别于 2000 年、2001 年成为 W3C 推荐标准。

W3C 制定 XHTML 1.0/1.1 是为了鼓励网页设计人员编写结构健全、格式良好、没有错误的网页，但残酷的事实是现有的网页几乎都存在着或多或少的错误，只是浏览器通常会忽略这些错误，网页设计人员也就不会去修正了。

之后 W3C 继续发展语法规则更严格的 XHTML 2，甚至计划打破向下兼容于当前浏览器的惯例，然而，此举却不被网页设计人员及浏览器厂商所接受，终于在 2009 年宣布停止发展 XHTML 2（注 [1]）。

就在 W3C 致力发展 XHTML 的期间，Apple、Mozilla、Opera 等厂商在 2004 年组成了另一个团队叫做 WHATWG（Web Hypertext Application Technology Working Group），他们针对现行的 HTML 进行扩充，维持向下兼容于当前浏览器的惯例，并陆续提出 Web Forms 2.0、Web Application 1.0 等规格。

由于 XHTML 2 一直无法获得主流浏览器进行实践，而 WHATWG 则已经获得多家厂商支持，因此，W3C 的创办者 Tim Berners-Lee 于 2006 年宣布 W3C 将与 WHATWG 一起发展新版的 HTML，并于 2007 年重新设立 HTML 工作小组。

HTML 工作小组以 WHATWG Web Forms 2.0、Web Application 1.0 等规格为基础，于 2008 年发布 HTML5 的第一份公开工作草案（First Public Working Draft），于 2011 年通过最终审查请求（Last Call），于 2012 年成为候选推荐（Candidate Recommendation），并于 2014 年 10 月成为 W3C 推荐标准（W3C Recommendation）（注 [2]）。

由于多数的 PC 版浏览器和移动版浏览器对 HTML5 有着相当程度的支持，因此，我们可以在网页上使用 HTML5 的新功能与 API（注 [3]），然后利用这些浏览器来进行测试，早一步为升级至 HTML5 做准备。

注 [1]：XHTML 2 虽然于 2009 年停止发展，但随着 HTML5 即将成为 W3C 推荐标准，W3C 也会按照 XML 的基础，将 HTML5 重新制定为 XHTML5。

注 [2]：您可以到 W3C HTML5 官方网站 http://www.w3.org/TR/html5/ 查看 W3C HTML5 的规格与发展现状，至于 WHATWG HTML 的规格与发展现状则可以到 http://whatwg.org/html5 查看。

注 [3]：HTML5 提供的 API（Application Programming Interface，应用程序编程接口）是一组函数，网页设计人员可以调用这些函数完成许多工作，例如编写脱机网页应用程序、存取客户端文件、地理定位、绘图等，而无须考虑其底层的源代码或理解其内部的运行机制。

1-4 HTML5 的新功能

与其说 HTML5 是一种标记语言，倒不如说它是一个结合 HTML、CSS 和 JavaScript 等技术的"网页应用程序开发平台"，因为 HTML5 涵盖了多种规格与 API，可以用来开发各种网页应用程序，功能媲美现行的桌面应用程序，例如在线文件系统、地图网站、游戏网站等，而不再局限于传统的静态网页。

HTML5 不仅提供了现代浏览器所必须具备的新功能，同时将网页设计人员沿用多年的一些功能加以标准化，例如 <embed> 元素可以用来嵌入Adobe Flash等插件，却始终没有被 HTML 正式认可，而HTML5 终于将它标准化。另外还有一个例子是普遍应用于Ajax技术的XMLHttpRequest对象，这个对象其实是 Microsoft公司所开发出来的，然后逆向集成到其他浏览器，同样地，它也始终没有被 HTML 正式认可，直到 HTML5，才终于获得标准化。

和 HTML 4/4.01 比起来，HTML5 增加、修改或删除了一些元素，同时提供了强大的 API，以下就带您快速浏览一遍。

HTML5 增加、修改或删除的元素

- 简化的文件类型定义：从前网页设计人员在进行文件类型定义（DTD，Document Type Definition）时，必须编写一长串的网址和版本，例如：

```
<!doctype html public "-//W3C//DTD HTML 4.01//EN"
"http://www.w3.org/TR/html4/strict.dtd">
```

而到了 HTML5 只要编写下列程序语句即可：

```
<!doctype html>
```

- 简化的字符集指定方式：从前网页设计人员在指定字符集时，必须编写一长串的属性，例如：

```
<meta http-equiv= "content-type" content="text/html; charset=utf-8">
```

而到了 HTML5 只要编写下列程序语句指定字符集为 UTF-8 即可：

```
<meta charset="utf-8">
```

- 新增的元素：HTML5 增加了一些新的元素，如下表所示。

与文件结构相关的元素	说明
<section>	标记通用的区段
<article>	标记独立的内容
<aside>	标记侧边栏
<nav>	标记导航条
<header>	标记区段的页首
<footer>	标记区段的页尾
<hgroup>	标记多个标题的组合

注：HTML5 希望通过这些语义明确的元素，更加清楚地标记出文件的大纲结构。

用来嵌入外部内容的元素	说明
<video>	播放视频
<audio>	播放音频
<source>	指定视频或音频资源的链接与类型
<embed>	嵌入插件
<figure>	标注图片、表格、程序代码等能够从主要内容抽离的区块
<figcaption>	针对 <figure> 元素的内容指定标题
<canvas>	在网页上建立一个绘图区，供绘制图形、绘制文字、填入颜色、渐变或设计动画

注：<video> 和 <audio>赋予浏览器原生能力来播放视频与音频，这样浏览器将不再需要依赖Apple QuickTime、Adobe Flash、RealPlayer等插件，也不必担心用户可能没有安装插件，而看不到或听不到网页上的视频与音频。

与窗体相关的元素	说明
<progress>	进度表
<keygen>	产生公钥
<output>	产生输出用的窗体元素
<meter>	计量或分数值，例如得票率、使用率等
<time>	标记日期时间
<menu>	菜单
<command>	菜单中的指令
<datalist>	数据清单
<details>	详细信息
<summary>	摘要
<ruby>、<rt>、<rp>	注音或拼音
<mark>	荧光标记

- 修改的元素：HTML5 修改了一些现有的元素，例如 <em>、<i>、<strong>、<b>、<address>、<ol>等。
- 删除的元素：HTML 删除了一些现有的元素，如下表。不过，由于浏览器具有向下兼容性，因此，即便是遇到包含这些元素的网页，也会跳过继续显示，只有在进行 HTML5 文件的验证时，才会发出警告或错误。

删除的元素	说明
<frame>、<frameset>、<noframes>	改用 <iframe> 与 CSS
<font>、<basefont>、<big>、<blink>、<center>、<strike>、<tt>、<nobr>、<spacer>、<marquee>	改用 CSS
<bgsound>	改用 <audio>
<noembed>	改用 <object>
<acronym>	改用 <abbr>
<applet>	改用 <embed> 或 <object>
<dir>	改用 <ul>

（续表）

删除的元素	说明
<plaintext>	改用 <pre>
<listing>、<xmp>	改用 <pre> 与 <code>
<rb>	改用 <ruby>

- 新增的全局属性：HTML5 增加了一些新的全局属性，可以套用到多数的 HTML 元素，如下表。

新增的全局属性	说明
contenteditable	指定元素的内容能否被编辑
contextmenu	指定元素的快捷菜单
draggable	指定元素能否进行拖放操作（drag and drop）
dropzone	将元素指定为拖放操作的放置目标
hidden	指定元素的内容是否被隐藏起来
spellcheck	指定是否检查元素的拼写与文法
role、aria-*	这些属性和 HTML5 导入 WAI-ARIA 规格有关，目的是提升网页的无障碍性
data-*	通过自定义属性将信息传送给 Script

- 新增的窗体验证功能：在过去，若要验证用户所输入的窗体数据是否有效，网页设计人员必须自行编写 JavaScript 程序代码，而现在，HTML5 的窗体提供了验证功能，通过 <input> 元素新增的属性值 type="email"、type="url"、type="date"、type="time"、type="datetime"、type="datetime-local"、type="month"、type="week"、type="number"、type="range"、type="search"、type="tel"、type="color" 等，就可以确保用户输入的是有效的电子邮件地址、网址、日期、时间、UTC 世界标准时间、本地日期时间、月份、一年的第几周、数字、指定范围内的数字、搜索字段、电话号码、颜色等。

HTML5 提供的 API

HTML5 提供了功能强大的API，例如：

- Video/Audio API（影音多媒体）
- Canvas API（绘图）
- Drag and Drop API（拖放操作）
- Editing API（RichText 编辑）
- Offline Web Applications（脱机网页应用程序）
- Web Storage API（网页存储）
- Web SQL Database（网页 SQL 数据库）
- Indexed Database API（索引数据库）
- Geolocation API（地理定位）
- File API（客户端文件存取）

- Communication API（跨文件通信）
- Web Workers API（后台执行）
- Web Sockets API（客户端与服务器端的双向通信）
- XMLHttpRequest Level 2（Ajax 技术）
- Server-Sent Events（服务器端的数据推播）
- Microdata（微数据，用来自定义元素）

以上所列出来的 API 并没有全部纳入 W3C HTML5 的核心文件，有些是单独发布的说明文件，例如 Canvas API、Editing API、Web Storage API、Geolocation API、Web Workers API、Web Sockets API 等。

MathML与SVG

HTML5 内建了 MathML（Mathematical Markup Language，数学标记语言）与 SVG（Scalable Vector Graphics，可缩放向量图形），MathML 是一种基于 XML 的标准，用来在因特网上表示数学符号及公式的标记语言，而 SVG 是一种基于 XML 的标准，用来描述二维向量图形的标记语言。

1-5　HTML5 文件的编写方式

在本节中，我们将介绍一些编写 HTML5 文件的准备工作，包括编辑工具和 HTML5 文件的基本语法。

1-5-1　HTML5文件的编辑工具

HTML5 文件其实是一个纯文本文件，只是扩展名为.html 或.htm，而不是我们平常惯用的.txt。原则上，任何能够用来输入纯文本的编辑工具，都可以用来编写 HTML 文件，下表是一些常见的编辑工具。

编辑工具名称	网址	是否免费
记事本、WordPad	http://www.microsoft.com/	是
NotePad++	http://notepad-plus-plus.org/	是
HTML-Kit	http://htmlkit.com/	否
UltraEdit	http://www.ultraedit.com/	否
Dreamweaver、GoLive	http://www.adobe.com/	否
TextPad	http://www.textpad.com/	否

在过去，有不少人使用 Windows 内建的记事本来编辑 HTML 文件，因为记事本随手可得且完全免费，但使用记事本会遇到一个问题，就是当我们采用 UTF-8 编码方式进行存盘时，记事本会自动在文件的前端插入 BOM（Byte-Order Mark），用来识别文件的编码方式，例如 UTF-8 的 BOM 为 EF BB BF（十六进位）、UTF-16（BE）的 BOM 为 FE FF、

UTF-16（LE）的 BOM 为 FF FE 等。

　　程序的文件头被自动插入 BOM 通常不会影响执行，但少数程序可能会导致错误，例如调用 header()函数输出标头信息的 PHP 程序。为了避免类似的困扰，本书的范例程序将采用 UTF-8 编码方式，并使用免费软件 NotePad++ 来编辑，因为 NotePad++ 支持以 UTF-8 无 BOM 编码方式进行存盘。

　　您可以到 NotePad++ 的官方网站 http://notepad-plus-plus.org/ 下载安装程序，以下就为您说明如何使用 NotePad++ 编辑并保存 HTML 文件。

　　在第一次使用 NotePad++ 编辑 HTML 文件之前，我们要做一些基本设置：

01 从菜单栏选取 [设置]\[首选项]（英文版为 [Setting]\[Preferences]），然后在 [常用] 标签页中选择 NotePad++ 的语言为 [中文简体]。

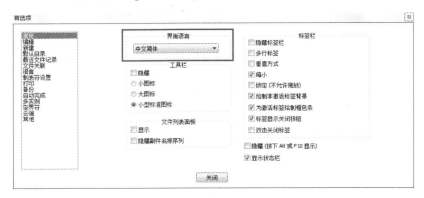

02 在 [新建] 标签页中设置编码为 [UTF-8 无 BOM]，默认程序设计语言为 [HTML]，然后单击 [关闭]。

　　由于默认程序设计语言设置为 HTML，因此，当我们编辑 HTML 文件时，NotePad++ 就会根据 HTML 的语法，以不同颜色标记 HTML 标签与属性，如下图所示。

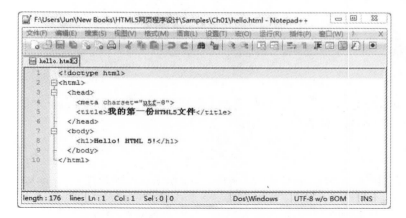

此外，当我们把文件存盘时，NotePad++ 也会采用 [UTF-8 无 BOM] 编码方式，且保存文件的类型默认为 HTML（扩展名为 .html 或 .htm），若要存为其他类型，例如 PHP，可以在保存类型栏选择 PHP，此时扩展名将变更为 .php。

1-5-2　HTML5 文件的基本语法

HTML5 文件通常包含下列几个部分（按照由先到后的顺序）：

（1）BOM（选择性字符，建议不要在文件头插入 BOM）
（2）任何数目的注释与空格符
（3）DOCTYPE
（4）任何数目的注释与空格符
（5）根元素
（6）任何数目的注释与空格符

DOCTYPE

HTML5 文件的第一行必须是如下的文件类型定义（Document Type Definition），前面不能有空行，也不能省略不写，否则浏览器可能不会启用标准模式，而是改用其他演绎模式

（rendering mode），导致 HTML5 的新功能无法正常运行：

```
<!doctype html>
```

根元素

HTML5 文件可以包含一个或多个元素，呈树状结构，有些元素属于兄弟节点，有些元素属于父子节点，至于根元素则为 <html> 元素。

MIME 类型

HTML5 文件的 MIME 类型和前几版的 HTML 文件一样都是 text/html，存盘后的扩展名也都是 .html 或 .htm。

不会区分英文字母的大小写

HTML5 的标签与属性和前几版的 HTML 一样不会区分英文字母的大小写（case-insensitive），但考虑到和 XHTML 的兼容性，本书将采用小写英文字母。

相关名词

以下是一些与 HTML 相关的名词解释与注意事项：

- 元素（element）：HTML 文件可以包含一个或多个元素，而 HTML 元素又是由"标签"与"属性"所组成。HTML 元素可以分成两种类型，其一是用来标记网页上的组件或描述组件的样式，例如 <head>（标头）、<body>（主体）、<p>（段落）、<ol>（编号清单）等；其二是用来指向其他资源，例如 <img>（嵌入图片）、<video>（嵌入视频）、<audio>（嵌入音频）、<a>（标记超链接或网页上的位置）等。

- 标签（tag）：一直以来"标签"和"元素"两个名词经常被混用，但严格来说，两者的意义并不完全相同，"元素"一词包含了"起始标签"、"结束标签"和这两者之间的内容，例如下面的程序语句是将"圣诞快乐"标记为段落，其中 <p> 是起始标签，而 </p> 是结束标签，换句话说，起始标签的前后要以 <、> 两个符号括起来，而结束标签又比起始标签多了一个斜线（/）：

```
<p> 圣诞快乐 </p>
```

不过，也不是所有元素都会包含结束标签，诸如
（换行）、<hr>（水平线）、<img>（嵌入图片）等元素就没有结束标签。举例来说，假设要在"圣诞快乐"几个字的后面做换行，那么可以先输入这几个字，然后加上
 元素，如下：

```
圣诞快乐 <br>
```

- 属性（attribute）：除了 HTML 元素本身所能描述的特性之外，大部分元素还会包含属性，以提供更多信息，而且一个元素里面可以加上几个属性，只要注意标签与属性及属性与属性之间以空格符隔开即可。

举例来说，假设要将"圣诞快乐"几个字标记为标题 1，而且文字为红色、置中对齐，那么除了要在这几个字的前后分别加上起始标签 <h1> 和结束标签 </h1>，还要加上红色及置中对齐属性，如下：

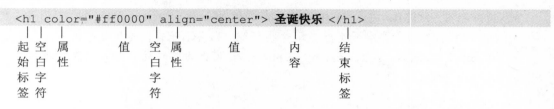

- 值（value）：属性通常会有一个值，而且这个值必须从预先定义好的范围内选取，不能自行定义，例如 <hr>（水平线）元素的 align（对齐方式）属性的值有 left、right、center 三种，用户不能自行指定其他值。

由于考虑到和 XHTML 的兼容性，我们习惯在值的前后加上双引号（"），但事实上，若值是由英文字母、阿拉伯数字（0 ~ 9）、减号（-）或小数点（.）所组成，那么值的前后可以不必加上双引号（"）。

- 嵌套标签（nesting tag）：有时我们需要使用一个以上的元素来标记数据，举例来说，假设要将一串标题 1 文字（例如 Happy Birthday）中的某个字（例如 Birthday）标记为斜体，那么就要使用 <h1> 和 <i> 两个元素：

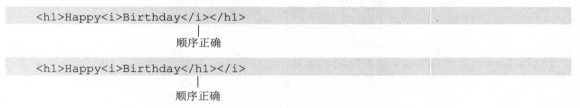

请注意嵌套标签的顺序，原则上，第一个结束标签必须对应第一个起始标签，第二个结束标签必须对应倒数第二个起始标签，以此类推。

- 空格符：浏览器会忽略 HTML 元素之间多余的空格符或 [Enter] 键，因此，我们可以利用这个特点在 HTML 源代码加上空格符和 [Enter] 键，将 HTML 源代码排列整齐，以方便阅读。

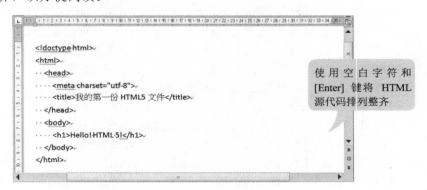

不过，也正因为浏览器会忽略元素之间多余的空格符或 [Enter] 键，所以您不能使用空格符或 [Enter] 键将网页的内容格式化，举例来说，假设要在一段文字的后面换行，那么必须在这段文字的后面加上
 元素，光是在 HTML 源代码中按 [Enter] 键是无效的。

- 特殊字符：HTML 文件有一些特殊字符，例如小于（<）、大于（>）、双引号（"）、&、空格符等，若要在网页上显示这些字符，那么不能直接使用键盘输入，而是要输入 <、>、"、&、 ，后面两页有特殊字符表供您参考。

错误写法	浏览结果
使用 实现换行	使用 实现换行

正确写法	浏览结果
使用 <br&gt 实现换行	使用 实现换行

符 号	表示法（1）	表示法（2）	符 号	表示法（1）	表示法（2）
（空格符）			Ã	&Atilde;	&#195;
!	&iexcl;	&#161;	Ä	&Auml;	&#196;
¢	&cent;	&#162;	Å	&Aring;	&#197;
£	&pound;	&#163;	Æ	&AElig;	&#198;
¤	&curren;	&#164;	Ç	&Ccedil;	&#199;
¥	&yen;	&#165;	È	&Egrave;	&#200;
¦	&brvbar;	&#166;	É	&Eacute;	&#201;
§	&sect;	&#167;	Ê	&Ecirc;	&#202;
¨	&uml;	&#168;	Ë	&Euml;	&#203;
©	&copy;	&#169;	Ì	&Igrave;	&#204;
ª	&ordf;	&#170;	Í	&Iacute;	&#205;
«	&laquo;	&#171;	Î	&Icirc;	&#206;
¬	&not;	&#172;	Ï	&Iuml;	&#207;
-	&shy;	&#173;	Ð	&ETH;	&#208;
®	&reg;	&#174;	Ñ	&Ntilde;	&#209;
¯	&macr;	&#175;	Ò	&Ograve;	&#210;
°	&deg;	&#176;	Ó	&Oacute;	&#211;
±	&plusmn;	&#177;	Ô	&Ocirc;	&#212;
²	&sup2;	&#178;	Õ	&Otilde;	&#213;
³	&sup3;	&#179;	Ö	&Ouml;	&#214;
´	&acute;	&#180;	×	&times;	&#215;
µ	&micro;	&#181;	Ø	&Oslash;	&#216;
¶	&para;	&#182;	Ù	&Ugrave;	&#217;
•	&middot;	&#183;	Ú	&Uacute;	&#218;
¸	&cedil;	&#184;	Û	&Ucirc;	&#219;
¹	&sup1;	&#185;	Ü	&Uuml;	&#220;
¼	&frac14;	&#186;	Ý	&Yacute;	&#221;

（续表）

符 号	表示法（1）	表示法（2）	符 号	表示法（1）	表示法（2）
º	&ordm;	&#187;	Þ	&THORN;	&#222;
»	&raquo;	&#188;	ß	&szlig;	&#223;
½	&frac12;	&#189;	à	&agrave;	&#224;
¾	&frac34;	&#190;	á	&aacute;	&#225;
¿	&iquest;	&#191;	â	&acirc;	&#226;
À	&Agrave;	&#192;	ã	&atilde;	&#227;
Á	&Aacute;	&#193;	ä	&auml;	&#228;
Â	&Acirc;	&#194;	å	&aring;	&#229;
æ	&aelig;	&#230;	ó	&oacute;	&#243;
ç	&ccedil;	&#231;	ô	&ocirc;	&#244;
è	&egrave;	&#232;	õ	&otilde;	&#245;
é	&eacute;	&#233;	ö	&ouml;	&#246;
ê	&ecirc;	&#234;	÷	&divide;	&#247;
ë	&euml;	&#235;	ø	&oslash;	&#248;
ì	&igrave;	&#236;	ù	&ugrave;	&#249;
í	&iacute;	&#237;	ú	&uacute;	&#250;
î	&icirc;	&#238;	û	&ucirc;	&#251;
ï	&iuml;	&#239;	ü	&uuml;	&#252;
ð	&eth;	&#240;	ý	&yacute;	&#253;
ñ	&ntilde;	&#241;	þ	&thorn;	&#254;
Ò	&ograve;	&#242;	ÿ	&yuml;	&#255;

1-5-3 编写第一份 HTML5 文件

HTML5 文件包含 DOCTYPE、标头（header）与主体（body）等三个部分，下面是一个例子，请您按照如下步骤操作：

01 开启 Notepad++，然后编写如下的 HTML5 文件，最左边的行号和冒号是为了方便解说之用，不要输入至程序代码。

```
01:<!doctype html> — DOCTYPE
02:<html>
03: <head>
04:     <meta charset="utf-8">
05:     <title> 我的第一份 HTML5 文件</title>      ← HTML 文件的标头
06: </head>
07: <body>
08:     <h1>Hello! HTML 5!</h1>      ← HTML 文件的主体
09: </body>
10:</html>
```

\<\Ch01\hello.html>

- 01：DOCTYPE 必须放在第一行，用来声明文件类型定义（DTD）。
- 02、10：<html>...</html>标签为根元素。
- 03～06：HTML 文件的标头，其中第 04 行是指定文件的编码方式为 UTF-8，除非您有特殊的理由，否则请指定 UTF-8 编码方式，避免输出中文到浏览器时变成乱码，至于第 05 行则是指定浏览器的标题栏文字或索引标签文字。
- 07～09：HTML 文件的主体，网页内容就放在这里，此例是以标题 1 显示"Hello! HTML5！"字符串。

请注意，由于 HTML5 不是一种 XML 语言，因此，本书使用的是HTML 语法，而不是 XHTML 语法。若您习惯使用规则较为严谨的 XHTML 语法，可以参考 W3C 提供的文件：http://www.w3.org/TR/html5/the-xhtml-syntax.html#the-xhtml-syntax。

02 从菜单栏选取 [文件]\[保存] 或 [文件]\[另存为]，将文件保存为 hello.html。

03 利用 Windows 资源管理器找到 hello.html 的文件图标并双击，就会开启默认的浏览器加载文件，得到如下图的浏览结果。

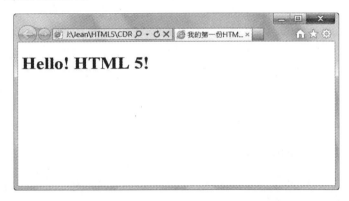

上图使用的浏览器为 Internet Explorer，我们也可以使用其他浏览器来浏览，例如 Opera 10.5+、Chrome 3.0+、Safari 4.0+、FireFox 3.0+ 等，要注意的是不同的浏览器所实现的功能可能不太一样，下图是使用 Opera 浏览这个例子的结果。

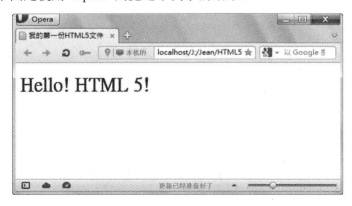

1-5-4 HTML5 文件的验证

我们可以使用 W3C 提供的验证服务检查 HTML5 文件的语法，其步骤如下：

01 访问网站 http://validator.w3.org/，然后按照下图操作。

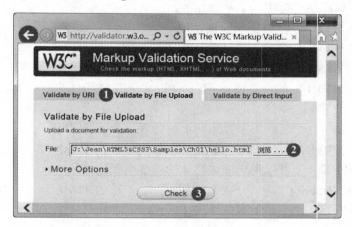

① 单击此标签　　② 单击"浏览"选择文件路径　③ 单击"Check"按钮

02 若验证无误，会出现如下画面显示相关信息，包括验证结果、编码方式、文件类型、根元素等，其中 1 warning(s) 是说明该文件使用了实验中的 HTML5 规格，并不是有语法错误；相反的，若验证错误，会出现画面显示有几个错误、第几行发生错误以及原因，只要按照提示进行修正即可。

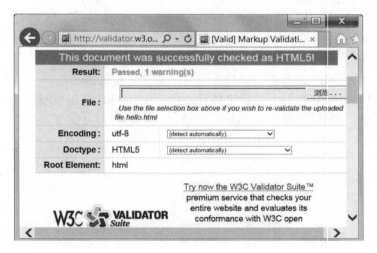

习题

选择题

(   ) 1. 下列程序语句哪一个是错误的？

         A. HTML5 没有提供绘图功能

         B. HTML5 新增了窗体验证功能

         C. HTML5 提供了功能强大的 API 可以用来开发网页应用程序

         D. HTML5 的 <video> 和 <audio> 元素赋予浏览器原生能力来播放视频与音频

(   ) 2. 下列哪一个可以用来控制网页的外观，弥补 HTML 的不足？

         A. VRML   B. CSS   C. XHTML   D. XML

(   ) 3. 下列哪一个可以用来描述物体的三维空间信息？

         A. VBScript   B. VRML   C. XHTML   D. PHP

(   ) 4. 下列哪一个不属于服务器端 Scripts ？

         A. CGI   B. PHP   C. ASP   D. JavaScript

(   ) 5. 下列哪个元素是 HTML5 文件的根元素？

         A. <!doctype>   B. <html>   C. <head>   D. <body>

(   ) 6. 下列哪个元素可以用来标记 HTML 文件的主体？

         A. <!doctype>   B. <html>   C. <head>   D. <body>

(   ) 7. 下列哪个元素可以用来指定 HTML 文件的编码方式？

         A. <title>   B. <body>   C. <meta>   D. <p>

(   ) 8. 下列关于 HTML 的程序语句哪一个是错误的？

         A. 我们可以在 HTML 文件中按 [Enter] 键实现换行

         B. HTML 的标签与属性不会区分英文字母的大小写

         C. 若要在网页上显示空格符，可以在 HTML 文件中输入

         D. HTML 元素的起始标签是以 <、> 两个符号括起来

第 **2** 章

文件结构

2-1　HTML 文件的 DOCTYPE —— <!doctype> 元素

HTML 文件的结构包含下列三个部分：

- DOCTYPE
- 标头（header）
- 主体（body）

其中 DOCTYPE 指的是使用 <!doctype> 元素声明文件类型定义（DTD，Document Type Definition），DTD 是一组定义了能在特定 HTML 版本中执行的规则，浏览器会根据此组规则解析 HTML 文件。

HTML5 文件的第一行必须是如下的 DOCTYPE，前面不能有空行，也不能省略不写，否则浏览器可能不会启用标准模式，而是改用其他演绎模式（rendering mode），导致 HTML5 的新功能无法正常运行：

```
<!doctype html>
```

至于 HTML4.01 文件的第一行则通常是一长串的网址和版本声明，以下面的程序语句为例，这个 DTD 包含非 Deprecated（建议勿用）或没有出现在框架的元素，其中 EN 表示 DTD 的语言为 English，http://www.w3.org/TR/html4/strict.dtd 表示可以从此网址下载 HTML 4.01 Strict DTD：

```
<!doctype html public "-//W3C//DTD HTML 4.01//EN"
"http://www.w3.org/TR/html4/strict.dtd">
```

下表是一些合法但过时的 DOCTYPE 字符串。

Public identifier	System identifier
-//W3C//DTD HTML 4.0//EN	http://www.w3.org/TR/REC-html40/strict.dtd
-//W3C//DTD HTML 4.01//EN	http://www.w3.org/TR/html4/strict.dtd
-//W3C//DTD XHTML 1.0 Strict//EN	http://www.w3.org/TR/xhtml1/DTD/xhtml1-strict.dtd
-//W3C//DTD XHTML 1.1//EN	http://www.w3.org/TR/xhtml11/DTD/xhtml11.dtd

2-2　HTML 文件的根元素—— <html> 元素

HTML5 文件可以包含一个或多个元素，呈树状结构，有些元素属于兄弟节点，有些元素属于父子节点，至于根元素则为 <html> 元素，其起始标签 <html> 要放在 <!doctype> 元素的后面，接着的是 HTML 文件的标头与主体，最后还要有结束标签 </html>，如下：

```
<!doctype html> <html>
...HTML 文件的标头与主体 ...
</html>
```

<html> 元素的属性如下，标记星号（※）者为 HTML5 新增的属性：

- manifest="..."（※）：指定脱机网页应用程序的快取列表，例如下面的程序语句是将快取列表指定为 "clock.manifest"：

```
<html manifest="clock.manifest">
```

- title、id、class、style、dir、lang、accesskey、tabindex、translate、contenteditable（※）、contextmenu（※）、draggable（※）、hidden（※）、spellcheck（※）、role（※）、aria-*（※）、data-*（※）等全局属性。

2-2-1　全局属性

全局属性（global attributes）可以套用到多数的 HTML 元素，相关的说明如下，标记星号（※）者为 HTML5 新增的属性：

- title="..."：指定元素的标题，浏览器可能用它作为提示文字。
- id="..."：指定元素的标识符（限英文且唯一）。
- class="..."：指定元素的类。
- style="..."：指定套用到元素的 CSS 样式窗体。
- dir="{ltr,rtl}"：指定文字的方向，ltr（left to right）表示由左向右，rtl（right to left）表示由右向左。
- lang="language-code"：指定元素的语言，例如 en 为英文，如欲查询其他语言的 language-code（语言编码），可以参考 http://www.sil.org/sgml/iso639a.html。
- accesskey="..."：指定将焦点移到元素的按键组合。
- tabindex="*n*"：指定元素的 [Tab] 键顺序，也就是按 [Tab] 键时，焦点在元素之间跳跃的顺序，*n* 为正整数，数字愈小，顺序就愈高。
- translate="{yes, no}"：指定元素是否启用翻译模式。
- contenteditable="{true,false,inherit}"（※）：指定元素的内容能否被编辑。
- contextmenu="..."（※）：指定元素的快捷菜单。
- draggable="{true,false}"（※）：指定元素能否进行拖放操作（drag and drop）。
- dropzone="..."（※）：将元素指定为拖放操作的放置目标。
- hidden="{true,false}"（※）：指定元素的内容是否被隐藏起来。
- spellcheck="{true,flase}"（※）：指定是否检查元素的拼写与文法。
- role="..."、aria-*="..."（※）：提升网页的无障碍性。
- data-*="..."（※）：通过自定义属性将信息传送给 Script。

2-2-2　事件属性

事件属性（event handler content attributes）也是属于全局属性，可以套用到多数的HTML元素，用来针对 HTML 元素的某个事件指定处理程序，例如 onabort、onblur、oncanplay、oncanplaythrough、onchange、onclick、oncontextmenu、oncuechange、ondblclick、ondrag、ondragend、ondragenter、ondragleave、ondragover、ondragstart、ondrop、ondurationchange、onemptied、onended、onerror、onfocus、oninput、oninvalid、onkeydown、onkeypress、onkeyup、 onload、onloadeddata、onloadedmetadata、onloadstart、onmousedown、onmousemove、onmouseout、onmouseover、onmouseup、onmousewheel、onpause、onplay、onplaying、onprogress、onratechange、onreset、onscroll、onseeked、onseeking、onselect、onshow、onstalled、onsubmit、onsuspend、ontimeupdate、onvolumechange、onwaiting 等，比较重要的如下：

- onload="..."：指定当浏览器加载网页或所有框架时所要执行的 Script。
- onunload="..."：指定当浏览器删除窗口或框架内网页时所要执行的 Script。
- onclick="..."：指定在组件上单击鼠标时所要执行的 Script。
- ondblclick="..."：指定在组件上双击鼠标时所要执行的 Script。
- onmousedown="..."：指定在组件上按下鼠标按键时所要执行的 Script。
- onmouseup="..."：指定在组件上放开鼠标按键时所要执行的 Script。
- onmouseover="..."：指定当鼠标移过组件时所要执行的 Script。
- onmousemove="..."：指定当鼠标在组件上移动时所要执行的 Script。
- onmouseout="..."：指定当鼠标从组件上移开时所要执行的 Script。
- onfocus="..."：指定当用户将焦点移到组件上时所要执行的 Script。
- onblur="..."：指定当用户将焦点从组件上移开时所要执行的 Script。
- onkeypress="..."：指定在组件上按下再放开按键时所要执行的 Script。
- onkeydown="..."：指定在组件上按下按键时所要执行的 Script。
- onkeyup="..."：指定在组件上放开按键时所要执行的 Script。
- onsubmit="..."：指定当用户传送窗体时所要执行的 Script。
- onreset="..."：指定当用户清除窗体时所要执行的 Script。
- onselect="..."：指定当用户在文字字段选取文字时所要执行的 Script。
- onchange="..."：指定当用户修改窗体字段时所要执行的 Script。

2-3 HTML 文件的标头——<head> 元素

我们可以使用 <head> 元素标记 HTML 文件的标头，里面可能进一步使用<title>、<meta>、<link>、<base>、<script>、<style> 等元素来指定文件标题、文件相关信息、文件之间的关联、相对 URI 的路径、JavaScript 程序代码、CSS 样式窗体等信息。

<head> 元素要放在 <html> 元素里面，而且有结束标签 </head>，如下，至于 <head> 元素的属性，则参见在第 2-2-1 节介绍的全局属性。

```
<!doctype html>
<html>
    <head>
    ...HTML 文件的标头 ...
    </head>
</html>
```

在接下来的小节中，我们会介绍 <title> 和 <meta> 两个元素，而 <base>、<link>、<script>、<style> 等元素可以参阅第 4-3、4-4、6-5、6-6 节。

2-3-1　<title> 元素（文件标题）

<title> 元素用来指定 HTML 文件的标题，此标题会显示在浏览器的标题栏或索引标签中，有助于搜索引擎优化（SEO），提高网页被搜索引擎找到的几率。<title> 元素要放在 <head> 元素里面，而且有结束标签 </title>，如下，至于 <title> 元素的属性，则参见第 2-2-1 节所介绍的全局属性。

```
<!doctype html>
<html>
 <head>
  <title> 新网页 1</title>
  ... 其他标头信息 ...
 </head>
</html>
```

2-3-2　<meta> 元素（文件相关信息）

<meta> 元素用来指定 HTML 文件的相关信息，称为 metadata，例如字符集（编码方式）、内容类型、作者、搜索引擎关键词、版权声明等。<meta> 元素要放在 <head> 元素里面，**<title>** 元素的前面，而且没有结束标签。

<meta> 元素的属性如下，标记星号（※）者为 HTML5 新增的属性：

- charset="..."（※）：指定 HTML 文件的字符集（编码方式），例如下面的程序语句是指定 HTML 文件的字符集为 UTF-8：

```
<meta charset="utf-8">
```

- name="{application-name,author,generator,keywords,description}"：指定 metadata 的名称，这些值分别表示网页应用程序的名称、作者的名称、编辑程序、关联的关键词、描述文字（可供搜索引擎使用，有助于搜索引擎优化）。
- content="..."：指定 metadata 的内容，例如下面的程序语句是指定 metadata 的名称为 "author"，内容为 "Jean"，即 HTML 文件的作者为 Jean：

```
<meta name="author" content="Jean">
```

又例如下面的程序语句是指定 metadata 的名称为 **"generator"**，内容 "Notepad++"，即 HTML 文件的编辑程序为 Notepad++：

```
<meta name="generator" content="Notepad++">
```

- http-equiv="..."：这个属性可以用来取代 name 属性，因为 HTTP 服务器是使用 http-equiv 属性搜集 HTTP 标头，例如下面的程序语句是指定 HTML 文件的内容类型为 text/html：

```
<meta http-equiv="content-type" content="text/html">
```

- 第 2-2-1 节所介绍的全局属性。

2-4　HTML 文件的主体—— \<body> 元素

我们可以使用 \<body> 元素标记 HTML 文件的主体，里面可能包括文字、图片、视频、音频等内容。\<body> 元素要放在 \<html> 元素里面，\<head> 元素的后面，而且有结束标签 \</body>，如下：

```
<!doctype html>
<html>
   <head>
     ...HTML 文件的标头 ...
   </head>
   <body>
     ...HTML 文件的主体 ...
   </body>
</html>
```

\<body> 元素的属性如下：

- background="*uri*"（Deprecated）：指定网页的背景图片相对或绝对地址，其中 *uri* 为网址。
- bgcolor="*color*|*#rrggbb*"（Deprecated）：指定网页的背景颜色，其中 *color* 为颜色名称，*#rrggbb* 为红绿蓝三原色的值，例如 bgcolor="red" 或 bgcolor="#ff0000" 表示背景颜色为红色，后几页有颜色对照表供您参考。
- text="color|#rrggbb"（Deprecated）：指定网页的文字颜色。
- link="color|#rrggbb"（Deprecated）：指定尚未浏览的超链接文字颜色。
- alink="color|#rrggbb"（Deprecated）：指定被选取的超链接文字颜色。
- vlink="color|#rrggbb"（Deprecated）：指定已经浏览的超链接文字颜色。
- 第 2-2-1 节所介绍的全局属性。
- onafterprint、onbeforeprint、onbeforeunload、onblur、onerror、onfocus、onhashchange、onload、onmessage、onoffline、ononline、onpagehide、onpageshow、onpopstate、onresize、onscroll、onstorage、onunload 等事件属性，我们会在使用到这些事件属性的章节中进行说明。

下面举一个例子，它会将网页的背景颜色与文字颜色分别指定为天蓝色（azure）、黑色（black）。

```
<!doctype html>
<html>
  <head>
    <meta charset="utf-8"> <title> 示范背景颜色 </title>
  </head>
  <body bgcolor="azure" text="black">
     这个网页的背景颜色为天蓝色，文字颜色为黑色。
```

```
    </body>
</html>
```

<\Ch02\bg.html>

这个例子的浏览结果如下图所示。

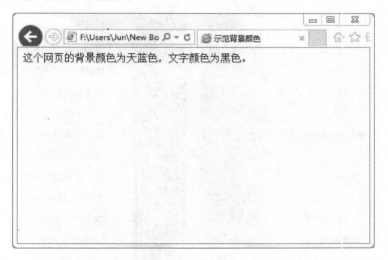

请注意，HTML 4.01 将 \<body> 元素的 background、bgcolor、text、link、alink、vlink 等涉及网页外观的属性标记为 Deprecated（建议勿用），而 HTML5 则不再列出这些属性，原因在于 W3C 鼓励网页设计人员改用 CSS 定义网页的外观，以便将网页的内容与外观分隔开来。以下面的程序代码为例，这是传统的写法，也就是使用 HTML 定义网页的背景颜色、文字颜色及超链接文字颜色等外观：

```
<!doctype html>
<html>
  <head>
    <meta charset="utf-8">
    <title> 新网页 1</title>
  </head>
  <body bgcolor="white" text="black" link="red" vlink="green" alink="blue">
    ...HTML 文件的主体 ...
  </body>
</html>
```

颜色名称对照表

颜色	颜色名称	颜色值	颜色	颜色名称	颜色值
	aliceblue	#F0F8FF		darkgreen	#006400
	antiquewhite	#FAEBD7		darkgrey	#A9A9A9
	aqua	#00FFFF		darkkhaki	#BDB76B
	aquamarine	#7FFFD4		darkmagenta	#8B008B
	azure	#F0FFFF		darkolivegreen	#556B2F
	beige	#F5F5DC		darkorange	#FF8C00
	bisque	#FFE4C4		darkorchid	#9932CC
	black	#000000		darkred	#8B0000
	blanchedalmond	#FFEBCD		darksalmon	#E9967A
	blue	#0000FF		darkseagreen	#8FBC8F
	blueviolet	#8A2BE2		darkslateblue	#483D8B
	brown	#A52A2A		darkslategray	#2F4F4F
	burlywood	#DEB887		darkslategrey	#2F4F4F
	cadetblue	#5F9EA0		darkturquoise	#00CED1
	chartreuse	#7FFF00		darkviolet	#9400D3
	chocolate	#D2691E		deeppink	#FF1493
	coral	#FF7F50		deepskyblue	#00BFFF
	cornflowerblue	#6495ED		dimgray	#696969
	cornsilk	#FFF8DC		dimgrey	#696969
	crimson	#DC143C		dodgerblue	#1E90FF
	cyan	#00FFFF		firebrick	#B22222
	darkblue	#00008B		floralwhite	#FFFAF0
	darkcyan	#008B8B		forestgreen	#228B22
	darkgoldenrod	#B8860B		fuchsia	#FF00FF
	darkgray	#A9A9A9		lightpink	#FFB6C1

（续表）

颜色	颜色名称	颜色值	颜色	颜色名称	颜色值
	gainsboro	#DCDCDC		lightsalmon	#FFA07A
	ghostwhite	#F8F8FF		lightseagreen	#20B2AA
	gold	#FFD700		lightskyblue	#87CEFA
	goldenrod	#DAA520		lightslategray	#778899
	gray	#808080		lightsteelblue	#B0C4DE
	green	#008000		lightyellow	#FFFFE0
	greenyellow	#ADFF2F		lime	#00FF00
	grey	#808080		limegreen	#32CD32
	honeydew	#F0FFF0		linen	#FAF0E6
	hotpink	#FF69B4		magenta	#FF00FF
	indianred	#CD5C5C		maroon	#800000
	indigo	#4B0082		mediumaquarmarine	#66CDAA
	ivory	#FFFFF0		mediumblue	#0000CD
	khaki	#F0E68C		mediumorchid	#BA55D3
	lavender	#E6E6FA		mediumpurple	#9370DB
	lavenderblush	#FFF0F5		mediumseagreen	#3CB371
	lawngreen	#7CFC00		mediumslateblue	#7B68EE
	lightblue	#ADD8E6		mediumspringgreen	#00FA9A
	lightcoral	#F08080		mediumturquoise	#48D1CC
	lightcyan	#E0FFFF		mediumvioletred	#C71585
	lightgoldenrodyellow	#FAFAD2		midnightblue	#191970
	lightgray	#D3D3D3		mintcream	#F5FFFA
	lightgreen	#90EE90		mistyrose	#FFE4E1
	lightgrey	#D3D3D3		moccasin	#FFE4B5

（续表）

颜色	颜色名称	颜色值	颜色	颜色名称	颜色值
	springgreen	#00FF7F		palevioletred	#DB7093
	steelblue	#4682B4		papayawhip	#FFEFD5
	tan	#D2B48C		peachpuff	#FFDAB9
	teal	#008080		peru	#CD853F
	thistle	#D8BFD8		pink	#FFC0CB
	tomato	#FF6347		plum	#DDA0DD
	turquoise	#40E0D0		powderblue	#B0E0E6
	violet	#EE82EE		purple	#800080
	wheat	#F5DEB3		red	#FF0000
	white	#FFFFFF		rosybrown	#BC8F8F
	whitesmoke	#F5F5F5		royalblue	#4169E1
	yellow	#FFFF00		saddlebrown	#8B4513
	yellowgreen	#9ACD32		salmon	#FA8072
	navajowhite	#FFDEAD		sandybrown	#F4A460
	navy	#000080		seagreen	#2E8B57
	oldlace	#FDF5E6		seashell	#FFF5EE
	olive	#808000		sienna	#A0522D
	olivedrab	#6B8E23		silver	#C0C0C0
	orange	#FFA500		skyblue	#87CEEB
	orangered	#FF4500		slateblue	#6A5ACD
	orchid	#DA70D6		slategray	#708090
	palegoldenrod	#EEE8AA		snow	#FFFAFA
	palegreen	#98FB98			
	paleturquoise	#AFEEEE			

若改用 CSS 定义网页的外观，可以写成如下：

```
<!doctype html>
<html>
 <head>
   <meta charset="utf-8">
   <title> 新网页 1</title>
   <style type="text/css">
    body {background:white; color:black}
    a:link {color:red}
    a:visited {color:green}
    a:active {color:blue}
```

```
   </style>
  </head>
  <body>
    ...HTML 文件的主体 ...
  </body>
</html>
```

2-4-1　<h1>～<h6> 元素（标题1～6）

HTML 提供了 <h1>、<h2>、<h3>、<h4>、<h5>、<h6> 6 种层次的标题格式，以 <h1> 元素（标题 1）的字体最大，<h6> 元素（标题 6）的字体最小。<h1>～<h6> 元素的属性如下：

- align="{left,center,right}"（Deprecated）：指定标题向左对齐、置中或向右对齐。
- 第 2-2-1、2-2-2 节所介绍的全局属性和事件属性。

```
<!doctype html>
<html>
  <head>
    <meta charset="utf-8">
    <title> 示范标题格式 </title>
  </head>
  <body>
    <h1 align="left"> 这是向左对齐的标题 1</h1>
    <h2 align="center"> 这是置中的标题 2</h2>
    <h3 align="right"> 这是向右对齐的标题 3</h3>
    <h4> 这是标题 4</h4>
    <h5> 这是标题 5</h5>
    <h6> 这是标题 6</h6>
  </body>
</html>
```

<\Ch02\heading.html>

除了标题之外，包括段落、图片、表格等区块也有align属性，由于这涉及网页的外观，因此，HTML 4.01 将 align 属性标记为 Deprecated（建议勿用），而HTML5则不再列出这

个属性，并鼓励网页设计人员改用 CSS 来取代前者。以下面的程序代码为例，这是传统的写法，也就是使用 HTML 定义网页的标题对齐方式：

```
<!doctype html>
<html>
 <head>
   <meta charset="utf-8">
   <title> 示范标题格式 </title>
 </head>
 <body>
   <h1 align="left"> 这是向左对齐的标题 1</h1>
   <h2 align="center"> 这是置中的标题 2</h2>
 </body>
</html>
```

若改用 CSS 定义网页的标题对齐方式，可以写成如下：

```
<!doctype html>
<html>
 <head>
   <meta charset="utf-8">
   <title> 示范标题格式 </title>
   <style type="text/css">
     h1 {text-align:left}
     h2 {text-align:center}
  </style>
 </head>
 <body>
   <h1> 这是向左对齐的标题 1</h1>
   <h2> 这是置中的标题 2</h2>
 </body>
</html>
```

2-4-2 <p> 元素（段落）

网页的内容通常会包含数个段落，不过，浏览器会忽略 HTML 文件中多余的空格符或 [Enter] 键，因此，即便是按 [Enter] 键试图分段，浏览器一样会忽略它，而将文字显示成同一段落，下面举一个例子。

```
<!doctype html>
<html>
 <head>
   <meta charset="utf-8"> <title> 示范段落格式 </title>
 </head>
 <body>
```

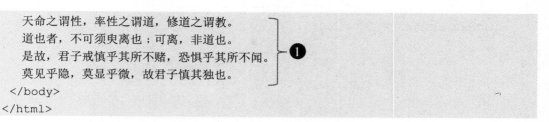

```
        天命之谓性，率性之谓道，修道之谓教。
        道也者，不可须臾离也；可离，非道也。
        是故，君子戒慎乎其所不赌，恐惧乎其所不闻。
        莫见乎隐，莫显乎微，故君子慎其独也。
      </body>
    </html>
```

`<\Ch02\para1.html>`

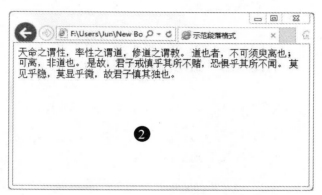

❶在每行文字后面按 [Enter] 键试图分段；❷浏览结果还是显示成同一段落

　　若想如我们所愿地将这篇文章显示成四个段落，那么必须使用 <p> 元素，也就是在每个段落的前后加上开始标签 <p> 和结束标签 </p>，如下：

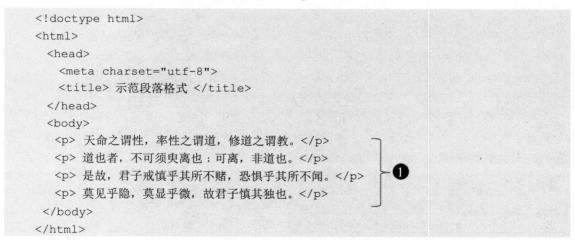

```
<!doctype html>
<html>
  <head>
    <meta charset="utf-8">
    <title> 示范段落格式 </title>
  </head>
  <body>
    <p> 天命之谓性，率性之谓道，修道之谓教。</p>
    <p> 道也者，不可须臾离也；可离，非道也。</p>
    <p> 是故，君子戒慎乎其所不赌，恐惧乎其所不闻。</p>
    <p> 莫见乎隐，莫显乎微，故君子慎其独也。</p>
  </body>
</html>
```

\<\Ch02\para2.html>

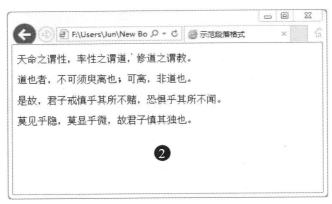

❶在每个段落的前后加上 <p> 和 </p>；❷浏览结果显示成四个段落

<p> 元素的属性如下，同样地，HTML 4.01 将涉及网页外观的 align 属性标记为 Deprecated（建议勿用），而 HTML5 则不再列出这个属性：

- align="{left,center,right}"（Deprecated）：指定段落向左对齐、置中或向右对齐。
- 第 2-2-1、2-2-2 节所介绍的全局属性和事件属性。

2-5　HTML5 新增的结构元素

在过去，网页设计人员通常是使用 <div> 元素来标记网页上的某个区段，但 <div> 元素并不具有任何语意，只能泛指通用的区段。为了进一步标记区段的用途，网页设计人员可能会利用 id 属性指派名称给该区段，例如通过类似 <div id="navigate">、<div id="navigation"> 的程序语句来标记作为导航条的区段，然而诸如此类的程序语句并无法帮助浏览器辨识导航条的存在，更别说是提供快捷键让用户快速切换到网页上的导航条。

为了帮助浏览器辨识网页上不同的区段，以提供更聪明贴心的服务，HTML5 新增了数个具有语意的结构元素（如下表），并鼓励网页设计人员使用这些元素取代惯用的 <div> 元素，将网页结构转换成语意更明确的 HTML5 文件。

结构元素	说明
<article>	标记网页的文本或独立的内容，例如博客的一篇文章、新闻网站的一则新闻报道
<section>	标记通用的区段，例如将网页的文本分割为不同的主题区段
<hgroup>	将区段内的主标题、副标题或其他标语统一整理成一个分组标题，而且只有层级最高的标题会被列入文件的大纲
<nav>	标记导航条
<header>	标记网页或区段的页首
<footer>	标记网页或区段的页尾
<aside>	标记侧边栏，里面通常包含摘要、广告等可以从区段内容抽离的其他内容

注：这些结构元素的属性为第 2-2-1、2-2-2 节所介绍的全局属性和事件属性。

除了上表的结构元素，我们还可以利用下列两个元素提供区段的附加信息：

- <address>：这虽然不是 HTML5 新增的元素，但在定义上做了一些修改，用来标记网页或文章的作者联络信息。
- <time>：这是 HTML5 新增的元素，用来标记日期时间，而且可以指定是要采用机器可读取的格式还是人们看得懂的形式。

2-6　区段结构

2-6-1　<article> 与 <section> 元素（文章／通用的区段）

在本节中，我们将通过下面的例子介绍两个最基本的区段结构元素：

- <article>：<article> 元素可以用来标记网页的文本或独立的内容，例如博客的一篇文章、新闻网站的一则新闻报道。
- <section>：<section> 元素可以用来标记通用的区段，例如将网页的文本分割为不同的主题区段，或将一篇文章分割为不同的章节或段落。

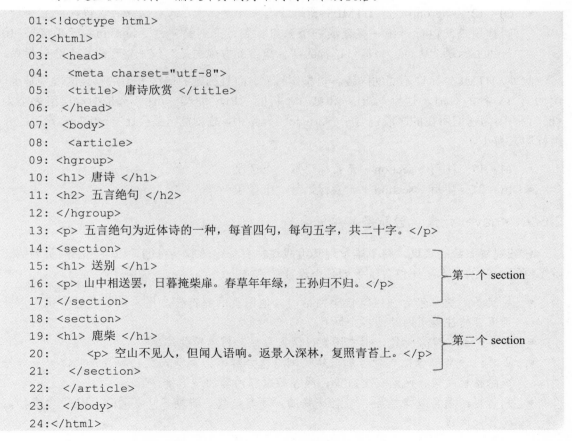

```
01:<!doctype html>
02:<html>
03:  <head>
04:    <meta charset="utf-8">
05:    <title> 唐诗欣赏 </title>
06:  </head>
07:  <body>
08:   <article>
09: <hgroup>
10: <h1> 唐诗 </h1>
11: <h2> 五言绝句 </h2>
12: </hgroup>
13: <p> 五言绝句为近体诗的一种，每首四句，每句五字，共二十字。</p>
14: <section>
15: <h1> 送别 </h1>
16: <p> 山中相送罢，日暮掩柴扉。春草年年绿，王孙归不归。</p>
17: </section>
18: <section>
19: <h1> 鹿柴 </h1>
20:       <p> 空山不见人，但闻人语响。返景入深林，复照青苔上。</p>
21:   </section>
22: </article>
23: </body>
24:</html>
```

第一个 section

第二个 section

<\Ch02\doc0.html>

这个例子的浏览结果如下图，由于不同的浏览器有不同的实现方式，所以浏览结果可能会有细微差异。

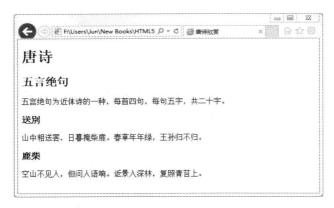

- 08、22：网页的主体是由 <article> 元素所构成的文本，里面除了有标题和五言绝句的简单描述之外，还包含两个由 <section> 元素所构成的区段，里面各自放了一首五言绝句的标题和内容。
- 09 ~ 12：<hgroup> 是 HTML5 新增的区段标题元素，可以用来将区段内的主标题、副标题或其他标语统一整理成一个分组标题，此例是使用 <hgroup> 元素将第 10 行的主标题"唐诗"和第 11 行的副标题"五言绝句篇"统一整理成一个分组标题。

此外，HTML5 允许不同的区段各自指定标题，而且标题的层级大小是以该区段为基准，例如第 15 行的 <h1> 送别 </h1> 和第 19 行的 <h1> 鹿柴 </h1> 都是指定层级大小为 <h1>，但因为它们所在的区段包含于 <article> 元素中，故浏览结果会比 <article> 元素的分组标题来得小。

- 14 ~ 17：使用 <section> 元素标记第一个区段。
- 18 ~ 21：使用 <section> 元素标记第二个区段。

2-6-2　<nav> 元素（导航条）

仔细观察多数的网页，就不难发现其组成往往有一定的脉络可循。以下图的网页为例，除了网页中间的文本，还包含了下列几个设计：

- 导航条：通常包含一组链接至网站内其他网页的超链接，用户只要通过导航条，就可以穿梭往返于网站的各个网页。
- 页首：通常包含标题、标志图案、区段目录、搜索窗体等。
- 页尾：通常包含拥有者信息、建议浏览器分辨率、浏览人数、版权声明，以及链接至隐私权政策、网站安全政策、服务条款等内容的超链接。
- 侧边栏：通常包含摘要、广告、赞助厂商超链接、日期日历等可以从区段内容抽离的其他内容。

ⓐ 页首； ⓑ 导航条； ⓒ 侧边栏； ⓓ 页尾

　　由于导航条是网页上相当常见的设计，因此，HTML5 新增了 <nav> 元素，用来标记导航条，而且网页上的导航条可以不止一个，视实际的需要而定。

　　W3C 并没有规定 <nav> 元素的内容应该如何编写，比较常见的做法是以项目列表的形式呈现一组超链接，当然，若不想加上项目符号，只想单纯保留一组超链接，那也无妨，甚至还可以针对这些超链接设计专属的图案。

　　另外要注意，不是任何一组超链接就要使用 <nav> 元素，而是要作为导航条功能的超链接，诸如搜索结果清单或赞助厂商超链接就不应该使用 <nav> 元素。

　　下面举一个例子，它使用 <nav> 元素设计了一个导航条，供用户点选"唐诗"、"宋词"、"元曲"等超链接，进而链接到 poem1.html、poem2.html、poem3.html 等网页。

```
<!doctype html>
<html>
  <head>
    <meta charset="utf-8">
    <title> 中国文学欣赏 </title>
  </head>
  <body>
    <nav>
     <ul>
      <li><a href="poem1.html"> 唐诗 </a></li>
      <li><a href="poem2.html"> 宋词 </a></li>
      <li><a href="poem3.html"> 元曲 </a></li>
     </ul>
    </nav>
```

```
   </body>
</html>
```

<\Ch02\doc2.html>

2-6-3　<header> 与 <footer> 元素（页首/页尾）

除了导航条之外，多数的网页也会设计页首和页尾。为了标记页首和页尾，HTML5 新增了下列两个元素，不过，这两个元素不像 <article>、<section>、<nav>、<aside> 等元素是区段内容（sectioning content），所以不会产生新的区段（section）：

- <header>：可以用来标记网页或区段的页首，里面可能包含标题、标志图案、区段目录、搜索窗体等。
- <footer>：可以用来标记网页或区段的页尾，里面可能包含网站的拥有者信息、建议浏览器分辨率、浏览人数、版权声明，以及链接至隐私权政策、网站安全政策、服务条款等内容的超链接。

根据 HTML5 规格书的定义，<footer> 元素代表的是距离它最近之父区段内容元素或区段根元素的页尾，所谓的“父区段内容元素”（ancestor sectioning content element）包括 <article>、<section>、<nav>、<aside> 等元素，而所谓的“区段根元素”（section root element）包括 <body>、<blockquote>、<fieldset>、<figure>、<td>、<details> 等元素。

下面举一个例子，它不仅示范了如何使用 <header>、<nav>、<article>、<footer> 等元素标记网页的页首、导航条、内容和页尾，还示范了如何在这些元素套用 CSS 样式窗体，建议您仔细阅读。

```
01:<html>
02:  <head>
03:    <meta charset="utf-8">
04:    <title> 中国文学欣赏 </title>
05:    <style>
06:      header, footer {display:block; clear:both; padding:5px;
text-align:center}
07:      nav {display:block; float:left; width:20%; height:50%;
background:yellow; padding:5px}
08:      article {display:block; float:right; width:80%; height:50%;
background:silver; padding:5px}
09:    </style>
```

```
10:    </head>
11:    <body>
12:     <header>
13:       <h1> 中国文学欣赏 </h1>
14:     </header>
15:     <nav>
16:      <ul>
17:       <li><a href="poem1.html"> 唐诗 </a></li>
18:       <li><a href="poem2.html"> 宋词 </a></li>
19:       <li><a href="poem3.html"> 元曲 </a></li>
20:      </ul>
21:     </nav>
22:     <article>
23:        <p> 中国文化博大精深，尤以唐诗、宋词、元曲最为精妙，其中唐诗的结构工整，要
             求押韵、平仄等格律，又分为四句的绝句和八句的律诗，而且唐诗的题材亦相当
             多元化，从抒发一己之情感，到反映社会现实，皆有杰出的作品。</p>
24:     </article>
25:     <footer>
26:        <p><small> 快乐工作室版权所有 ©Copyright 2015</small></p>
27:     </footer>
28:    </body>
29: </html>
```

<\Ch02\doc3.html>

- 05 ～ 09：针对 <header>、<footer>、<nav>、<article> 等元素指定 CSS 样式表，包括其宽度、高度、相对位置、背景颜色等。

- 11、28：网页的主体包含 <header>、<nav>、<article>、<footer> 等元素，而且距离 <footer> 元素最近的区段根元素就是 <body> 元素，因此，<footer> 元素所代表的就是这个网页的页尾。

- 12 ～ 14：标记网页的页首，此例只是很简单地放置了一个标题做示范，可以根据实际的需要放置标志图案、区段目录、搜索窗体等，甚至是导航条也可以放进页首。

- 15 ～ 21：标记网页的导航条。

- 22 ～ 24：标记网页的内容。

- 25 ～ 27：标记网页的页尾，此例只是很简单地放置版权声明做示范，您可以根据实际的需要放置拥有者信息、建议的浏览器分辨率、浏览人数、隐私权政策、网站安全政策、服务条款等，甚至是导航条也可以放进页尾。

这个例子的浏览结果如下图，不妨试着变更 CSS 样式窗体，令它展现不同的配置方式或颜色、字体等设置。有关 CSS 样式窗体进一步的介绍，可以参阅第 8 ～ 13 章。

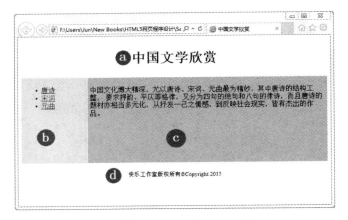

ⓐ页首；ⓑ导航条；ⓒ内容；ⓓ页尾

2-6-4　<aside> 元素（侧边栏）

HTML5 新增了 <aside> 元素用来标记侧边栏，里面通常包含摘要、广告、赞助商超链接、日期日历等可以从区段内容抽离的其他内容，这些内容跟区段内容并没有太大的关联。至于区段内容的补充说明因为是文件的一部分，所以就不适合使用 <aside> 元素。

下面举一个例子 <\Ch02\doc4.html>，它除了使用 <aside> 元素标记侧边栏，同时也在侧边栏内使用 <section> 元素和 <nav> 元素，浏览结果如下图。

```
<aside>
  <section>
    <p> 您可能会有兴趣的文章 </p> <nav>
    <ul>
      <li><a href="article1.html"> 文章 1</a>
      <li><a href="article2.html"> 文章 2</a>
      <li><a href="article3.html"> 文章 3</a>
      <!-- 此处可以继续放置其他文章超链接 -->
    </ul>
  </nav>
  </section>
  <section>
    <p> 赞助商 </p>
    <!-- 此处可以放置赞助商广告或超链接 --> </section>
</aside>
```

2-7　区段的附加信息

2-7-1　<address> 元素（联络信息）

虽然 <address> 元素不是 HTML5 新增的元素，但在定义上做了一些修改，用来标记距离它最近之父 <article> 元素或 <body> 元素的作者联络信息，若是 <body> 元素的话，就表示为整份文件的作者联络信息。

下面举一个例子 <\Ch02\doc5.html>，它是使用 <address> 元素标记文章的作者联络信息，浏览结果如下图。当您点选"写信给我们"超链接时，会启动默认的电子邮件程序，同时收件者字段会自动填写上指定的电子邮件地址，而当您点选"碁峰信息"超链接时，会启动默认的浏览器程序，链接到碁峰信息网站。

写信给我们◎ 碁峰资讯

```
<article>
  <!-- 此处放置文章内容 -->
  <address>
    <a href="mailto:jean@hotmail.com"> 写信给我们 </a> ◎
    <a href="http://www.gotop.com.tw"> 碁峰资讯 </a>
  </address>
</article>
```

请注意，<address> 元素是专门用来标记网页或文章的作者联络信息，不是用来标记随便一个地址的，也不是用来标记其他非作者联络信息，例如下面的用途就不适合，不应该使用 <address> 元素标记日期时间：

```
<address> 本文章发布日期：2015-1-25</address>
```

此外，同一个网页可以包含多个 <article> 元素，而每个 <article> 元素可以包含各自的 <address> 元素，以标记该文章的作者联络信息，有时 <address> 元素也会跟 <footer> 元素的其他信息放在一起。

2-7-2　<time> 元素（日期时间）

<time> 元素是 HTML5 新增的元素，用来标记日期时间，而且可以指定要采用机器可读取的格式或人们看得懂的形式，若要给机器读取，可以通过 <time> 元素的 datetime 属性来指定，若要给人们看，可以写在 <time> 元素包住的内容。

以下面的程序语句为例，datetime 属性的值代表要给机器读取的日期为 2015-1-25，用户代理程序（user agent）可以直接读取并进行解析，而 <time> 元素包住的内容"2015 年 1 月 25 日"则是要给人们看的日期：

```
<time datetime="2015-1-25">2015 年 1 月 25 日 </time>
```

若要把机器可读取的格式直接给人们看，就不必指定 datetime 属性，例如：

```
<time>2015-1-25</time>
```

机器可读取的日期必须按照 YYYY-MM-DD 的格式，若要加上时间，那么要先加上 T 进行分隔，然后按照 HH:MM[:SS] 的格式指定时间，秒数可以省略不写，下面是几个例子，若要指定更小的秒数单位，可以先加上小数点进行分隔，再指定更小的秒数：

```
<time>2015-1-25T14:30</time>
<time>2015-1-25T14:30:35</time>
<time>2015-1-25T14:30:35.922</time>
```

HTML5 规格书还有更多关于机器可读取的日期时间格式，包括加上时区或时间位移等，有兴趣的读者请自行参阅。

我们之所以在本节中介绍 <time> 元素，主要是因为可以利用它在 <body> 元素或 <article> 元素内标记网页或文章的发布日期，不过，有时网页或文章内出现的日期却不一定就是指其发布日期，为了便于区分，可以在 <time> 元素加上pubdate属性，例如：

```
<p> 本文章发布日期：<time datetime="2015-1-25" pubdate>2015 年 1 月 25 日
</time></p>
```

习题

一、选择题

（　）1. 下列哪一个为 HTML 文件的根元素？

    A. <!doctype>   B. <html>   C. <head>   D. <body>

（　）2. 下列哪个全局属性可用来指定元素的标题，浏览器可能用它作为提示文字？

    A. class   B. id   C. style   D. title

（　）3. 下列哪个事件属性可以用来指定当浏览器加载网页时所要执行的Script？

    A. onload   B. onclick   C. onfocus   D. onblur

（　）4. 下列哪个元素可以放在 <head> 元素里面？

    A. <p>   B. <h1>   C. <body>   D. <title>

（　）5. 下列哪个元素可以用来指定 HTML 文件的内容类型（content type）？

    A. <html>   B. <p>   C. <meta>   D. <link>

（　）6. <body> 元素的哪个属性可以用来指定已经浏览的超链接文字颜色？

    A. text   B. link   C. alink   D. vlink

（　）7. 下列哪个 HTML5 新增的元素最适合用来标记独立的内容，例如博客的一篇文章？

    A. <article>   B. <section>   C. <aside>   D. <nav>

（　）8. 下列哪个 HTML5 新增的元素最适合用来放置网页的拥有者信息、建议浏览器分辨率、版权声明、隐私权政策等内容？

    A. <header>   B. <footer>   C. <hgroup>   D. <address>

（　　）9. 下列哪个元素默认的字体最大？

      A. <h1>　　　　　　B. <h2>　　　　　　C. <p>　　　　　　D. <pre>

（　　）10. 下列哪个属性可以用来指定元素的对齐方式？

      A. bgcolor　　　　　B. link　　　　　　C. draggable　　　　D. align

二、匹配题

（　　）1. 标记 HTML 文件的标头　　　　　　　　　　　　　　A. <nav>

（　　）2. 声明 HTML 文件的 DOCTYPE　　　　　　　　　　B. <p>

（　　）3. 标记导航条　　　　　　　　　　　　　　　　　　C. <head>

（　　）4. 指定浏览器的标题栏文字　　　　　　　　　　　　D. <header>

（　　）5. 标记 HTML 文件的主体　　　　　　　　　　　　　E. <h1>

（　　）6. 标记网页或区段的页首　　　　　　　　　　　　　F. <!doctype>

（　　）7. 标记段落　　　　　　　　　　　　　　　　　　　G. <body>

（　　）8. 将区段内的主、副标题统一整理成一个分组标题　　H. <title>

（　　）9. 标记网页或区段的页尾　　　　　　　　　　　　　I. <hgroup>

（　　）10. 标记标题 1　　　　　　　　　　　　　　　　　　J. <footer>

三、实践题

1. 写出一条程序语句声明 HTML5 文件的 DOCTYPE。

2. 简单说明何谓全局属性与事件属性？各举出两个例子。

3. 写出一条程序语句将 HTML 文件的字符集指定为 UTF-8。

4. 写出一条程序语句将网页的背景颜色与文字颜色分别指定为黑色（black）、白色（white）。

5. 写出一条程序语句将网页的发布日期标记为 2015 年 10 月 25 日。

第 3 章

数据编辑与格式化

3-1　区块格式

在本节中，我们要介绍一些用来标记区块的元素，例如 \<h1> ~ \<h6>（标题 1~6）、\<p>（段落）、\<pre>（预先格式化的区块）、\<blockquote>（左右缩排的区块）、\<hr>（水平线）、\<div>（分组成一个区块）、\<marquee>（跑马灯）等，其中 \<h1> ~ \<h6> 和 \<p> 元素在第 2-4 节介绍过，所以不再重复讲解，而 \<marquee> 元素虽然不是 HTML 提供的元素，但不少浏览器都能解析它，所以本书会做简单介绍，最后还会介绍 HTML 的注释符号 \<!-- -->。

诚如我们在第 2 章中多次提到的，HTML5 通常不再列出被 HTML 4.01 标记为 Deprecated（建议勿用）的属性，网页设计人员应尽量改用 CSS 来定义网页的外观。

3-1-1　\<pre> 元素（预先格式化的区块）

由于浏览器会忽略 HTML 元素之间多余的空格符和 [Enter] 键，导致在输入某些内容时相当不便，例如程序代码，此时，我们可以使用 \<pre> 元素预先将内容格式化，其属性如下：

- width="*n*"（Deprecated）：指定区块的宽度，*n* 为像素数。
- 第 2-2-1、2-2-2 节所介绍的全局属性和事件属性。

下面举一个例子。

```
<body>
  <pre>
    void main()
    {
      printf("Hello World!\n");
    }
  </pre>
</body>
```

\<\Ch03\pre.html>

3-1-2　\<blockquote> 元素（左右缩排的区块）

\<blockquote> 元素用来标记左右缩排的区块，其属性为第 2-2-1、2-2-2 节所介绍的全局属性和事件属性，下面举一个例子。

```
<body>
  <blockquote> 天命之谓性，率性之谓道，修道之谓教。</blockquote>
  <blockquote> 道也者，不可须臾离也；可离，非道也。</blockquote>
  <p> 是故，君子戒慎乎其所不赌，恐惧乎其所不闻。</p>
  <p> 莫见乎隐，莫显乎微，故君子慎其独也。</p>
</body>
```

<\Ch03\quote.html>

ⓐ前两行换段并左右缩排；ⓑ后两行为一般段落

3-1-3　<hr> 元素（水平线）

<hr> 元素用来标记水平线，其属性如下：

- align="{left,center,right}"（Deprecated）：指定水平线的对齐方式（向左对齐、置中、向右对齐）。
- color="*color*|*#rrggbb*"（Deprecated）：指定水平线的颜色。
- noshade（Deprecated）：指定没有阴影的水平线。
- size="*n*"（Deprecated）：指定水平线的高度（*n* 为像素数）。
- width="*n*"（Deprecated）：指定水平线的宽度（*n* 为像素数或窗口宽度比例）。
- 第 2-2-1、2-2-2 节所介绍的全局属性和事件属性。

下面举一个例子，它会在 HTML 文件中标记三个水平线，而且其颜色、宽度、高度及对齐方式均不相同。

```
<body>
  <hr color="#cc0066" align="left" width="50%" size="5">
  <hr color="#ff99ff" width="50%" size="5">
  <hr color="#0099ff" align="right" width="300" size="10">
</body>
```

<\Ch03\hr.html>

3-1-4　<div> 元素（分组成一个区块）

<div> 元素用来将 HTML 文件中某个范围的内容和元素分组成一个区块，令文件的结构更清晰，其属性如下：

- align="{left,center,right,justify}": 指定区块内容的对齐方式。
- 第 2-2-1、2-2-2 节所介绍的全局属性和事件属性。

所谓区块层级（block level）指的是元素的内容在浏览器中会另起一行，例如 <div>、<p>、<pre>、<h1> 等均属于区块层级的元素。虽然 <div> 元素的浏览结果纯粹是将内容另起一行，没有什么特别，但我们通常会搭配 class、id、style 等属性，将 CSS 样式窗体套用到 <div> 元素所分组的区块范围。下面是一个例子，它会使用 <div> 元素将网站的标题和站内超链接分组成一个页首区块。

```
<body>
  <div>
    <h1> 快乐出版社 </h1>
    <ul>
      <li><a href="products.html"> 产品部 </a></li>
      <li><a href="sales.html"> 业务部 </a></li>
    </ul>
  </div>
</body>
```

<\Ch03\div.html>

3-1-5　<marquee> 元素（跑马灯）

<marquee> 元素用来标记跑马灯，其属性如下（提醒您，这不是 HTML 提供的元素）：

- behavior="{slide,scroll,alternate}"：指定跑马灯的表现方式（滑动、滚动、交替），省略不写的话，表示为默认值 scroll。
- bgcolor="*color*|*#rrggbb*"：指定跑马灯的背景颜色。
- direction="{left,right,up,down}"：指定跑马灯文字的移动方向（左、右、上、下），省略不写的话，表示为默认值 left。
- height="*n*"：指定跑马灯的高度（*n* 为像素数）。
- hspace="*n*"：指定跑马灯左右边界的大小（*n* 为像素数）。
- loop="*n*"：指定跑马灯文字的重复次数（*n* 为重复次数）。
- scrollamount="*n*"：指定跑马灯文字的移动距离（*n* 为像素数）。
- scrolldelay="*n*"：指定跑马灯文字的延迟时间（*n* 为秒数）。
- vspace="*n*"：指定跑马灯的上下边界的大小（*n* 为像素数）。
- width="*n*"：指定跑马灯的宽度（*n* 为像素数）。

下面举一个例子，它会在 HTML 文件中标记两个跑马灯，虽然 <marquee> 元素不是 HTML 提供的，但不少浏览器都能解析并执行之。

```
<body>
   <p><marquee bgcolor="yellow" width="500" height="20"> 鹿港灯会热闹登场
</marquee></p>
   <p><marquee bgcolor="pink" width="80%" height="2%" behavior="alternate"
     scrollamount="5" scrolldelay="100"> 欢迎你我斗阵来参加 ~~~</marquee></p>
</body>
```

<\Ch03\marquee.html>

3-1-6　<!-- -->（注释）

<!-- --> 符号用来标记注释，而且注释不会显示在浏览器画面上，下面举一个例子。

```
<body>
   <!-- 以下为大学经一章大学之道 -->  ❶
   <p> 大学之道在明明德，在亲民，在止于至善。
       知止而后有定，定而后能静，静而后能安，
       安而后能虑，虑而后能得，物有本末，
       事有终始，知所先后，则近道也。</p>
</body>
```

`<\Ch03\comment.html>`

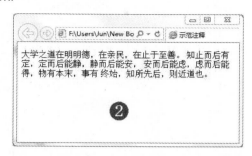

❶使用 `<!-- -->` 标记注释　❷浏览结果不会看到注释

3-2　文字格式

适当的文字格式能发挥画龙点睛的效果。常见的文字格式有粗体、斜体、加下划线、大字体、上标、下标等，以下就为您做介绍。

3-2-1　`<b>`、`<i>`、`<u>`、`<sub>`、`<sup>`、`<small>`、`<em>`、`<strong>`、`<dfn>`、`<code>`、`<samp>`、`<kbd>`、`<var>`、`<cite>`、`<abbr>`、`<s>`、`<q>`、`<mark>` 元素

HTML5 提供了如下表的元素用来指定文字格式，其中 `<mark>` 元素是 HTML5 新增的元素，这些元素的属性为第 2-2-1、2-2-2 节所介绍的全局属性和事件属性。

范例	浏览结果	说明
默认的格式 Format	默认的格式 Format	默认的格式
`<b>` 粗体 Bold`</b>`	**粗体 Bold**	粗体
`<i>` 斜体 Italic`</i>`	*斜体 Italic*	斜体
`<u>` 加下划线 Underlined`</u>`	<u>加底线 Underlined</u>	加下划线
H`<sub>`2`</sub>`O	H_2O	下标
X`<sup>`3`</sup>`	X^3	上标
`<small>`SMALL`</small>` FONT	SMALL FONT	小字体
`<em>` 强调斜体 Emphasized`</em>`	*强调斜体 Emphasized*	强调斜体
`<strong>` 强调粗体 Strong`</strong>`	**强调粗体 Strong**	强调粗体
`<dfn>` 定义 Definition`</dfn>`	*定义 Definition*	定义文字
`<code>` 程序代码 Code`</code>`	程序代码 Code	程序代码文字
`<samp>` 范例 SAMPLE`</samp>`	范例SAMPLE	范例文字
`<kbd>` 键盘 Keyboard`</kbd>`	键盘 Keyborad	键盘文字
`<var>` 变数 Variable`</var>`	*变量 Variable*	变量文字
`<cite>` 引用 Citation`</cite>`	*引用 Citation*	引用文字

（续表）

范例	浏览结果	说明
<abbr> 缩写，如 HTTP</abbr>	缩写，如HTTP	缩写文字
<s> 删除字 Strike</s>	删除字	删除字
<q>Gone with the Wind</q>	Gone with the Wind	引用语
<mark> 荧光标记 </mark>	荧光标记	荧光标记文字

下面几个事项要提醒您：

- 虽然本节所介绍的文字格式元素并非全为 Deprecated（建议勿用），但 W3C 还是鼓励网页设计人员改用 CSS 来取代它们。

- HTML5 删除了<font>、<basefont>、<big>、<blink>、<center>、<strike>、<tt>、<nobr>、<spacer> 等现有的元素，因为这些元素涉及网页的外观，建议改用 CSS 来取代它们，同时 HTML5 也删除了 <acronym> 元素，建议改用 <abbr> 元素来取代。至于 <small> 元素虽然没有被删除，但在定义上做了一些修改，用来标记版权声明、法律限制等附属细则。

- 虽然 <em> 元素不是 HTML5 新增的元素，但在定义上做了一些修改，用来标记强调功能。至于 <i> 元素的定义则是以斜体标示与一般文章稍有差异的字句，或一段改变声调、情绪的字句。

- HTML5 也对 <strong> 元素的定义做了一些修改，用来标记内容的重要性，但没有改变句子的意思或语气的元素。至于 <b> 元素的定义则是以粗体标记与一般文章稍有差异的字句，例如关键词、产品名称等。

- <mark> 元素是用来显示荧光标记，但它的意义和用来标记强调重点的 <em> 或 <strong> 元素并不相同，举例来说，假设用户要在网页上搜索某个关键词，一旦搜索到该关键词，就将该关键词以荧光标记出来，那么 <mark> 元素是比较适合的。

3-2-2　<ruby>、<rt>、<rp> 元素（注音或拼音）

<ruby>、<rt> 与 <rp> 元素是 HTML5 新增的元素，用来显示注音或拼音，这些元素的属性为第 2-2-1、2-2-2 节所介绍的全局属性和事件属性：

- <ruby>：用来包住字符串及其注音或拼音。

- <rt>：rt 是 ruby text 的缩写，<rt> 元素是 <ruby> 元素的子元素，用来包住注音或拼音的部分。

- <rp>：rp 是 ruby parenthese 的缩写，<rp> 元素是 <ruby> 元素的子元素，用来指定当浏览器不支持 <ruby> 元素时，就显示 <rp> 元素里的括号，相反地，当浏览器支持 <ruby> 元素时，就不显示 <rp> 元素里的括号。

下面举一个例子 <\Ch03\new3.html>，当浏览器支持 <ruby> 元素时，浏览结果如下图，请注意，最后两行的注音或拼音均不会显示 <rp> 元素里的括号。

```
<h1><ruby> 汉 <rt> ㄏㄢˋ</rt> 字 <rt> ㄗˋ</rt></ruby></h1>
<h1><ruby> 汉 <rt> かん </rt> 字 <rt> じ </rt></ruby></h1>
<h1><ruby> 汉<rp>(</rp><rt> ㄏㄢˋ</rt><rp>)</rp> 字<rp>(</rp><rt> ㄗˋ
</rt><rp>)</rp></ruby></h1>
<h1><ruby> 汉<rp>(</rp><rt> かん</rt><rp>)</rp> 字<rp>(</rp><rt> じ
</rt><rp>)</rp></ruby></h1>
```

相反地，当浏览器不支持 <ruby> 元素时，浏览结果如下图，请注意，最后两行的注音或拼音均会显示 <rp> 元素里的括号。

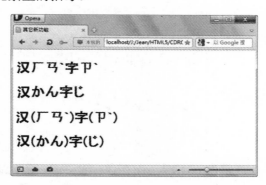

3-2-3　<font>、<basefont> 元素（字体）

虽然 HTML5 删除了 <font> 元素，但仍有不少网页使用该元素指定文字的大小、颜色及字体，所以浏览器还是能够解析 <font> 元素的，其属性如下：

- size="{1, 2, 3, 4, 5, 6, 7}" (Deprecated)：指定文字的大小，有 1~7 级，默认设为 3 级，级数越大，文字就越大。除了 1~7 的级数，也可指定诸如 +1 或 -3 等级数，表示比默认的文字大一级或小三级。
- color="*color* | *#rrggbb*" (Deprecated)：指定文字的颜色，默认为黑色。
- face="..." (Deprecated)：指定文字的字体，默认为细明体。客户端计算机必须安装有指定的字体，用户才能在浏览器画面上看到该字体，否则用户看到的还是默认的字体。
- 第 2-2-1 节所介绍的全局属性。

下面举一个例子。

```
<p> 听风在唱 </p>
<p><font size="1" color="green"    face=" 微软正黑体 "> 听风在唱 </font></p>
<p><font size="2" color="purple"   face=" 微软正黑体 "> 听风在唱 </font></p>
<p><font size="3" color="red"      face=" 标楷体 "> 听风在唱 </font></p>
<p><font size="4" color="navy"     face=" 标楷体 "> 听风在唱 </font></p>
<p><font size="5" color="teal"     face=" 新细明体 "> 听风在唱 </font></p>
<p><font size="6" color="blue"     face=" 新细明体 "> 听风在唱 </font></p>
<p><font size="7" color="olive"    face=" 华康粗圆体 "> 听风在唱 </font></p>
```

<\Ch03\setfont.html>

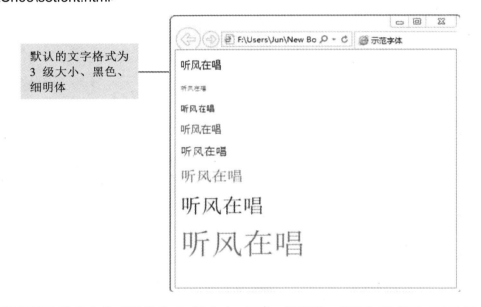

默认的文字格式为 3 级大小、黑色、细明体

浏览器默认的文字格式通常为 3 级大小、黑色、细明体，若要加以变更，可以在 HTML 文件的 <head> 元素里面加上 <basefont> 元素，该元素的属性和 <font> 元素相同，但没有结束标签，例如下面的程序语句会将默认的文字格式指定为 5 级大小、褐色、标楷体，同样的，<basefont> 元素也已经被 HTML5 删除：

```
<basefont size="5" color="maroon" face=" 标楷体 ">
```

3-2-4
 元素（换行）

 元素用来换行，其属性如下，该元素没有结束标签：

- clear="{all, left, right, none}"（Deprecated）：指定在编排图旁文字时，换行的文字该从哪个位置开始显示。
- 第 2-2-1 节所介绍的全局属性。

下面举一个例子。

```
<!doctype html>
<html>
  <head>
    <meta charset="utf-8">
    <title> 示范换行 </title>
  <head>
  <body>
    <p> 天命之谓性，率性之谓道，修道之谓教。<br>
    道也者，不可须臾离也；可离，非道也。<br>
    是故，君子戒慎乎其所不赌，恐惧乎其所不闻。<br>
    莫见乎隐，莫显乎微，故君子慎其独也。</p>
  </body>
</html>
```

\<\Ch03\br.html\>

换行的行距比
另起段落小

　　假设 HTML 文件中含有图旁文字（图片和文字），如下图（一），若是在这段文字插入
 元素，然后不指定 clear 属性或指定 clear="none"（不清除边界），图片和文字的排列方式将如下图（二）；相反地，若指定 clear="all"（清除左右边界）、clear="left"（清除左边界）或 clear="right"（清除右边界），图片和文字的排列方式将如下图（三）、（四）、（五）。

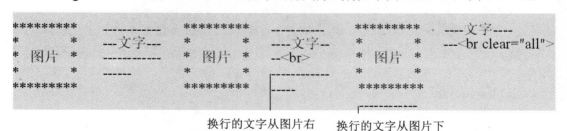

换行的文字从图片右　　换行的文字从图片下
边的下一行开始显示　　面的第一行开始显示

图（一）　　　　　　图（二）　　　　　　　　图（三）

　　当图片在文字的左边时，clear="right"（清除右边界）的浏览结果和 clear="none"相同，因为右边界本来就没有图片，有没有清除都一样，只有当图片在文字的右边时，clear="right"才会使换行的文字从图片下面的第一行开始显示。

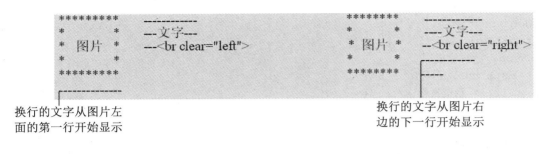

换行的文字从图片左
面的第一行开始显示

换行的文字从图片右
边的下一行开始显示

图（四）　　　　　　　　　　　　　图（五）

3-2-5　\<span\> 元素（分组成一行）

\<span\> 元素用来将 HTML 文件中某个范围的内容和元素分组成一行，其属性为第
2-2-1、2-2-2 节所介绍的全局属性和事件属性。所谓行内层级（inline level）指的是元素的
内容在浏览器中不会另起一行，例如 \<span\>、\<i\>、\<b\>、\<img\>、\<a\> 等均属于行内层级
的元素。

\<span\> 元素最常见的用途就是搭配 class、id、style 等属性，将 CSS 样式窗体套用到
\<span\> 元素所分组的行内范围，下面举一个例子。

```
<!doctype html>
<html>
  <head>
    <meta charset="utf-8">
    <title> 示范将样式表单套用到行内范围 </title>
    <style>
      .note {color:blue}        ──①
    </style>
  </head>
  <body>
    注释 1: <span class="note">“章台路”</span> 意指歌妓聚居之所。<br>
    注释 2: <span class="note">“冶游生春露”</span> 意指春游。
  </body>
                  ②
</html>
```

\<\Ch03\span.html\>

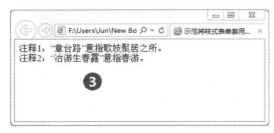

❶嵌入样式窗体将 note 类的文字颜色指定为蓝色；❷将样式窗体套用到行内范围；❸成功套用样式窗体

3-3 项目符号与编号—— <ul>、<ol>、<li> 元素

当您阅读书籍或整理资料时，可能会希望将相关资料条列式地编排出来，以便让资料显得有条不紊，此时可以使用 <ul> 元素为数据加上项目符号，或使用 <ol> 元素为资料加上编号，然后再使用 <li> 元素指定各个的项目资料。

<ul> 元素的属性如下：

- compact（Deprecated）：指定以紧缩格式显示项目符号列表。
- src="*uri*"（Deprecated）：指定项目符号图片的相对或绝对地址。
- type="{square,circle,disc}"（Deprecated）：指定项目符号的类型为 ■、○或 ●。
- 第 2-2-1、2-2-2 节所介绍的全局属性和事件属性。

<ol> 元素的属性如下：

- compact（Deprecated）：指定以紧缩格式显示编号列表。HTML 4.01 将 compact 属性标记为 Deprecated（建议勿用），而 HTML5 则不再列出该属性。
- type="{1, A, a, I, i}"：指定编号的类型，省略不写的话，表示为默认的阿拉伯数字。HTML 4.01 将 type 属性标记为 Deprecated（建议勿用），而 HTML5 则不再这么标记。
- start="*n*"：指定编号的起始值，省略不写的话，表示从 1、A、a、I、i 开始。HTML 4.01 将 start 属性标记为 Deprecated（建议勿用），而 HTML5 则不再这么标记。
- reversed（※）：以颠倒的编号顺序显示列表，例如 ...、3、2、1，这是 HTML5 新增的属性，浏览器不一定支持。
- 第 2-2-1、2-2-2 节所介绍的全局属性和事件属性。

<li> 元素的属性如下：

- type="..."（Deprecated）：指定数据的项目符号类型或编号类型。
- value="..."（Deprecated）：指定一个数字给资料，用途和 <ol> 元素的 start 属性相同。
- 第 2-2-1、2-2-2 节所介绍的全局属性和事件属性。

下面举一个例子，它会使用 <ul> 元素指定项目符号，然后使用 <li> 元素指定各个的项目资料。

```
<body>                    ❶
 <ul type="square">
  <li> 射雕英雄传 </li>
  <li> 神雕侠侣 </li>
  <li> 倚天屠龙记 </li>
  <li> 碧血剑 </li>
 </ul>
</body>
```

<\Ch03\ul.html>

❶指定项目符号为实心方块；❷浏览结果

下面是另一个例子，它会使用 <ol> 元素指定项目符号，然后使用 <li> 元素指定各个的项目资料。

```
<body>                    ❶
  <ol type="A" start="3">
    <li> 半生缘 </li>
    <li> 倾城之恋 </li>
    <li> 小团圆 </li>
    <li> 流言 </li>
    <li> 秧歌 </li>
  </ol>
</body>
```

<\Ch03\ol.html>

❶指定编号为从 C 开始的大写英文字母；❷浏览结果

HTML 4.01 还提供了两个标记为 Deprecated 的 <dir> 和 <menu> 元素，其用途和 <ul> 元素一样是制作项目符号列表，而到了 HTML5，<dir> 元素已经被删除了，<menu> 元素的用途则被修改为制作菜单。

3-4　定义列表—— <dl>、<dt>、<dd> 元素

定义列表（definition list）指的是将数据格式化成两个层次，您可以将它想象成类似目录的东西，第一层资料是某个名词，而第二层资料是该名词的解释，或者，您也可以使用定义列表来制作嵌套列表。

制作定义列表需要三个元素，<dl> 元素用来指定定义列表的开头与结尾，<dt> 和 <dd> 元素用来指定第一、二层资料，这三个元素的属性参见第 2-2-1、2-2-2 节所介绍的全局属性和事件属性。

下面举一个例子，它的第一层资料分别是"黑面琵鹭"与"赤腹鹰"，而第二层资料则是这两种鸟类的介绍。

```
<body>
 <dl>
  <dt> 黑面琵鹭 </dt>
   <dd> 黑面琵鹭最早的栖息地是韩国及中国的北方沿海，但近年来它们觅着了一个新的栖息地，
   那就是中国宝岛台湾的曾文溪口沼泽地。</dd>
  <dt> 赤腹鹰 </dt>
   <dd> 赤腹鹰的栖息地在垦丁、恒春一带，只要一到每年的八、九月，赤腹鹰就会成群结队地
   到台湾过冬，爱鹰的人士可千万不能错过。</dd>
 </dl>
</body>
```

<\Ch03\bird.html>

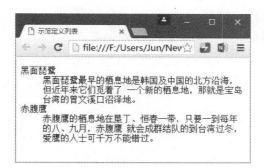

3-5　插入或删除数据—— <ins>、<del>元素

<ins> 元素用来在HTML文件中插入数据，而 <del> 元素用来指定要删除 HTML 文件中的哪些数据，这两个元素的属性如下：

- cite="*uri*"：指定一个文件或信息，以说明插入或删除数据的原因，例如：

```
<ins cite="http://www.w3.org">HTML4.01 已经使用数年了 </ins>
```

- datetime="..."：指定在 HTML 文件中插入或删除数据的时间，格式为 YYYY-MM-DDThh:mm:ssTZD，例如 2015-01-01T15:30:00 代表公元 2015 年 1 月 1

日格林尼治时间下午 3 点 30 分。

- 第 2-2-1、2-2-2 节所介绍的全局属性和事件属性。

下面举一个例子，当日期超过 2015 年 2 月 14 日零点零分零秒，就删除 2 再插入 1，换句话说，天数由原来的剩下 2 天，变成剩下 1 天。

```
<body>                                              ❶
天数剩下 <del datetime="2015-02-14t00:00:00">2</del>
<ins datetime="2015-02-14t00:00:00">1</ins> 天
                                      ❷
</body>
```

<\Ch03\ins.html>

❶删除 2；❷插入 1；❸浏览结果

3-6 提示文字——title 属性

若您希望在用户将鼠标指针移到网页的段落、文字、列表等数据时，会出现提示文字，可以使用 title 属性，举例来说，假设在下图的 <p> 元素加上 title=" 大学 经一章 大学之道"，那么当用户将鼠标指针移到这个段落时，就会出现提示文字。不只是 <p> 元素，包括 <body>、<div>、<span>、<ul>、<ol> 等有 title 属性的元素均能指定提示文字。

```
<!doctype html>
<html>
  <head>
    <meta charset="utf-8"> <title> 示范提示文字
    </title>
  </head>
  <body>            ❶
    <p title=" 大学 经一章 大学之道 ">
    大学之道在明明德，在亲民，在止于至善。
    知止而后有定，定而后能静，静而后能安，
    安而后能虑，虑而后能得，物有本末，事有终始，知所先后，则近道也。</p>
  </body>
</html>
```

\<\Ch03\title.html>

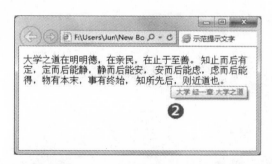

❶加上 title 属性指定提示文字；❷指针移到段落便出现提示文字

习题

一、匹配题

(　) 1. 标题 5   A. \<blockquote>

(　) 2. 段落   B. \<sup>

(　) 3. 左右缩排   C. \<u>

(　) 4. 换行   D. \<strong>

(　) 5. 预先格式化   E. \<font>

(　) 6. 注释   F. \<hr>

(　) 7. 粗体   G. \<ol>

(　) 8. 上标   H. \<basefont>

(　) 9. 下标   I. \<div>

(　) 10. 加下划线   J. \<h5>

(　) 11. 强调斜体   K. \<dl>

(　) 12. 强调粗体   L. \<ruby>

(　) 13. 删除字   M. \

(　) 14. 指定文字的字体、大小   N. \<del>

(　) 15. 跑马灯   O. \<!-- -->

(　) 16. 水平线   P. \<sub>

(　) 17. 项目符号列表   Q. \<ul>

(　) 18. 编号清单   R. \<ins>

(　) 19. 定义列表   S. \<p>

(　) 20. 指定默认的文字格式   T. \<marquee>

(　) 21. 在 HTML 文件中插入数据   U. \<pre>

(　) 22. 在 HTML 文件中删除数据   V. \<em>

(　) 23. 注音标记   W. \<s>

（　　）24. 分组成一个区块　　　　　　　X. <b>

（　　）25. 分组成一行　　　　　　　　　Y. <span>

二、实践题

1. 完成如下网页，文字颜色为白色（white）、背景颜色为淡紫色（orchid）。<\Ch03\ex3-1.html>

2. 完成如下定义列表，本书的在线下载备有文本文件 <\Ch03\ 西洋音乐.txt> 供您使用。<\Ch03\ex3-2.html>

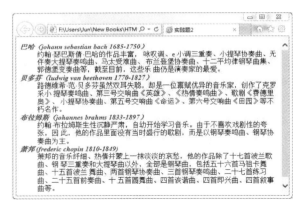

3. 完成如下网页，跑马灯背景颜色为 #51d2d2，文字为白色（white）、向左移动。<\Ch03\ex3-3.html>

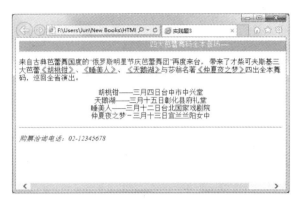

4. 完成如下嵌套清单。<\Ch03\ex3-4.html>

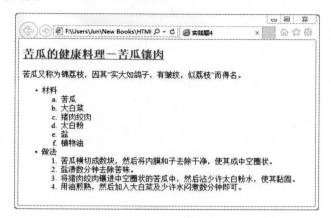

第 ————— 章

超链接

4-1　URI 的类型

超链接的寻址方式称为 URI（Universal Resource Identifier），换句话说，URI 指的是 Web 上各种资源的地址，而我们平常听到的 URL（Universal Resource Locator）则是 URI 的子集。URI 通常包含下列几个部分，例如http://www.lucky.com.tw/Books/index.html。

通信协议 :// 服务器名称 ［: 通信端口编号 ］/ 文件夹 ［/ 文件夹 2...］/ 文件名称

4-1-1　绝对URI

URI 又分为"绝对URI"和"相对 URI"两种类型，绝对 URI（Absolute URI）包含通信协议、服务器名称、文件夹和文件名称，通常链接至因特网的超链接都必须指定绝对 URI，例如 http://www.lucky.com.tw/Books/index.html。

4-1-2　相对URI

相对 URI（Relative URI）通常只包含文件夹和文件名称，有时连文件夹都可以省略不写。当超链接所要链接的文件和超链接所属的文件位于相同服务器或相同文件夹时，就可以使用相对 URI。相对 URI 又分为下列两种类型：

- 文件相对 URI（Document-Relative URI）：以下图的文件结构为例，假设 default.html 有链接至 email.html 和 question.html 的超链接，那么超链接的 URI 可以写成 Contact/email.html 和 Support/FAQ/question.html，由于这些文件夹和文件均位于相同文件夹，故通信协议和服务器名称可以省略不写。

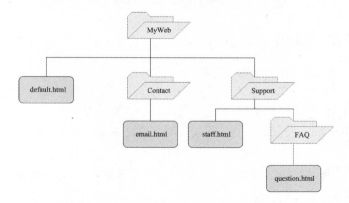

请注意，若staff.html 有链接至 email.html 的超链接，那么其 URI 必须指定为../Contact/email.html，".." 的意义是回到上一层文件夹；同理，若 question.html 有链接至 email.html 的超链接，那么其 URI 必须指定为 ../../ Contact/email.html。

- 服务器相对 URI（Server-Relative URI）：服务器相对 URI 是相对于服务器的根目录，以下图的文件结构为例，斜线（/）代表根目录，当我们要表示任何文件或文件夹时，都必须从根目录开始，例如 question.html 的地址为

/Support/FAQ/question.html，最前面的斜线（/）代表的是服务器的根目录，不能省略不写。

同理，若 default.html 有链接至 email.html 或 question.html 的超链接，那么其 URI 必须指定为 /Contact/email.html 和 /Support/FAQ/question.html，最前面的斜线（/）不能省略不写。

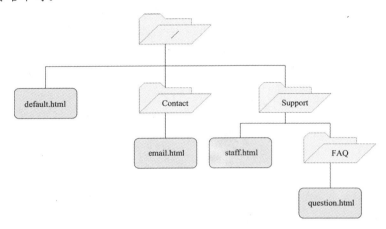

文件相对 URI 的优点是当我们将包含所有文件夹和文件的文件夹整个搬移到不同服务器或其他地址时，文件之间的超链接仍可正确链接，无须重新指定；而服务器相对 URI 的优点是当我们将所有文件和文件夹搬移到不同服务器时，文件之间的超链接仍可正确运转，无须重新指定。

4-2　标记超链接—— <a>元素

<a> 元素用来标记超链接，其属性如下，标记星号（※）者为 HTML5 新增的属性：

- charset="..."：指定超链接的字符编码方式。
- coords="*x1, y1, x2, y2*"：指定影像地图的热点坐标。
- href="*uri*"：指定超链接所链接文件的相对或绝对地址。
- hreflang="language-code"：指定 href 属性值的语言。
- name="..."：指定书签（bookmark）名称。
- rel="..."：指定从目前文件到 href 属性指定的文件的引用，例如：

```
<a rel="next" href="nextpage.html">
```

- rev="..."：指定从 href 属性指定文件到目前文件的引用，例如：

```
<a rev="pre" href="backpage.html">
```

- shape="{rect,circle,poly}"：指定影像地图的热点形状。
- target="..."：指定目标框架的名称。
- type="*content-type*"：指定内容类型。

- media="{screen, print, projection, braille, speech, tv, handheld, all}"（※）：指定目的媒体类型（屏幕、打印机、投影仪、盲文点字机、音频合成器、电视、便携式设备、全部），省略不写的话，表示为默认值 all。
- 第 2-2-1、2-2-2 节所介绍的全局属性和事件属性。

在前述的属性中，HTML 4.01 提供除了 media 以外的属性，而 HTML5 则提供了全局属性、事件属性和 href、target、rel、media、hreflang、type 等属性。

现在，我们就以下图为例，说明标记超链接的几种情况：

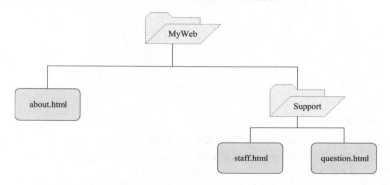

- 链接位于相同文件夹的文件：假设要将 staff.html 内的文字 "FAQ" 指定为链接至 question.html 的超链接，那么可以使用文件相对 URI 来指定超链接的 URI，例如：

```
<a href="question.html">FAQ</a>
```

当您输入 URI 时，请留意英文字母的大小写，有些操作系统（例如 UNIX）会区分文件名的大小写，一旦输入错误，就会找不到文件。

- 链接位于不同文件夹的文件：假设要将 about.html 内的文字 "员工" 指定为链接至 staff.html 的超链接，那么可以使用文件相对 URI 来指定超链接的 URI，例如：

```
<a href="Support\staff.html"> 员工 </a>
```

- 链接 Web 上的文件：假设要将文字 "Google" 指定为链接至 Google 台湾地区的超链接，那么必须使用绝对 URI 来指定超链接的 URI，例如：

```
<a href="http://www.google.com.tw/">Google</a>
```

随堂练习

按照如下步骤制作网页：

1. 首先，新增一个 Zoo 文件夹；接着，在 Zoo 文件夹内新增一个 Hot 文件夹及三个空白网页，文件名为 africa.html、asia.html、default.html；最后，在 Hot 文件夹内新增三个空白网页，文件名为 kiwi.html、koala.html、penguin.html。

2. 首先，开启 default.html，输入如下图的内容；接着，将 "非洲动物区"、"亚洲动物区"、"奇异鸟"、"无尾熊"、"企鹅"、"木栅动物园" 等文字链接至 africa.html、

asia.html、kiwi.html、koala.html、penguin.html 和木栅动物园的网址 http://www.zoo.gov.tw/；
最后，保存文件。

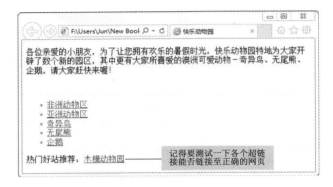

提示：

```
<ul type="circle">
  <li><a href="africa.html"> 非洲动物区 </a></li>
  <li><a href="asia.html"> 亚洲动物区 </a></li>
  <li><a href="Hot\kiwi.html"> 奇异鸟 </a></li>
  <li><a href="Hot\koala.html"> 无尾熊 </a></li>
  <li><a href="Hot\penguin.html"> 企鹅 </a></li>
</ul>
热门好站推荐: <a href="http://www.zoo.gov.tw/"> 木栅动物园 </a>
```

4-2-1　自定义超链接文字的颜色

在默认的情况下，尚未浏览的超链接文字为蓝色，已经浏览的超链接文字为紫色，被选取的超链接文字为蓝色，若要自定义超链接文字的颜色，可以使用 <body> 元素的 link、vlink、alink 属性，下面举一个例子，它会将被选取的超链接文字指定为绿色。

```
<body bgcolor="#ffffdd" alink="green">
  <p>...</p>
  <ul type="circle">
    <li><a href="africa.html"> 非洲动物区 </a></li>
    <li><a href="asia.html"> 亚洲动物区 </a></li>
    <li><a href="Hot\kiwi.html"> 奇异鸟 </a></li>
    <li><a href="Hot\koala.html"> 无尾熊 </a></li>
    <li><a href="Hot\penguin.html"> 企鹅 </a></li>
  </ul>
  热门好站推荐: <a href="http://www.zoo.gov.tw/"> 木栅动物园 </a>
</body>
```

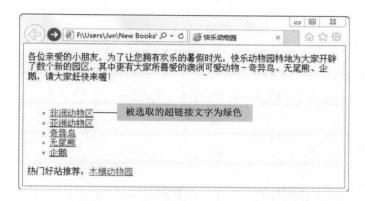

由于 link、vlink、alink 属性涉及网页的外观，因此，HTML 4.01 将之标记为 Deprecated
（建议勿用），而 HTML5 则不再列出这几个属性，并鼓励网页设计人员改用 CSS 来取代
它们。

4-2-2　链接至E-mail地址的超链接

许多网页会提供回信服务，用户只要点选的 E-mail 地址、信箱之类的图标或文字，就
可以启动 E-mail 编辑程序，而且收件者的地址会自动填写上去。当您要指定链接至 E-mail
地址的超链接时，除了使用 <a> 元素的 href 属性指定收件者的 E-mail 地址，还要在
E-mail 地址前加上 mailto: 通信协议，例如：

```
<a href="mailto:jeanchen@mail.lucky.net.tw"> 欢迎写信给我们 </a>
```

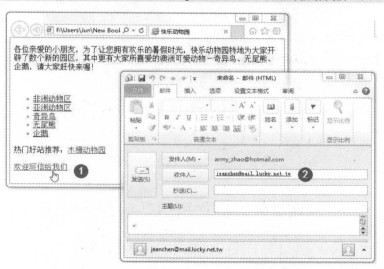

❶点选 E-mail 地址超链接；❷启动 E-mail 编辑程序并自动填入收件者

此外，若您希望在用户将鼠标指针移到超链接时会出现提示文字，可以使用 <a> 元素
的 title 属性来指定提示文字，例如：

```
<a href="http://www.zoo.gov.tw/" title="Taipei Zoo"> 木栅动物园 </a>
```

4-3　指定相对 URI 的路径信息—— <base>元素

在 HTML 文件中，无论是链接到图片、文件、程序还是样式窗体的超链接，都是靠URI来指定路径，而且为了方便起见，我们通常是将文件放在相同文件夹，然后采用相对URI来表示超链接的地址。

若有天我们将文件搬移到其他文件夹，那么相对 URI 是否要一一修正呢？其实不用，只要使用 <base> 元素指定相对 URI 的路径信息就可以了。

<base> 元素要放在 <head> 元素里面，而且没有结束标签，其属性如下：

- href="*uri*"：指定相对 URI 的绝对地址。
- target="..."：指定目标框架的名称。

下面举一个例子，由于我们在 <head> 元素里面加入 <base> 元素指定相对 URI的路径信息，因此，对倒数第三行的相对 URI "../books/HTML5.html" 来说，其实际地址为 "http://www.lucky.com/books/HTML5.html"。

```
<!doctype html>
<html>
  <head>
    <meta charset="utf-8">
    <title> 示范相对地址 </title>
    <base href="http://www.lucky.com/product/default.html">
  </head>
  <body>
    <a href="../books/HTML5.html">HTML5 网页程序设计 </a>
  </body>
</html>
```

<\Ch04\relative.html>

4-4　指定文件之间的引用—— <link> 元素

<link> 元素用来指定目前文件与其他文件之间的引用，常见的引用如下，其中 stylesheet 表示链接外部的 CSS 样式窗体文件：

- appendix：附录
- alternate：替代表示方式
- author：作者
- contents：内容
- index：索引

- glossary：名词解释
- copyright：版权声明
- next：下一页（和 rel= 一起使用）
- pre：上一页（和 rev= 一起使用）
- start：第一个文件
- help：联机帮助
- bookmark：书签
- stylesheet：CSS 样式窗体
- search：搜索资源
- top：主页

<link> 元素要放在 <head> 元素里面，而且没有结束标签，其属性如下，而HTML5 仅提供全局属性、事件属性和 href、target、rel、media、hreflang、type等属性：

- charset="..."：指定正在建立引用文件的字符编码方式。
- href="*uri*"：指定正在建立引用文件的相对或绝对地址。
- hreflang="*language-code*"：指定 href 属性值的语言。
- media="{screen, print, projection, braille, speech, tv, handheld, all}"：指定目的媒体类型，省略不写的话，表示为默认值 all。
- name="..."：指定名称给正在定义的引用。
- rel="..."：指定当前文件与其他文件的引用，例如 <link rel="search" href="search.html">。
- rev="..."：指定当前文件与其他文件的反向引用，例如 <link rev="prev" href="backpage.html">。
- target="..."：指定目标框架的名称。
- type="*content-type*"：指定内容类型。
- 第 2-2-1、2-2-2 节所介绍的全局属性和事件属性。

下面举一个例子。

```
<!doctype html>
<html>
  <head>
    <meta charset="utf-8">
    <title> 指定文件的引用 </title>
    <link type="text/html" rel="help" href="help.html">
    <link rel="top" href="http://www.lucky.com.tw/">
    <link rev="pre" href="backpage.html">
    <link type="text/css" rel="stylesheet" href="h1.css">
  </head>
</html>
```

<\Ch04\link.html>

4-5　建立书签

当网页的内容超过一页时，为了方便用户浏览数据，您可以针对网页上的主题建立书签（bookmark），日后用户只要点选书签，便能跳到指定的主题内容。

现在，我们就以下面的例子来示范如何建立书签，由于这个网页的内容比较长，用户可能得移动滚动条才能浏览想看的资料，有点不方便，于是我们决定将网页上方项目列表中的"黑面琵鹭"、"赤腹鹰"、"八色鸟"等三个项目指定为书签的起点，然后将网页下方定义列表中对应的介绍文字指定为书签的终点，让用户一点选书签的起点，就会跳到对应的介绍文字，也就是书签的终点。

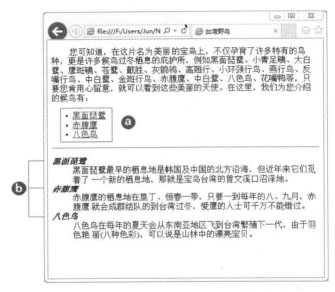

ⓐ书签的起点（样式和超链接文字相同）；ⓑ书签的终点

书签的建立有两个部分，首先，我们必须在书签的终点使用 <a> 元素的 name 属性指定书签名称，其次才是在书签的起点使用 <a> 元素的 href 属性指定所链接的书签名称。

在这个例子中，书签的起点和终点位于相同文件，故在指定 href 属性的值时将文件名省略不写，若两者不是位于相同文件，就必须指定文件名，例如 <a href="bird.html#八色鸟 ">。

```
<body>
  <p> 您可知道，在这片名为美丽的宝岛上，不仅孕育了许多特有的鸟种，更是许多候鸟过冬
  栖息的庇护所，例如黑面琵鹭、小青足鹬、大白鹭、鹰斑鹬、苍鹭、戴胜、灰鹊鸰、高翘行、小环
  颈行鸟、燕行鸟、反嘴行鸟、中白鹭、金斑行鸟、赤腹鹰、中白鹭、八色鸟、花嘴鸭等，只要您肯
  用心留意，就可以看到这些美丽的天使。在这里，我们为您介绍的候鸟有：</p>
  <ul>                            ❷
    <li><a href="# 黑面琵鹭 "> 黑面琵鹭 </a></li>
    <li><a href="# 赤腹鹰 "> 赤腹鹰 </a></li>
    <li><a href="# 八色鸟 "> 八色鸟 </a></li>
  </ul>
```

```
    <hr>
    <dl>                    ①
      <dt><b><i><a name=" 黑面琵鹭 "> 黑面琵鹭 </a></i></b></dt>
        <dd> 黑面琵鹭最早的栖息地是韩国及中国的北方沿海，但近年来它们觅着了一个新的栖息地，
             那就是宝岛台湾的曾文溪口沼泽地。</dd>
      <dt><b><i><a name=" 赤腹鹰 "> 赤腹鹰 </a></i></b></dt>
        <dd> 赤腹鹰的栖息地在垦丁、恒春一带，只要一到每年的八、九月，赤腹鹰就会成群结队的
             到台湾过冬，爱鹰的人士可千万不能错过。</dd>
      <dt><b><i><a name=" 八色鸟 "> 八色鸟 </a></i></b></dt>
        <dd> 八色鸟在每年的夏天会从东南亚地区飞到台湾繁殖下一代，由于羽色艳丽（八种颜色），
             可以说是山林中的漂亮宝贝。</dd>
    </dl>
  </body>
```

<\Ch04\bookmark.html>

❶ 使用 name 属性指定书签名称；❷ 使用 href 属性指定所链接的书签名称

4-6　嵌入图片——<img> 元素

除了文字之外，HTML 文件还可以包含图片、音频、视频或其他 HTML 文件，而本章的讨论是以图片为主。我们可以使用 <img> 元素在 HTML 文件中嵌入图片，该元素没有结束标签，其属性如下：

- src="uri"：指定图片的相对或绝对地址。
- name="..."：指定图片的名称，供 Scripts、Applets 或书签使用。
- alt="..."：指定图片的替代显示文字。
- longdesc="*uri*"：指定图片的说明文字。
- width="*n*"：指定图片的宽度（*n* 为像素数）。
- height="*n*"：指定图片的高度 `(*n* 为像素数）。
- align="{left, right, top, middle, bottom}"（Deprecated）：指定图片的对齐方式。
- border="*n*"（Deprecated）：指定图片的框线粗细（*n* 为像素数）。
- hspace="*n*"（Deprecated）：指定图片的水平间距（*n* 为像素数）。
- vspace="*n*"（Deprecated）：指定图片的垂直间距（*n* 为像素数）。
- ismap：指定图片为服务器端影像地图。
- usemap="*uri*"：指定影像地图所在的文件地址及名称。
- lowsrc="*uri*"：指定低分辨率图片的相对或绝对地址。
- crossorigin="..."（※）：指定图片允许跨文件访问。
- 第 2-2-1、2-2-2 节所介绍的全局属性和事件属性。

在前述的属性中，HTML 4.01 提供除了 crossorigin 以外的属性，而 HTML5 则提供全局属性、事件属性和 alt、src、crossorigin、usemap、ismap、width、height 等属性。

4-6-1 图片的高度、宽度与框线

当我们使用 <img> 元素在 HTML 文件中嵌入图片时，除了可以通过 src 属性指定图片的相对或绝对地址，还可以通过 height、width、border 属性指定图片的高度、宽度与框线（以像素为单位）。若没有指定高度与宽度，浏览器会以图片的原始大小来显示；若没有指定框线，浏览器会以自己的默认值来显示，通常是没有框线，下面举一个例子。

```html
<!doctype html>
<html>
  <head>
    <meta charset="utf-8">
    <title> 示范图片 </title>
  </head>
  <body>
    <img src="jp3.jpg" height="315" width="370">
    <img src="jp3.jpg" height="158" width="185" border="10">
  </body>
</html>
```

<\Ch04\img1.html>

ⓐ 高度为 315 像素、宽度为 370 像素；ⓑ 高度为 158 像素、宽度为 185 像素、框线为 10 像素

4-6-2 图片的对齐方式

<img> 元素的 align 属性提供了 left（靠左）、right（靠右）、top（靠上）、middle（置中）、bottom（靠下）等对齐方式，虽然 W3C 建议网页设计人员改用 CSS 来取代 align 属性，但我们还是可以了解一下。

下面举一个例子，由于它没有指定图片的对齐方式，所以会采用浏览器默认的对齐方式。

```html
<body>
  <img src="jp2.jpg"> ❶
  <h1> 豪斯登堡之旅 </h1>
  <p> 豪斯登堡位于日本九州岛，一处重现中古世纪欧洲街景的度假胜地，命名由来是荷兰女王
```

陛下所居住的宫殿豪斯登堡宫殿，园内风景怡人俯拾皆画。</p>
</body>

<\Ch04\align.html>

❶没有指定图片的对齐方式；❷浏览结果

　若要将图片放在画面的左边（靠左），令后面的文字放在图片的右边，可以加上
align="left" 属性，即 <img src="jp2.jpg" align="left">，浏览结果如下图。

　若要将图片放在画面的右边（靠右），令后面的文字放在图片的左边，可以加上
align="right" 属性，即 <img src="jp2.jpg" align="right">，浏览结果如下图。

4-7 影像地图—— <map>、<area> 元素

影像地图（imagemap）又分为服务器端和客户端两种类型，差别在于当用户点选影像地图的热点（hot spot）时，前者是由服务器决定热点所链接的文件，所以会增加服务器的负荷、网络流量及网站管理员的工作，而后者是由浏览器决定热点所链接的文件，除了没有前述的缺点，还有下列几个优点：

- 因为是由浏览器决定热点所链接的文件，无须通过网络询问服务器，所以处理速度较快。
- 当用户将鼠标指针移到影像地图的热点时，浏览器的状态栏会显示热点所链接的文件的 URI；若是服务器端影像地图，就只会显示影像地图的坐标。
- 网页设计人员可以在本地计算机测试影像地图的热点能否工作，而不必等到上传至服务器后才进行测试。

现在，我们来说明客户端影像地图的制作方式。

绘制图片并定义热点

第一个步骤是选择一套图像处理软件绘制要作为影像地图的图片，然后定义热点，HTML支持下列三种热点形状：

- 圆形（circle）：在图像处理软件中开启图片，然后将鼠标指针移到要作为圆心的位置，先记录其坐标，再决定半径（以像素为单位）。以下图的圆形热点为例，其圆心坐标为（173,152），半径为 34。
- 矩形（rectangle）：在图像处理软件中开启图片，画出矩形热点的范围，然后将指标移到矩形的左上角及右下角，再记录其坐标。以下图的矩形热点为例，其左上角坐标为（42,159），右下角坐标为（110,227）。
- 多边形（polygon）：在图像处理软件中开启图片，画出多边形热点，然后将鼠标指标移到多边形的各个角点，再按顺时针或逆时针方向记录其坐标。以下图的多边形热点为例，其四个顶角的坐标按顺时针方向为（338,106）、（396,125）、（400,200）、（300,185）。

❶矩形热点；❷圆形热点；❸多边形热点

在HTML文件中建立影像地图

第二个步骤是要在 HTML 文件中建立影像地图，此时会使用到 <map> 和 <area> 两个元素，<map> 元素用来指定客户端影像地图，其属性如下：

- name="...": 指定影像地图的名称，当我们使用 <img> 或 <object> 元素指定图片与影像地图的引用关联时，其 usemap 属性必须和 <map> 元素的 name 属性符合。
- 第 2-2-1、2-2-2 节所介绍的全局属性和事件属性。

<area> 元素用来描述客户端影像地图的热点，该元素没有结束标签，其属性如下，标记星号（※）者为 HTML5 新增的属性，而且 HTML5 没有提供 nohref 属性：

- shape="{default, circle, rect, poly}": 指定热点的形状（整个范围、圆形、矩形、多边形）。
- coords="*x1,y1,x2,y2*": 指定热点的坐标。
- href="*uri*": 指定热点所链接的文件。
- nohref: 指定热点没有链接至任何文件。
- alt="...": 指定热点的替代显示文字。
- target="...": 指定用来显示热点的目标框架名称。
- hreflang="*language-code*"（※）: 指定 href 属性值的语言。
- rel="..."（※）: 指定从目前文件到 href 属性指定文件的引用关联。
- type="*content-type*"（※）: 指定内容类型。
- media="{screen, print, projection, braille, speech, tv, handheld,all}"（※）: 指定目的媒体类型，省略不写的话，表示为默认值 all。
- 第 2-2-1、2-2-2 节所介绍的全局属性和事件属性。

现在，我们就针对影像地图 zoo.jpg 及刚才定义的三个热点编写程序代码：

1. 在 <body> 元素里面加入 <map> 元素并指定影像地图的名称。

```
<body>
  <map name="taipei_zoo">
  </map>
</body>
```

2. 新增 africa.html、bird.html、night.html 等三个空白的 HTML 文件。

3. 使用 <area> 元素定义圆形、矩形、多边形等三个热点，令这三个热点分别链接至 africa.html、bird.html、night.html，并指定各自的替代显示文字，最后再加上 <area shape="default" nohref>，表示影像地图的其余部分没有链接至任何 HTML 文件。

```
<body>
  <map name="taipei_zoo">                              ❶
    <area shape="circle" coords="173,152,34" href="africa.html" alt="非洲动
物区">                                                 ❷
    <area shape="rect" coords="42,159,110,227" href="bird.html" alt="鸟园">
    <area shape="poly" coords="338,106,396,125,400,200,300,185"
href="night.html" alt="夜行动物馆">                     ❸
    <area shape="default" nohref>
  </map>                                               ❹
</body>
```

❶ 圆形热点的圆心坐标及半径；　　　　　　❷ 矩形热点的左上角及右下角坐标；

❸ 多边形热点的各个顶角坐标；　　　　　　❹ 影像地图的其余部分没有链接至任何文件

指定图片与影像地图的引用关联

最后一个步骤是要指定图片与影像地图的引用关联，因此，我们在影像地图定义的前面加上嵌入图片的程序语句，然后使用 <img> 元素的 usemap 属性指定影像地图的名称，而且名称的前面必须加上 # 符号：

```
<img src="zoo.jpg" border="0" alt="木栅动物园游园地图" usemap="#taipei_zoo">
```

请注意，此处是使用 usemap 属性指定影像地图的名称，若图片和影像地图定义位于不同文件，那么还要在 # 符号的前面加上影像地图定义所在的文件，例如：

```
usemap="文件名.html#taipei_zoo"
```

综合前述步骤，得到结果如下。

```
<!doctype html>
<html>
  <head>
    <meta charset="utf-8">
    <title>示范影像地图</title>
  </head>
  <body>
```

```
        <img src="zoo.jpg" border="0" alt=" 木栅动物园游园地图 "
usemap="#taipei_zoo">
        <map name="taipei_zoo">
          <area shape="circle" coords="173,152,34" href="africa.html" alt=" 非洲
动物区">
          <area shape="rect" coords="42,159,110,227" href="bird.html" alt=" 鸟园 ">
          <area shape="poly" coords="338,106,396,125,400,200,300,185"
href="night.html"
            alt=" 夜行动物馆 ">
          <area shape="default" nohref>
        </map>
        </body>
    </html>
```

<\Ch04\zoo.html>

4-8 标注—— <figure>、<figcaption> 元素

我们可以使用 HTML5 新增的 <figure> 元素将图片、表格、程序代码等能够从主要内容抽离的区块标注出来，同时可以使用 <figcaption> 元素针对 <figure> 元素的内容指定标题，这两个元素的属性均为第 2-2-1、2-2-2 节所介绍的全局属性和事件属性。<figure> 元素所标注的区块不会影响主要内容的阅读动线，而且可以移到附录、网页的一侧或其他专属的网页。

下面举一个例子，它会使用 <figure> 元素标注一张照片，并使用 <figcaption> 元素指定照片的标题，浏览结果如下图。

```
<body>
  <figure>
    <img src="jp1.jpg">
    <figcaption> 日本九州纪行－豪斯登堡 </figcaption>
  </figure>
</body>
```

<\Ch04\new1.html>

4-9 建立绘图区── <canvas> 元素

绘图功能是 HTML5 令人惊艳的新功能之一，我们可以使用 HTML5 新增的 <canvas> 元素在网页上建立一块点阵绘图区，以应用于展现图形、视觉图像或游戏动画。

<canvas> 元素的属性如下：

- width="n"：指定绘图区的宽度（n 为像素数），默认值为 300 像素。
- height="n"：指定绘图区的高度（n 为像素数），默认值为 150 像素。
- 第 2-2-1、2-2-2 节所介绍的全局属性和事件属性。

<canvas> 元素的方法如下：

- getContext（DOMString contextId [, any...args]）：获取绘图环境，只要将参数 contextId 指定为 "2d"，就能获取二维的绘图环境。
- toDataURL（optional *type* [, *any...args*]）：返回绘图区的内容，可选参数 *type* 用来指定内容类型，默认值为 image/png。

此外，<canvas> 元素还有非常丰富的 API，包括线条样式、填满样式、文字样式、建立路径、绘制矩形、绘制图像、渐变、阴影等，利用这些 API，甚至可以设计出类似小画家的绘图程序，因此，<canvas> 元素本身是放在 HTML5 （http://www.w3.org/TR/html5/）规格书中，但其 API 则是抽离出来放在独立文件 HTML Canvas 2D Context （http://dev.w3.org/html5/2dcontext/）中。

当前新版的浏览器大多内建支持 <canvas> 元素和相关的 API，但支持的程度不一，有些 API 可能还无法正常工作或有错误，必须实际测试才知道。

在本节中，我们会通过一个简单的例子，示范如何在网页上建立绘图区并进行绘图。

```
01:<!doctype html>
02:<html>
03:  <head>
04:    <meta charset="utf-8">
05:    <title> 绘图功能 </title>
06:  </head>
07:  <body>
08:    <canvas id="myCanvas" width="200" height="100"></canvas>
09:    <script>
10:      var canvas = document.getElementById("myCanvas");
11:      var context = canvas.getContext("2d");
12:      context.fillRect(0,0,200,100);
13:    </script>
14:  </body>
15:</html>
```

<\Ch04\canvas1.html>

- 8：建立一块宽度为 200 像素、高度为 100 像素的绘图区。
- 11：调用 <canvas> 元素的 getContext（"2d"）方法获取 2D 绘图环境。
- 12：调用绘图环境的 fillRect（0, 0, 200, 100）方法，将左上角坐标为（0, 0）、宽度为 200 像素、高度为 100 像素的矩形填满颜色（默认为黑色），而此举正好会填满整个绘图区，因为我们故意将矩形的大小设置成绘图区的大小。

习题

一、填空题

1. 在默认的情况下，图片超链接会自动加上框线，若要取消框线，可以将_____ 属性指定为 _____。

2. 我们可以使用 _____ 元素的 _____ 属性指定客户端影像地图。

3. 若要指定多边形热点，可以将 _____ 元素的 _____ 属性指定为_____。

4．若要使图片放在网页的左边，图片下面的文字放在图片的右边，那么图片的_____属性必须指定为_____。

5．若要指定圆形热点，我们必须知道这个圆形热点在影像地图上的_____和_____。

6．若要指定热点链接至哪个文件，可以使用_____元素的_____属性。

7．假设有一张图片 fig.jpg 和一份文件 sample.html，试编写一个 HTML 程序语句，将 fig.jpg 指定为链接至 sample.html 的图片超链接：_____。

8．假设有一张小图片 small.jpg 和一张大图片 large.jpg，试编写一个 HTML 程序语句令用户在点选小图片后会开启大图片：_____。

9．我们可以使用_____元素在网页上建立绘图区。

10．若要指定图片的替代显示文字，可以使用_____元素的_____属性。

二、实践题

1．假设我们使用图像处理软件在 zoo.jpg 定义了如下的三个热点：

- 圆形热点的圆心坐标为（298,297），半径为 30。
- 矩形热点的左上角坐标为（218,156），右下角坐标为（297,185）。
- 多边形热点的四个顶角坐标按顺时针方向分别为（402,232）、（371,253）、（388,287）、（460,270）。

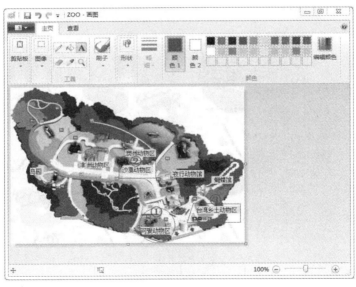

❶圆形热点；❷矩形热点；❸多边形热点

现在，请您新增 cute.html、desert.html、country.html 等三个空白的 HTML文件，然后令圆形、矩形及多边形热点链接至 cute.html、desert.html、country.html，替代显示文字为"可爱动物区"、"沙漠动物区"、"台湾乡土动物区"，再另存新文件为 <\Ch04\zoo2.html>。

移动鼠标指针点
选热点，就会开启
所链接的文件。

2. 完成如下网页，日后用户只要点选书签的起点，例如"帝王企鹅"、"跳岩企鹅"、"颊条企鹅"，就可以跳到相关的介绍文字，也就是书签的终点，其中蓝色文字为 #0202da，棕色文字为 #996633，跑马灯背景颜色 #ffcc00，跑马灯文字颜色为 #ffffff，背景图片为 pen01.gif，标题图片为 pen02.gif，而另外三张企鹅的图片可以使用其他类似的图片来代替。
<\Ch04\ 南极的精灵.html>

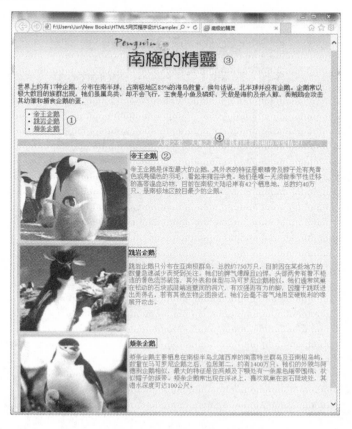

①书签的起点；②书签的终点；③标题图片；④跑马灯

第 __5__ 章

表格

5-1 建立表格—— <table>、<tr>、<td>、<th> 元素

当我们要在 HTML 文件中建立表格时，通常会用到 <table>、<tr>、<td>、<th>等元素，以下就为您做介绍。

<table> 元素

<table> 元素用来标记表格，其属性如下，HTML5 则仅提供全局属性、事件属性和 border 属性：

- summary="...": 指定表格的说明文字。
- width="*n*": 指定表格的宽度（*n* 为像素数或窗口宽度比例）。
- align="{left, center, right}"（Deprecated）: 指定表格的对齐方式（靠左、置中、靠右）。
- bgcolor="*color*| *#rrggbb*"（Deprecated）: 指定表格的背景颜色。
- background="*uri*"（Deprecated）: 指定表格的背景图片相对或绝对地址。
- border="*n*": 指定表格的框线大小（*n* 为像素数）。
- bordercolor="*color*| *#rrggbb*"（Deprecated）: 指定表格的框线颜色。
- cellpadding="*n*": 指定单元格填充（数据与网格线的间距，*n* 为像素数）。
- cellspacing="*n*": 指定单元格间距（单元格网格线的间距，*n* 为像素数）。
- frame="{void, border, above, below, hsides, lhs, rhs, vsides, box}": 指定表格的外框线显示方式。
- rules="{none, groups, rows, cols, all}": 指定表格的内框线显示方式。
- 第 2-2-1、2-2-2 节所介绍的全局属性和事件属性。

<tr> 元素

<tr> 元素用来在表格中标记一行（row），其属性如下，HTML5 则仅提供全局属性和事件属性：

- align="{left, right, center, justify, char}": 指定某行单元格的水平对齐方式（靠左、靠右、置中、左右对齐、对齐指定字符）。
- valign="{top, middle, bottom, baseline}": 指定某行单元格的垂直对齐方式（靠上、置中、靠下、基准线）。
- char="...": 指定某行单元格要对齐的字符（当 align="char" 时）。
- charoff="*n*": 指定某行单元格要对齐的字符是从左边数第几个。
- bgcolor="*color*| *#rrggbb*"（Deprecated）: 指定某行单元格的背景颜色。
- 第 2-2-1、2-2-2 节所介绍的全局属性和事件属性。

<td> 元素

<td> 元素用来在一行中标记单元格，其属性如下，HTML5 则仅提供全局属性、事件属性和 colspan、rowspan、headers 等属性：

- align="{left, right, center, justify, char}"：指定某个单元格的水平对齐方式（靠左、靠右、置中、左右对齐、对齐指定字符）。
- valign="{top, middle, bottom, baseline}"：指定某个单元格的垂直对齐方式（靠上、置中、靠下、基准线）。
- char="..."：指定某个单元格要对齐的字符（当 align="char" 时）。
- charoff="*n*"：指定某个单元格要对齐的字符是从左边数第几个。
- abbr="..."：根据单元格的内容指定一个缩写。
- axis="..."：根据单元格的内容指定一个分类，如此一来，用户就可以查询表格中属于特定分类的单元格。
- bgcolor="*color*| *#rrggbb*"（Deprecated）：指定某个单元格的背景颜色。
- background="*uri*"（Deprecated）：指定某个单元格的背景图片相对或绝对地址。
- bordercolor="*color*| *#rrggbb*"：指定某个单元格的框线颜色。
- colspan="*n*"：指定某个单元格是由几列合并而成。
- rowspan="*n*"：指定某个单元格是由几行合并而成。
- nowrap（Deprecated）：取消某个单元格的文字换行。
- width="*n*"（Deprecated）：指定某个单元格的宽度（*n* 为像素数或表格宽度比例）。
- height="*n*"（Deprecated）：指定某个单元格的高度（*n* 为像素数或表格高度比例）。
- headers="..."（※）：指定提供标头信息的单元格。
- scope="{row, col, rowgroup, colgroup}"（※）：指定当前的标头单元格提供了哪些单元格的标头信息，row、col、rowgroup、colgroup 等值分别表示包含该标头单元格的同一行单元格、同一列单元格、同一组行单元格、同一组列单元格。
- 第 2-2-1、2-2-2 节所介绍的全局属性和事件属性。

\<th\> 元素

\<th\> 元素用来在一行中标记标题单元格，其内容会置中并加上粗体。在 HTML 4.01 中，\<th\> 元素的属性和 \<td\> 元素相同，而在 HTML5 中，\<th\> 元素则有全局属性、事件属性和 colspan、rowspan、headers、scope 等属性。

下面举一个例子，它将要制作如下图的 4×3 表格（4 行 3 列），其步骤如下：

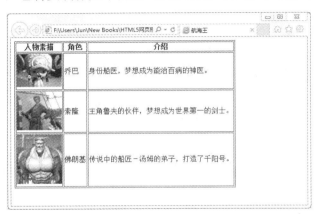

1. 首先要标记表格，请在 HTML 文件的 <body> 元素里面加入 <table> 元素，同时将表格框线指定为 1 像素，若没有指定表格框线，默认为没有框线，也就是透明表格。

```
<body>
  <table border="1">
  </table>
</body>
```

2. 接着要标记表格的行数，请在 <table> 元素里面加入 4 个 <tr> 元素。

```
<body>
  <table border="1">
    <tr></tr>
    <tr></tr>
    <tr></tr>
    <tr></tr>
  </table>
</body>
```

3. 继续要在表格的每一行中标记各个单元格，由于表格有 3 列，而且第一行为标题栏，所以在第一个 <tr> 元素里面加入 3 个 <th> 元素，其余各行则分别加入 3 个 <td> 元素，表示每一行有 3 列。

```
<body>
  <table border="1">
    <tr>
      <th></th>
      <th></th>
      <th></th>
    </tr>
    <tr>
      <td></td>
      <td></td>
      <td></td>
    </tr>
    <tr>
      <td></td>
      <td></td>
      <td></td>
    </tr>
    <tr>
      <td></td>
      <td></td>
      <td></td>
    </tr>
```

```
</table>
<body>
```

4．最后，在每个 `<th>` 和 `<td>` 元素里面输入各个单元格的内容，就大功告成了。您可以在单元格内嵌入图片或输入文字，同时可以指定图片或文字的格式，有需要的话，还可以指定超链接。

```
<!doctype html>
<html>
  <head>
    <meta charset="utf-8">
    <title> 航海王 </title>
  </head>
  <body>
    <table border="1">
      <tr>
        <th> 人物素描 </th>
        <th> 角色 </th>
        <th> 介绍 </th>
      </tr>
      <tr>
        <td><img src="piece1.jpg" width="100"></td>
        <td> 乔巴 </td>
        <td> 身份船医，梦想成为能治百病的神医。</td>
      </tr>
      <tr>
        <td><img src="piece2.jpg" width="100"></td>
        <td> 索隆 </td>
        <td> 主角鲁夫的伙伴，梦想成为世界第一的剑士。</td>
      </tr>
      <tr>
        <td><img src="piece3.jpg" width="100"></td>
        <td> 佛朗基 </td>
        <td> 传说中的船匠—汤姆的弟子，打造了千阳号。</td>
      </tr>
    </table>
  </body>
</html>
```

<\Ch05\piece.html>

5-2　表格与单元格的格式化

虽然 HTML 4.01 将数个涉及表格与单元格外观的属性标记为 Deprecated（建议勿用），HTML5 甚至不再列出这些属性，例如 align、bgcolor、background、bordercolor 等，但事实上，仍有不少 HTML 文件使用这些属性，所以本节会一并做介绍。

5-2-1 表格的背景颜色与背景图片

我们可以使用 <table> 元素的 bgcolor、background 属性指定表格的背景颜色与背景图片，以下二图是我们在 <\Ch05\piece.html> 的 <table> 元素分别加上 bgcolor="lightyellow"、background="bg.gif" 属性的浏览结果，其中 bg.gif 为背景图片的文件名，因为和 HTML 文件存放在相同的文件夹，故省略了完整路径。

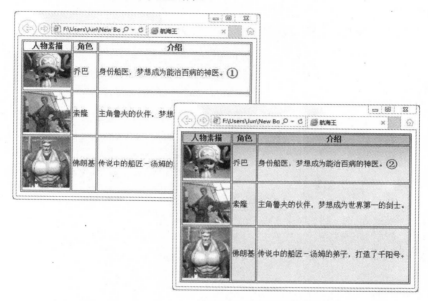

①将背景颜色指定为 lightyellow；②将背景图片指定为 bg.gif

5-2-2 表格的宽度、框线颜色、单元格填充与单元格间距

我们可以使用 <table> 元素的 width="*n*"、bordercolor="*color|#rrggbb*"、cellpadding="*n*"、cellspacing="*n*" 等属性，指定表格的宽度、框线颜色、单元格填充与单元格间距。

当使用 width 属性指定表格的宽度时，可以指定像素数或窗口宽度比例，例如下面的程序语句是将表格的宽度指定为 400 像素或窗口宽度的 75%：

```
<table width="400"> 或 <table width="75%">
```

表格的框线默认为灰色，若要自定义其他颜色，可以使用 bordercolor 属性，例如下面的程序语句是将框线大小指定为 10 像素，框线颜色指定为紫色：

```
<table border="10" bordercolor="purple">
```

此外，cellpadding 属性用来指定表格的"单元格填充"，也就是数据与单元格网格线之间的距离，而 cellspacing 属性用来指定表格的"单元格间距"，也就是单元格网格线之间的距离，两者均以像素为单位，下面的示意图供您参考（资料来源：W3C HTML 规格书）。

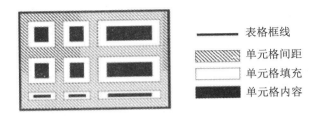

除了这些属性，Internet Exploerer 还提供了 bordercolordark="*color|#rrggbb*"、bordercolorlight="*color|#rrggbb*" 两个专用的属性，用来指定表格的暗边框颜色与亮边框颜色，例如下面的程序语句是将暗边框颜色与亮边框颜色指定为 green、lightgreen：

```
<table border="10" bordercolordark="green" bordercolorlight="lightgreen">
```

5-2-3　表格的对齐方式

<table> 元素的 align 属性提供了 left（靠左）、center（置中）、right（靠右）等对齐方式，在介绍这些对齐方式之前，我们先来看看默认的对齐方式，也就是没有指定 align 属性的情况。

```
<table border="1">  ❶
<tr>
    <th><font color="#996633">角色</font></th>
     <th><font color="#996633">英文配音</font></th>
     <th><font color="#996633">中文配音</font></th>
  </tr>
  <tr>
      <td>泰山</td>
      <td>东尼高德温（第六感生死恋）</td>
      <td>金城武</td>
  </tr>
  <tr>
      <td>珍妮</td>
      <td>敏妮卓芙（心灵捕手）</td>
      <td>杨采妮</td> .
  </tr>
  <tr>
      <td>卡娜</td>
      <td>葛伦克萝丝（101 真狗）</td>
      <td>张艾嘉</td>
    </tr>
</table>
<p>《泰山》是根据英国著名小说家艾
        格莱斯布洛的原著改编，一部兼具创
        意与娱乐性的动画电影，记录了一个
        在非洲雨林里被猩猩妈妈卡娜发现，
```

并抚养长大的人类的心路历程。</p>

<\Ch05\泰山 2.html>

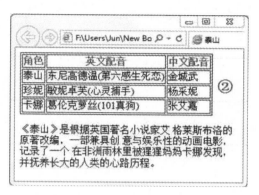

①没有指定 **align** 属性；②浏览结果。

　　首先，我们将 <table border="1"> 改成 <table border="1" align="left">，令表格靠左对齐，此时，表格后面的文字会排放到表格的右边，得到如下图的浏览结果。

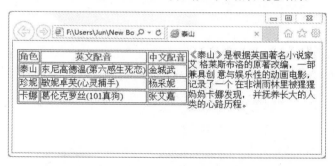

　　接着，我们将 <table border="1"> 改成 <table border="1" align="center">，令表格置中排放，得到如下图的浏览结果。

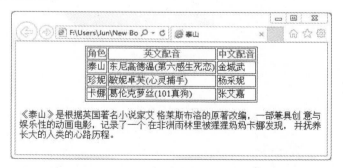

　　最后，我们将 <table border="1"> 改成 <table border="1" align="right">，令表格靠右对齐，此时，表格后面的文字会排放到表格的左边，得到如下图的浏览结果。

5-2-4 单元格的对齐方式

单元格的对齐方式有水平和垂直两个方向，我们可以使用 <tr>、<td>、<th> 元素的 align 和 valign 属性，指定某行单元格、某个单元格或某个标题单元格的水平和垂直对齐方式，下面举一个例子。

```
<table border="1" width="100%">
  <tr>
    <td><img src="piece1.jpg" width="100"></td>
    <td align="left"> 向左对齐 </td>
    <td align="center"> 水平置中 </td>
    <td align="right"> 向右对齐 </td>
  </tr>
  <tr>
    <td><img src="piece2.jpg" width="100"></td>
    <td valign="top"> 靠上对齐 </td>
    <td valign="middle"> 垂直置中 </td>
    <td valign="bottom"> 靠下对齐 </td>
  </tr>
  <tr>
    <td><img src="piece3.jpg" width="100"></td>
    <td align="right" valign="top"> 靠右上对齐 </td>
    <td align="center" valign="middle"> 水平垂直置中 </td>
    <td align="right" valign="bottom"> 靠右下对齐 </td>
  </tr>
</table>
```

<\Ch05\单元格对齐.html>

5-2-5　单元格的背景颜色与背景图片

我们可以使用 <tr> 元素的 bgcolor 属性指定某行单元格的背景颜色，也可以使用 <td>、<th> 元素的 bgcolor 和 background 属性，指定某个单元格或某个标题单元格的背景颜色与背景图片。以下为您示范如何指定 <\Ch05\泰山 1.tml> 的单元格背景颜色，至于背景图片，就请您自己练习。

1. 将第一、二、三、四个<tr> 元素分别改成 <tr bgcolor="#ffffb3">、<tr bgcolor="#ffccff">、<tr bgcolor="#b3e7ff">、<tr bgcolor="#b3ffd9">，会得到如下图的浏览结果。

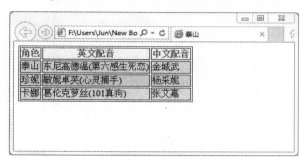

2. 将原来的 <table border="1"> 改成 <table border="0">，取消表格框线，会得到如下图的浏览结果。

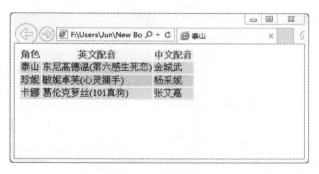

随堂练习

完成如下网页，您可以使用 <table>、<tr>、<td>、<th> 等元素的属性来指定表格与单元格的格式，包括背景颜色、框线颜色、对齐方式等，至于下图的星座图案是来自 Microsoft Word 内建的美工图案，仅供参考之用。<\Ch05\star.html>

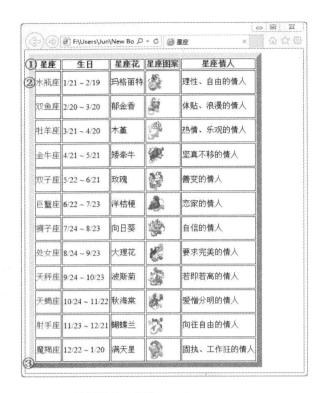

①标楷体、颜色 purple

②标楷体、颜色 #914800

③框线大小 10、亮边框颜色 #ffdca2、暗边框颜色 #d78600

5-3 表格标题—— <caption> 元素

<caption> 元素用来指定表格标题，而且该标题可以是文字或图片（搭配 <img> 或 <object> 元素），其属性如下：

- align="{left, right, top, bottom}"（Deprecated）：指定表格标题的位置。
- 第 2-2-1、2-2-2 节所介绍的全局属性和事件属性。

下面举一个例子。

```
<table border="1">
  <caption> 泰山 TARZAN</caption>  ❶
  <tr>
    <th> 角色 </th>
    <th> 英文配音 </th>
    <th> 中文配音 </th>
  </tr>
  <tr>
    <td> 泰山 </td>
```

```
        <td> 东尼高德温（第六感生死恋）</td>
        <td> 金城武 </td>
    </tr>
    <tr>
        <td> 珍妮 </td>
        <td> 敏妮卓芙（心灵捕手）</td>
        <td> 杨采妮 </td>
    </tr>
    <tr>
        <td> 卡娜 </td>
        <td> 葛伦克萝丝（101 真狗）</td>
        <td> 张艾嘉 </td>
    </tr>
</table>
```

<\Ch05\泰山 3.html>

①指定表格标题；②浏览结果

5-4　表格的表头、主体与表尾—— <thead>、<tbody>、<tfoot>元素

当表格的长度超过一页时，为了方便阅读，我们通常会在每一页的表格中重复显示表头和表尾。请注意，表头和表格标题是不一样的，表格标题放在表格的外面，而表头放在表格的第一行。

我们可以使用 <thead>、<tbody>、<tfoot> 元素指定表格的表头、主体与表尾，其属性如下：

- align="{left, right, center, justify, char}"：指定水平对齐方式（靠左、靠右、置中、左右对齐、对齐指定字符）。
- valign="{top, middle, bottom, baseline}"：指定垂直对齐方式（靠上、置中、靠下、基准线）。
- char="..."：指定某行单元格要对齐的字符（当 align="char" 时）。
- charoff="n"：指定某行单元格要对齐字符是从左边数第几个。
- 第 2-2-1、2-2-2 节所介绍的全局属性和事件属性。

下面举一个例子。

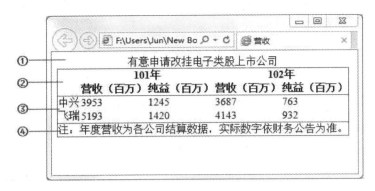

①表格标题；②表格表头；③表格主体；④表格表尾

　　请您仔细观察这个例子的浏览结果，表格的框线并没有全部显示出来，而是只显示表头、主体及表尾之间的框线，原因是我们在 <table> 元素加入 rules="groups" 属性，以便能更清楚地看到表头、主体及表尾的区隔。

```
<!doctype html>
<html>
<head>
<meta charset="utf-8">
  <title>营收</title>
</head>
<body>
<table border="1" rules="groups">   ❶
    ❷  <caption>有意申请改挂电子类股上市公司</caption>
    <thead>
        <tr>
            <th rowspan="2"> </th>
            <th colspan="2">101 年</th>
            <th colspan="2">102 年</th>
        </tr>
❸       <tr>
            <th>营收（百万）</th>
            <th>纯益（百万）</th>
            <th>营收（百万）</th>
            <th>纯益（百万）</th>
        </tr>
    </thead>
❹   <tbody>
        <tr>
            <td>中兴</td>
            <td>3953</td>
            <td>1245</td>
            <td>3687</td>
            <td>763</td>
```

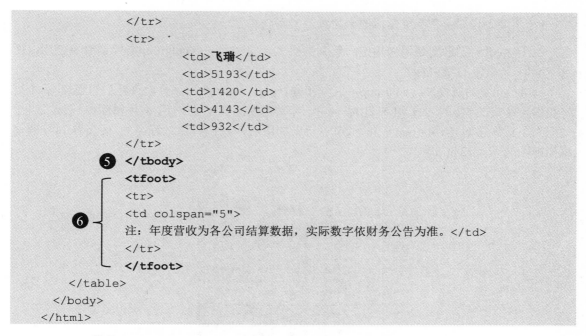

```
                    </tr>
                    <tr>      .
                            <td>飞瑞</td>
                            <td>5193</td>
                            <td>1420</td>
                            <td>4143</td>
                            <td>932</td>
                    </tr>
❺          </tbody>
            <tfoot>
            <tr>
            <td colspan="5">
❻          注：年度营收为各公司结算数据，实际数字依财务公告为准。</td>
            </tr>
            </tfoot>
        </table>
    </body>
</html>
```

<\Ch05\营收 2.html>

①加上此属性后，就只会在 <thead>、<tbody>、<tfoot> 元素所标记的区块之间显示框线；

②此为表格标题；③此为表格表头；④此为表格主体的开始；⑤此为表格主体的结束；⑥此为表格表尾

5-5　直列式表格——<colgroup>、<col> 元素

截至目前，我们的讨论都是针对行（row）来指定格式，例如一整行单元格的背景颜色、文字颜色、对齐方式等，但有时我们需要针对列（column）来指定格式，该怎么办呢？此时可以使用 <colgroup> 和 <col> 元素。

<colgroup> 元素用来针对表格的列做分组，将表格的几列视为一组，然后指定各组的格式，如此便能一次指定几个列的格式，其属性如下，HTML5 则仅提供全局属性、事件属性和 span 属性：

- align="{left, right, center, justify, char}"：指定单元格的水平对齐方式（靠左、靠右、置中、左右对齐、对齐指定字符）。
- valign="{top, middle, bottom, baseline}"：指定单元格的垂直对齐方式（靠上、置中、靠下、基准线）。
- char="..."：指定单元格要对齐的字符（当 align="char" 时）。
- charoff="n"：指定单元格要对齐的字符是从左边数第几个。
- bgcolor="$color|#rrggbb$"：指定单元格的背景颜色。
- width="n"：指定单元格的宽度（n 为像素或窗口宽度比例）。
- span="n"：指定将连续 n 个列视为一组，以便一起指定格式。

● 第 2-2-1、2-2-2 节所介绍的全局属性和事件属性。

至于 <col> 元素则是用来指定一整列的格式，但必须与 <colgroup> 元素合并使用，而且 <col> 元素没有结束标签。

<col> 元素的属性和 <colgroup> 元素相同，其中 span="n" 属性允许我们将连续 n 个列一起指定格式。同样的，HTML5 针对 <col> 元素也仅提供全局属性、事件属性和 span 属性。

为了让您了解 <colgroup> 和 <col> 元素的用法，我们将随堂练习的 <star.html> 改写成如下图的 <star2.html>。

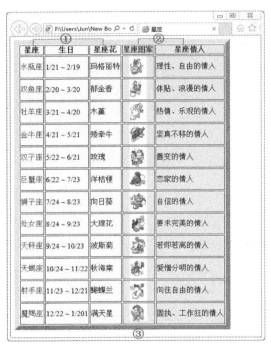

①这三个列为一组，背景颜色为 #ffffb3；

②这两个列为一组，背景颜色为 #d9eed9；

③只有第四列指定为水平置中

```
<!doctype html>
<html>
<head>
<meta charset="utf-8">
<title> 星座 </title>
</head>
<body>
<table border="10" bordercolorlight="#ffdca2" bordercolordark="#d78600">
    <colgroup span="3" bgcolor="#ffffb3">
    </colgroup>
```
ⓐ

```
      ┌  <colgroup span="2" bgcolor="#d9eed9">
 b  ┤    <col align="center">  c
      └    <col>  d
</colgroup>
<tr>
<th><font face=" 标楷体 " color="purple"> 星座 </font></th>
<th><font face=" 标楷体 " color="purple"> 生日 </font></th>
<th><font face=" 标楷体 " color="purple"> 星座花 </font></th>
<th><font face=" 标楷体 " color="purple"> 星座图案 </font></th>
<th><font face=" 标楷体 " color="purple"> 星座情人 </font></th>
</tr>
<tr>
<td><font face=" 标楷体 " color="#914800"> 水瓶座 </font></td>
<td>1/21 ～ 2/19</td>
<td> 玛格丽特 </td>
<td><img src="star01.gif" height="40"></td> <td> 理性、自由的情人 </td>
</tr>
...
</table>
</body>
</html>
```

<\Ch05\star2.html>

ⓐ将前三列指定为同一组并指定背景颜色；　　ⓑ将后二列指定为同一组并指定背景颜色；

ⓒ将第四列指定为水平置中；　　　　　　　　ⓓ第五列不指定格式，但要保留 <col> 元素

习题

一、填充题

1. 若要标记一个表格，可以使用 ＿＿＿＿＿ 元素。

2. 若要指定一整行单元格的格式，可以使用 ＿＿＿＿＿ 元素；若要指定一整列单元格的格式，可以使用 ＿＿＿＿＿ 元素。

3. 若要指定表格的对齐方式，可以使用 ＿＿＿＿＿ 元素的 ＿＿＿＿＿ 属性；若要指定某个单元格的垂直对齐方式，可以使用 ＿＿＿＿＿ 元素的＿＿＿＿＿ 属性。

4. 若要指定某行单元格的背景颜色，可以使用 ＿＿＿＿＿ 元素的 ＿＿＿＿＿属性；若要指定某个标题单元格的背景图片，可以使用＿＿＿＿＿ 元素的＿＿＿＿＿ 属性。

5. 若要指定表格的外框线显示方式，可以使用 ＿＿＿＿＿ 元素的 ＿＿＿＿＿ 属性；若要指定表格的内框线显示方式，可以使用 ＿＿＿＿＿ 元素的 ＿＿＿＿＿ 属性。

6. 若只要在表格的列与列之间显示框线，可以将 ＿＿＿＿＿＿ 元素的＿＿＿＿＿＿ 属性指定为 ＿＿＿＿＿＿。

7. 若要将同一列的连续几个单元格合并为一个单元格，可以使用＿＿＿＿＿＿ 元素的

_____ 属性。

8．若只要在表格的上下边界显示框线，可以将 _____ 元素的 _____ 属性指定为 _____。

9．若要在表格的下方放置标题，可以将 _____ 元素的 _____ 属性指定为 _____。

10．若要指定表格的表头、主体及表尾，可以分别使用 _____、_____、_____ 元素。

11．若要针对表格的列做分组，然后指定每一组的格式，可以使用_____ 元素。

12．_____ 元素的 _____ 属性允许我们将连续几个列一起指定格式。

二、实践题

1．完成如下网页，其中六个列分成三组，每组由两列组成，而且每组的第一个列背景颜色为 #9ee7e7。<\Ch05\flower.html>

提示：

```
<colgroup span="2">
  <col bgcolor="#9ee7e7">
  <col>
</colgroup>
<colgroup span="2">
  <col bgcolor="#9ee7e7">
  <col>
</colgroup> <colgroup span="2">
  <col bgcolor="#9ee7e7">
  <col>
</colgroup>
```

2．完成如下网页，表格置中对齐、宽度为窗口宽度的 80%、单元格填充为 5 像素、单元格间距为 0 像素。<\Ch05\number.html>

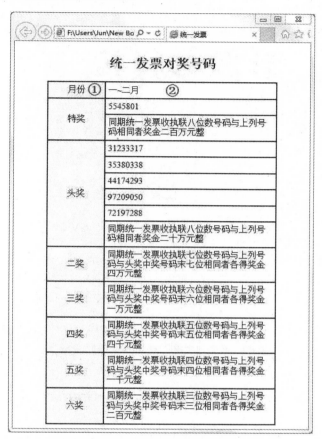

①第一列为表格宽度的 25%、水平置中、背景颜色 #ffffcc；②第二列为表格宽度的 75%、靠左对齐

第 —————— 章

影音多媒体

6-1 HTML5 的影音功能

和 HTML 4.01 比起来，HTML5 最大的突破之一就是新增 \<video\> 和 \<audio\> 元素，以及相关的 API，进而赋予浏览器原生能力来播放视频与音频，不再需要依赖 Apple QuickTime、Adobe Flash、RealPlayer 等插件。

至于 HTML5 为何要新增 \<video\> 和 \<audio\> 元素呢？主要的理由如下：

- 为了播放视频与音频，各大浏览器无不使出浑身解数，甚至自定义专用的元素，彼此的支持程度互不相同，例如 \<object\>、\<embed\>、\<bgsound\> 等，而且还经常需要指定一堆莫名的参数，令网页设计人员相当困扰，而 \<video\> 和 \<audio\> 元素提供了在网页上嵌入视频与音频的标准方式。

- 由于视频与音频的格式众多，所需要的插件也不尽相同，但用户却不一定安装了正确的插件，导致无法顺利播放网页上的视频与音频。

- 对于必须依赖插件来播放的视频，浏览器的做法通常是在网页上保留一个区块给插件，然后就不去解析该区块，然而若有其他元素刚好也用到了该区块，可能会导致浏览器无法正确显示网页。

在进一步介绍这两个元素之前，我们先来看个简单的例子。

```
<!doctype html>
<html>
  <head>
    <meta charset="utf-8">
    <title> 影音多媒体 </title>
  </head>
  <body>
    <video src="bird.ogv"></video>
  </body>
</html>
```

\<\Ch06\video1.html\>

这个例子的浏览结果如下图，\<video\> 元素的用法和嵌入图片的 \<img\> 元素类似，也是通过 src 属性指定视频的来源，此例的视频文件为相同路径下的 bird.ogv，扩展名 .ogv 代表 Ogg Theora 视频格式。

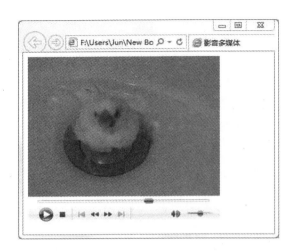

在默认的情况下，视频会停留在第一个画格，若要在网页加载的同时自动播放视频，可以加入 autoplay 属性，如下：

```
<video src="bird.ogv" autoplay></video>
```

令人难以置信吧！只要一行短短的程序语句，就可以利用浏览器的原生能力播放视频，完全不必依赖插件；同样的，若要利用浏览器的原生能力播放音频，也只要一行短短的程序语句，如下，扩展名 ogg 代表 Ogg Vorbis 音频格式：

```
<audio src="song.ogg"></audio>
```

事实上，HTML5 厉害的并不仅止于此，除了利用属性指定自动播放、连续播放、画面大小、显示控制面板，还能利用 JavaScript 和相关的 API 做更细微的控制，例如改变播放速度、播放位置、捕捉事件等。

6-2 嵌入视频与音频——<video>、<audio> 元素

<video> 元素提供了在网页上嵌入视频的标准方式，其属性如下：

- src="uri": 指定视频的相对或绝对地址。
- poster="uri": 指定在视频下载完毕之前或开始播放之前所显示的第一个画格。
- preload="{none,metadata,auto}": 指定是否要在加载网页的同时将视频预先下载到缓冲区，none 表示否，metadata 表示要先取得视频的 metadata（例如画格尺寸、片长、目录列表、第一个画格等），但不要预先下载视频的内容，auto 表示由浏览器决定是否要预先下载视频，例如 PC 浏览器可能会预先下载视频，而移动设备浏览器可能碍于带宽有限，而不会预先下载视频。
- autoplay: 指定让浏览器在加载网页的同时自动播放视频。
- loop: 指定重复播放视频。
- muted: 指定视频为静音。
- controls: 指定要显示浏览器内建的控制面板。

- width="n": 指定视频的宽度（n 为像素数，默认为 300 像素）。
- height="n": 指定视频的高度（n 为像素数，默认为 150 像素）。
- 第 2-2-1、2-2-2 节所介绍的全局属性和事件属性。元素雷同，因此，本节的讨论就以 <video> 元素的常用属性为主。

至于 <audio> 元素则提供了在网页上嵌入声音的标准方式，其属性有 src、preload、autoplay、mediagroup、loop、muted、controls 等，用法和 <video> 元素相似。

例如下面的语句是要显示浏览器内建的控制面板、浏览器在加载网页的同时自动播放视频，播放完毕之后会重复播放、一开始播放时为静音模式，用户可以通过控制面板打开声音：

```
<video src="bird.ogv" controls autoplay loop muted></video>
```

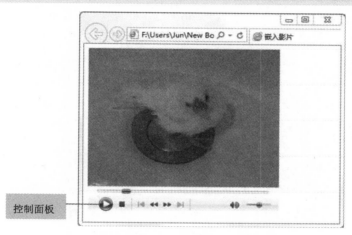

控制面板

此外，在视频下载完毕之前或开始播放之前，默认会显示第一个画格，但该画格却不见得具有任何意义，而 poster 属性正好可以用来指定在这种时候所要显示的画面，好比是 DVD 封面之类的，例如：

```
<video src="bird.ogv" controls poster="bird.jpg"></video>
```

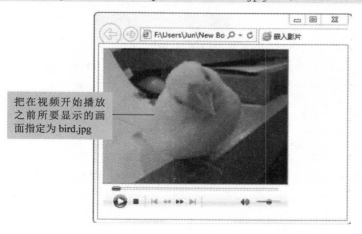

把在视频开始播放之前所要显示的画面指定为 bird.jpg

6-3 嵌入资源文件—— <embed> 元素

多年来 <embed> 元素一直被用来嵌入 Adobe Flash 等插件，却始终没有获得 HTML 的正式认可，而 HTML5 终于将它标准化，其属性如下：

- src="uri"：指定欲嵌入的资源文件的相对或绝对地址。
- type="*content-type*"：指定欲嵌入的资源文件的 MIME 类型。
- width="*n*"：指定欲嵌入的资源文件的宽度（*n* 为像素数）。
- height="*n*"：指定欲嵌入的资源文件的高度（*n* 为像素数）。

当我们希望浏览器播放的资源文件需要借助于插件时，就可以使用 <embed> 元素，例如下面的程序语句是告诉浏览器通过 Adobe Flash 插件来播放 **butterflies2.swf**（取自 \Ch07\video4.html），注意 <embed> 元素没有结束标签：

```
<embed src="butterflies2.swf" type="application/x-shockwave-flash"
width="400" height="400">
```

若浏览器尚未安装 Adobe Flash 插件，就会先出现信息要求下载并安装，如左下图，否则会直接通过 Adobe Flash 插件来播放，如右下图。

6-4 嵌入对象—— <object> 元素

由于 <video> 和 <audio> 元素是 HTML5 新增的元素，若您担心浏览器可能不支持这两个元素，或者，您手边的视频文件或音频文件并不是 <video> 和 <audio> 元素原生支持的视频/音频格式，那么您可以使用 HTML 4.01 就已经提供 的 <object> 元素在 HTML 文件中嵌入图片、音频、QuickTime 视频、ActiveX Controls、Java Applets、Flash 动画或浏览器所支持的其他对象。

<object> 元素的属性如下：

- align="{left, right, center, texttop, middle, textmiddle, baseline, textbottom, baseline}"（Deprecated）：指定对象的对齐方式。
- width="*n*"：指定对象的宽度（*n* 为像素数）。
- height="*n*"：指定对象的高度（*n* 为像素数）。

- border="*n*"（Deprecated）：指定对象的框线大小（*n* 为像素数）。
- hspace="*n*"（Deprecated）：指定对象的水平间距（*n* 为像素数）。
- vspace="*n*"（Deprecated）：指定对象的垂直间距（*n* 为像素数）。
- name="..."：指定对象的名称。
- classid="*uri*"：指定对象来源的 URI。
- codebase="*uri*"：指定对象程序代码的相对或绝对地址。
- codetype="*content-type*"：指定对象程序代码的 MIME 类型。
- data="*uri*"：指定对象数据的相对或绝对地址。
- declare：声明对象而不是将对象加载到文件中。
- type="*content-type*"：指定对象的 MIME 类型。
- standby="..."：指定当浏览器正在下载对象时所显示的消息正文。
- usemap="*uri*"：指定客户端影像地图所在的文件地址及名称。
- typemustmatch（※）：指定只有在 type 属性的值和对象的内容类型符合时，才能使用 data 属性所指定的对象数据。
- form="*formid*"（※）：指定对象隶属于 ID 为 *formid* 的窗体。
- 第 2-2-1、2-2-2 节所介绍的全局属性和事件属性。

HTML 4.01 提供除了 typemustmatch、form 以外的属性，而HTML5 则提供全局属性、事件属性和 data、type、typemustmatch、name、usemap、form、width、height 等属性。

6-4-1　嵌入视频

我们可以使用 <object> 元素在 HTML 文件中嵌入视频，下面举一个例子，它所嵌入的视频是 Windows 7 操作系统提供的 wildlife.wmv（野生动物），默认是存放在 C:\Users\Public\Videos\Sample Videos 文件夹。有需要的话，也可以加上width="*n*"、height="*n*" 等属性指定视频的宽度与高度。

```
<!doctype html>
<html>
  <head>
    <meta charset="utf-8">
    <title> 嵌入视频 </title>
  </head>
  <body>
    <object data="wildlife.wmv"></object>
  </body>
</html>
```

<\Ch06\video.html>

这个例子的浏览结果如下图。

6-4-2　嵌入音频

除了视频之外，我们也可以使用 <object> 元素在 HTML 文件中嵌入音频，下面举一个例子。由于我们在 <object> 元素里面加上 width="200" 和 height="200" 属性，因此，浏览器画面会显示控制面板，如果您不希望显示控制面板，而是要让用户一打开网页，就自动播放音乐，像背景音乐一般，那么可以将 <object> 元素的 width 和 height 属性指定为 0。

```
<!doctype html>
<html>
  <head>
    <meta charset="utf-8">
    <title> 嵌入音频 </title>
  </head>
  <body>
    <object data="nanana.wav" type="audio/wav" width=
      "200" height="200"></object>
  </body>
</html>
```

<\Ch06\audio.html>

6-4-3　嵌入ActiveX Controls

我们可以使用 <object> 元素在 HTML 文件中嵌入 ActiveX Controls，以下就为您示范如何嵌入 ActiveMovie Control，这是 Windows 操作系统内建的 Windows Media Player 媒体播放程序，凡此程序能够播放的文件，均可使用 ActiveMovie Control 在网页上播放。

```
<!doctype html>
<html>
<head>
<meta charset="utf-8">
<title> 嵌入 ActiveX Control</title>
</head>
<body>
```

```
<object classid="clsid:05589FA1-C356-11CE-BF01-00AA0055595A"
id="ActiveMovie1" width="239" height="251">
<param name="Appearance" value="0">
<param name="AutoStart" value="1">
<param name="AllowChangeDisplayMode" value="-1">
<param name="AllowHideDisplay" value="0">
<param name="AllowHideControls" value="-1">
<param name="AutoRewind" value="-1">
        <param name="Balance" value="0">
        <param name="CurrentPosition" value="0">
        <param name="DisplayBackColor" value="0">
        <param name="DisplayForeColor" value="16777215">
        <param name="DisplayMode" value="0">
        <param name="Enabled" value="-1">
        <param name="EnableContextMenu" value="-1">
        <param name="EnablePositionControls" value="-1">
        <param name="EnableSelectionControls" value="0">
        <param name="EnableTracker" value="-1">
        <param name="Filename" value="wildlife.wmv">
        <param name="FullScreenMode" value="0">
        <param name="MovieWindowSize" value="0">
        <param name="PlayCount" value="1">
        <param name="Rate" value="1">
        <param name="SelectionStart" value="-1">
        <param name="SelectionEnd" value="-1">
        <param name="ShowControls" value="-1">
        <param name="ShowDisplay" value="-1">
        <param name="ShowPositionControls" value="0">
        <param name="ShowTracker" value="-1">
        <param name="Volume" value="-600">
</object>
</body>
</html>
```

这是唯一的识别码，不能随意填写。

指定要播放此视频文件，您可以改成自己的视频文件。

<\Ch06\activex.html>

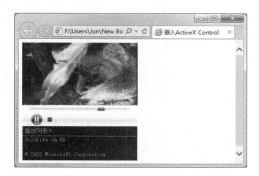

请注意，ActiveX Controls 的 classid 是唯一的，不能随意填写，而且 ActiveX Controls 有各自的参数，我们可以使用 <param> 元素的 name 和 value 属性指定参数的名称与值，例如 <param name="AutoStart" value="1"> 表示参数 AutoStart 的值为 1，即 ActiveMovie Control 会自动播放。

6-5 嵌入 Scripts ── <script>、<noscript> 元素

除了图片、影片、声音、Flash 动画、ActiveX Controls、Java Applets 等对象，我们也可以在 HTML 文件中嵌入浏览器端 Scripts，包括 JavaScript 和 VBScript。

我们可以使用 <script> 元素在 HTML 文件中嵌入 JavaScript 和 VBScript，本节将示范如何套用已经写好的 JavaScript 程序，至于如何编写 JavaScript 程序，可以参阅 JavaScript 相关书籍。

<script> 元素的属性如下：

- language="…"：指定 Scripts 的类型。
- src="*uri*"：指定 Scripts 的相对或绝对地址。
- type="*content-type*"：指定 Scripts 的 MIME 类型。

另外还有一个 <noscript> 元素用来针对不支持 Scripts 的浏览器指定显示内容，例如下面的程序语句是指定当浏览器不支持 Scripts 时，就显示 <noscript> 元素里面的内容：

```
<noscript>
  <p> 很抱歉！您的浏览器不支持 Scripts ！ </p>
</noscript>
```

下面举一个例子：

```
01:<!doctype html>
02:<html>
03: <head>
04:   <meta charset="utf-8">
05:   <title> 嵌入 JavaScript</title>
06:   <script language="javascript">
07:     var info=" 欢迎莅临快乐工作室的网站！ "; ①
08:     var interval = 200; ②
09:     sin = 0;
10:     function Scroll(){
11:       len = info.length;
12:       window.status = info.substring(0, sin+1);
13:       sin++;
14:       if (sin >= len)
15:         sin = 0;
16:       window.setTimeout("Scroll();", interval); ③
17:     }
```

```
18:    </script>
19:   </head>
20:   <body onload="javascript:Scroll()">   ④
21:   </body>
22:</html>
```

`<\Ch06\jscript.html>`

①跑马灯文字，您可以自行设置；　　②跑马灯的文字移动速度；

③设置定时器；　　　　　　　　　　④当浏览器载入网页时，就会调用 Scroll()函数；

⑤状态栏跑马灯的文字会一个个跑出来

- 06～18：这段 JavaScript 程序的用途是在状态栏显示跑马灯，不过，Scroll()函数不会立刻执行，而是要等到被调用时才会执行。

- 20：在 `<body>` 元素加上 onload="javascript:Scroll()" 事件属性，当浏览器载入网页时，就会调用 Scroll()函数。

6-6　嵌入 CSS 样式窗体—— `<style>` 元素

我们可以在 HTML 文件的 `<head>` 元素里面使用 `<style>` 元素嵌入 CSS 样式窗体，`<style>` 元素的属性如下，标记星号（※）者为 HTML5 新增的属性：

- media="{screen, print, projection, braille, speech, tv, handheld, all}"：指定样式窗体的目的媒体类型（屏幕、打印机、投影仪、盲文点字机、音频合成器、电视、便携设备、全部），省略不写的话，表示为默认值 all。

- type="*content-type*"：指定样式窗体的内容类型。

- scoped（※）：指定将样式窗体套用至样式元素的父元素和子元素，省略不写的话，表示套用至整个 HTML 文件。

- 第 2-2-1、2-2-2 节所介绍的全局属性和事件属性。

下面举一个例子。

```
01:<html>
02:  <head>
03:    <meta charset="utf-8">
04:    <title> 嵌入样式表 </title>
```

```
05:     <style type="text/css">
06:      h1 {font-family: 标楷体 ; font-size:30px; color:blue}
07:     </style>
08:   </head>
09:   <body>
10:    <h1> 欢迎光临！ </h1>
11:   </body>
12:</html>
```

<\Ch06\style.html>

由于第 05 ~ 07 行所嵌入的 CSS 样式表指明要套用在 <h1> 元素，因此，第 10 行的 "欢迎光临！" 等文字将会套用该样式规则，即字体为标楷体、文字大小为 30 像素、文字颜色为蓝色，浏览结果如下图。

若是在第 06 行的后面加上另一个样式规则 body {background:#eeffff}，那么网页主体的背景颜色将会变成 #eeffff，浏览结果如下图。

6-7 嵌入浮动框架—— <iframe> 元素

我们可以使用 <iframe> 元素在 HTML 文件中嵌入浮动框架（inline frame），其属性如下，标记星号（※）者为 HTML5 新增的属性：

- align="{left,right,center}"（Deprecated）：指定浮动框架的对齐方式。

- name="...": 指定浮动框架的名称（限英文且唯一）。
- src=" ": 指定浮动框架的来源网页相对或绝对地址 。
- scrolling="{yes,no}": 指定是否显示浮动框架的滚动条。
- width="n": 指定浮动框架的宽度（n 为像素数或窗口宽度比例）。
- height="n": 指定浮动框架的高度（n 为像素数或窗口高度比例）。
- marginheight="n": 指定浮动框架的上下边界大小（n 为像素数）。
- marginwidth="n": 指定浮动框架的左右边界大小（n 为像素数）。
- frameborder="{1, 0}": 指定是否显示浮动框架的框线。
- border="n": 指定浮动框架的框线大小（n 为像素数，仅适用于 IE）。
- bordercolor="*color | #rrggbb*": 指定浮动框架的框线颜色（仅适用于 IE）。
- framespacing="n": 指定相邻浮动框架的间距（n 为像素数，仅适用于 IE）
- hspace="n": 指定浮动框架的水平间距（n 为像素数，仅适用于 IE）
- vspace="n": 指定浮动框架的垂直间距（n 为像素数，仅适用于 IE）。
- seamless（※）：指定以无缝的方式显示浮动框架的内容，令它就像其父文件的一部分，而所谓的父文件就是包含浮动框架的 HTML 文件。
- sandbox="{allow-forms,allow-same-origin,allow-scripts,allow-top-navigation}"（※）：指定一组限制套用到浮动框架的内容。
- srcdoc="..."（※）：指定浮动框架的内容，例如：

```
<iframe seamless sandbox="allow-scripts" srcdoc="<p>Hello
World!</p>"></iframe>
```

- 第 2-2-1、2-2-2 节所介绍的全局属性和事件属性。

HTML 4.01 提供除了 seamless、sandbox、srcdoc 以外的属性，而 HTML5 则提供全局属性、事件属性和 src、srcdoc、name、sandbox、seamless、width、height 等属性，下面举一个例子。

```
<!doctype html>
<html>
  <head>
    <meta charset="utf-8">
    <title> 示范浮动框架 </title>
  </head>
  <body>
    <iframe height="250" width="350" src="http://www.sina.com.cn/">
      很抱歉，您的浏览器不支持浮动框架，所以无法显示此框架的内容！
    </iframe>
  </body>
</html>
```

若浏览器不支持浮动框架，就显示此信息

<\Ch06\iframe.html>

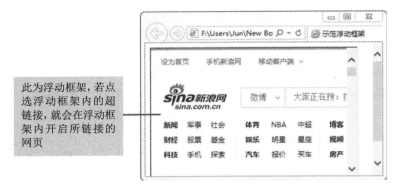

此为浮动框架，若点选浮动框架内的超链接，就会在浮动框架内开启所链接的网页

6-8 网页自动导向

若要令网页在指定时间内自动导向到其他网页，可以在 <head> 元素里面加上如下程序语句：

```
<meta http-equiv="refresh" content=" 秒数 ;url= 欲链接的网址 ">
```

下面举一个例子。

```
<html>
<head>
<meta charset="utf-8">
<title> 示范网页自动导向 </title>
                        指定在 5 秒钟后自动导向到此网址
<meta http-equiv="refresh"              |
content="5;url=http://www.warnermusic.com.tw/artist/jolin">
</head>
<body>
<p> 此网页将于 5 秒钟后自动导向到 Jolin 的网站 </p>
</body>
</html>
```

<\Ch06\redirect.html>

① 开启此网页；　　　　② 5 秒钟后自动导向到 Jolin 的网站

习题

一、选择题

（　）1. 下列哪一个不是 HTML5 要新增 <video> 和 <audio> 元素的理由？
　　　A. 提供在网页上嵌入视频与音频的标准方式
　　　B. 赋予浏览器原生能力播放视频与音频，不要依赖插件
　　　C. 避免占用网页画面的区块导致浏览器无法正确显示网页
　　　D. 提升视频与音频文件的下载速度

（　）2. 我们可以利用<video>元素的哪个属性指定要在视频上加入浏览器内建的控制面板？
　　　A. autoplay　　　　B. poster　　　　C. controls　　　　D. loop

（　）3. 我们可以利用 <audio> 元素的哪个属性指定要在加载网页的同时将声音预先下载到缓冲区？
　　　A. poster　　　　B. controls　　　　C. preload　　　　D. autoplay

（　）4. 下列哪个元素可以用来嵌入浮动框架？
　　　A. <iframe>　　　B. <object>　　　C. <embed>　　　D. <style>

（　）5. 下列哪个元素可以用来嵌入 Adobe Flash 等插件？
　　　A. <source>　　　B. <video>　　　C. <applet>　　　D. <embed>

（　）6. 我们无法使用 <object> 元素嵌入下列哪一个？
　　　A. Active Controls　　　　　　　B. Java Applets
　　　C. 视频　　　　　　　　　　　　D. CSS 样式窗体

（　　）7. 若要在网页上嵌入 JavaScript 程序代码，可以使用下列哪个元素？

        A. <script>   B. <style>   C. <source>   D. <object>

二、练习题

1. 编写一条程序语句在 HTML 文件中嵌入视频文件 turtle.wmv：_____。

2. 编写一条程序语句在 HTML 文件中嵌入视频文件 bird.ogv 并显示播放程序的控制面板：_____。

3. 使用 <meta> 元素编写一条程序语句，令网页在 5 秒钟内自动导向到百度（http://www.baidu.com /）：_____。

4. 编写一个网页，令其背景音乐为本书的在线下载专区所提供的音频文件 \Ch06\love.mid。

5. 编写一个网页，然后加入 ActiveMovie Control，令它播放 Windows 操作系统所提供的视频文件（注：您可以在类似 C:\Users\Public\Videos\Sample Videos 的文件夹内找到视频文件）。

6. 编写一个网页，然后加入第 6-5 节所介绍的 JavaScript 程序，并将状态栏跑马灯的文字改成"欢迎光临幸福小站！"，如下图所示。

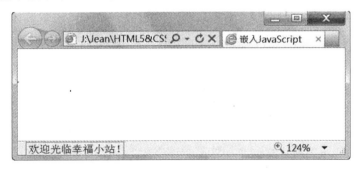

第 7 章

窗体与后端处理

7-1　建立窗体—— <form>、<input> 元素

窗体（form）可以提供输入接口，让用户输入数据，然后将数据传回 Web 服务器，以做进一步的处理，常见的应用有 Web 搜索、网络票选、在线问卷、会员登录、在线订购等。

举例来说，台湾高铁的网站就是通过窗体提供一套订票系统，用户只要按照画面指示输入身份证号、起站代号、到站代号、车次代号、乘车日期等数据，然后单击 [开始订票]，便能将数据传回 Web 服务器，以进行订票操作。

窗体的建立包含下列两个部分：

1. 使用 <form> 和 <input> 元素编写窗体的接口，例如单行文本框、单选按钮、复选框等。

2. 编写窗体的处理程序，也就是窗体的后端处理，例如将窗体数据传送到电子邮件地址、写入文件、写入数据库或进行查询等。

<form> 元素

<form> 元素用来在 HTML 文件中插入窗体，其属性如下，标记星号（※）者为HTML5新增的属性：

- accept-charset="...": 指定窗体数据的字符编码方式，Web 服务器必须根据指定的字符编码方式处理窗体数据。字符编码方式定义于 RFC2045（超过 一个的话，中间以逗号隔开），例如 accept-charset="ISO-8858-1"。

- action="*uri*": 指定窗体处理程序的相对或绝对地址，若要将窗体数据传送到电子邮件地址，可以指定电子邮件地址的 *uri*；若没有指定 action 属性的值，表示使用默认的窗体处理程序，例如：

```
<form method="post" action="handler.php">
<form method="post" action="mailto:jeanchen@mail.lucky.com.tw">
```

- accept="...": 指定 MIME 类型（超过一个的话，中间以逗号隔开），作为 Web 服务器处理窗体数据的根据，例如 accept="image/gif, image/jpeg"。

- enctype="...": 指定将窗体数据传回 Web 服务器所采用的编码方式，默认值为 "application/x-www-form-urlencoded"，若允许上传文件给 Web 服务器，则 enctype 属性的值要指定为 "multipart/form-data"；若要将窗体数据传送到电子邮件地址，则 enctype 属性的值要指定为 "text/plain"。

- method="{get, post}": 指定窗体数据传送给窗体处理程序的方式，当 method="get" 时，窗体数据会被存放在 HTTP GET 变量（$_GET），窗体处理程序可以通过这个变量获取窗体数据；当 method="post" 时，窗体数据会被存放在 HTTP POST 变量（$_POST），窗体处理程序可以通过这个变量获取窗体数据；若没有指定 method 属性的值，表示为默认值 get。

- name="...": 指定窗体的名称（限英文且唯一），此名称不会显示出来，但可以作为

后端处理之用，供 Script 或窗体处理程序使用。

- target="...": 指定用来显示窗体处理程序结果的目标框架。
- autocomplete="{on, off, default}"（※）：指定是否启用自动完成功能，on 表示启用，off 表示关闭，default 表示继承所属的 \<form\> 元素的 autocomplete 属性，而 \<form\> 元素的 autocomplete 属性默认为 on，例如下面的程序语句是让用来输入用户名称的单行文本框具有自动完成功能：

```
<p>Username:<input type="text" autocomplete="on"></p>
```

- novalidate（※）：指定在提交窗体时不要进行验证。
- 第 2-2-1、2-2-2 节所介绍的全局属性和事件属性，其中比较重要的有 onsubmit="..." 用来指定当用户传送窗体时所要执行的 Script，以及 onreset="..." 用来指定当用户清除窗体时所要执行的 Script。

\<input\> 元素

\<input\> 元素用来在窗体中插入输入字段或按钮，其属性如下，标记星号（※）者为 HTML5 新增的属性，该元素没有结束标签：

- align="{left, center, right}"（Deprecated）：指定图片提交按钮的对齐方式（当 type="image" 时）。
- accept="...": 指定提交文件时的 MIME 类型（以逗号隔开），例如 \<input type="file" accept="image/gif,image/jpeg"\>。
- checked: 将单选按钮或复选框默认为已选取的状态。
- disabled: 取消窗体字段，使窗体数据无法被接受或提交。
- maxlength="n": 指定单行文本框、密码字段、搜索字段等窗体字段的最多字符数。
- name="...": 指定窗体字段的名称（限英文且唯一），此名称不会显示出来，但可以作为后端处理之用。
- notab: 不允许用户以按 [Tab] 键的方式移至窗体字段。
- readonly: 不允许用户变更窗体字段的数据。
- size="n": 指定单行文本框、密码字段、搜索字段等窗体字段的宽度（n 为字符数），size 属性和 maxlength 属性的差别在于它并不是指定用户可以输入的字符数，而是指定用户在画面上可以看到的字符数。
- src="uri": 指定图片提交按钮的地址（当 type="image" 时）。
- type="$state$": 指定窗体字段的输入类型，稍后有完整的说明。
- usemap: 指定浏览器端影像地图所在的文件地址及名称。
- value="...": 指定窗体字段的初始值。
- form="formid"（※）：指定窗体字段隶属于 ID 为 formid 的窗体。
- min="n"、max="n"、step="n"（※）：指定数字输入类型或日期输入类型的最小值、最大值和间隔值。
- required（※）：指定用户必须在窗体字段中输入数据，例如 \<input type="search"

required> 是指定用户必须在搜索字段中输入数据，否则浏览器会出现提示文字要求输入。

- multiple（※）：允许用户提交多个文件，例如 <input type="file" multiple>，或允许用户输入以逗号分隔的多个电子邮件地址，例如 <input type="email" multiple>。
- pattern="..."（※）：针对窗体字段指定进一步的输入格式，例如 <input type="tel" pattern="[0-9]{4}(\-[0-9]{6})"> 是指定输入值必须符合 xxxx-xxxxxx 的格式，而 x 为 0 到 9 的数字。
- autocomplete="{on, off, default}"（※）：指定是否启用自动完成功能，on 表示启用，off 表示关闭，default 表示继承所属 <form> 元素的 autocomplete 属性，而 <form> 元素的 autocomplete 属性默认为 on。
- autofocus（※）：指定在加载网页的当下，令焦点自动移至窗体字段。
- placeholder="..."（※）：指定在窗体字段内显示提示文字，待用户将焦点移至窗体字段，该提示文字会自动消失。
- list（※）：list 属性可以和 HTML5 新增的 <datalist> 元素搭配，让用户从预先输入的列表中选择数据或自行输入其他数据。
- 第 2-2-1、2-2-2 节所介绍的全局属性和事件属性，其中比较重要的有 onfocus="..." 用来指定当用户将焦点移至窗体字段时所要执行的 Script，onblur="..." 用来指定当用户将焦点从窗体字段移开时所要执行的 Script，onchange="..." 用来指定当用户修改窗体字段时所要执行的 Script，onselect="..." 用来指定当用户在窗体字段选取文字时所要执行的 Script。

最后要说明的是 type="*state*" 属性，HTML 4.01 提供了如下表的输入类型。

HTML 4.01 现有的 type 属性值	输入类型	HTML 4.01 现有的 type 属性值	输入类型
type="text"	单行文本框	type="reset"	重新输入按钮
type="password"	密码字段	type="file"	上传文件
type="radio"	单选按钮	type="image"	图片提交按钮
type="checkbox"	复选框	type="hidden"	隐藏字段
type="submit"	提交按钮	type="button"	一般按钮
type="email"	电子邮件地址	type="date"	日期
type="url"	网址	type="time"	时间
type="search"	搜索字段	type="datetime"	UTC 世界标准时间
type="tel"	电话号码	type="month"	月份
type="number"	数字	type="week"	一年的第几周
type="range"	指定范围内的数字	type="datetime-local"	本地日期时间
type="color"	颜色		

注：为了维持和旧版浏览器的向下兼容性，type 属性的默认值为 "text"，当浏览器不支持 HTML5 新增的 type 属性值时，就会显示默认的单行文本框。

事实上，HTML5 除了提供更多的输入类型，更重要的是它会进行数据验证，举例来说，假设我们将 type 属性指定为 "email"，那么浏览器会自动验证用户输入的资料是否符合正确的电子邮件地址格式，若不符合，就提示用户重新输入。在浏览器内建数据验证的功能后，我们就不必再处处使用 JavaScript 验证用户输入的数据，不仅省时省力，网页的操作也会更顺畅。

7-2　HTML 4.01 现有的输入类型

　　在本节中，我们将通过如下图的大哥大使用意见调查表，示范如何使用 <input> 元素在窗体中插入 HTML 4.01 现有的输入类型，同时会示范如何使用 <textarea> 和 <select> 元素在窗体中插入多行文本框与下拉菜单，最后还会示范如何进行窗体的后端处理，至于 HTML5 新增的输入类型，则留到下一节做介绍。

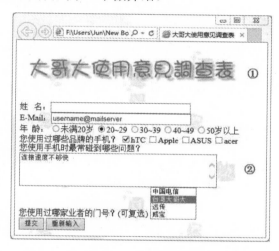

①标题图片为 mobil1.jpg；　　②背景图片为 mobil0.jpg

7-2-1　按钮

　　建立窗体的首要步骤是使用 <form> 元素插入窗体，然后是使用 <input> 元素插入按钮。窗体中通常会有 [提交]（submit）和 [重新输入]（reset）两个按钮，当用户单击 [提交] 按钮时，浏览器默认的动作会将用户输入的数据传回 Web 服务器，而当用户单击 [重新输入] 按钮时，浏览器默认的动作会清除用户输入的资料，令窗体恢复至起始状态。

　　现在，我们就来为这个大哥大使用意见调查表插入按钮：

1. 在 <body> 元素里面使用 <form> 元素插入窗体。

```
<!doctype html>
<html>
  <head>
    <meta charset="utf-8">
    <title> 大哥大使用意见调查表</title>
  </head>
```

```
<body background="mobil0.jpg">
  <p><img src="mobil1.jpg"> </p>
  <form>
  </form>
</body>
</html>
```

2. 在 <form> 元素里面使用 <input> 元素插入 [提交] 和 [重新输入] 按钮，type 属性分别为 "submit" 和 "reset"，而 value 属性用来指定按钮的文字。

```
<form>
  <input type="submit" value=" 提交 ">
  <input type="reset" value=" 重新输入 ">
</form>
```

7-2-2　单行文本框

"单行文本框"允许用户输入单行的文字，例如姓名、电话、地址、E-mail 等，我们来为这个大哥大使用意见调查表插入单行文本框：

1. 插入第一个单行文本框，这次一样是使用 <input> 元素，不同的是 type 属性为 "text"，名称为 "UserName"（限英文且唯一），宽度为 40 个字符。

```
姓    名：<input type="text" name="UserName" size="40"><br>
```

2. 插入第二个单行文本框，名称为 "UserMail"（限英文且唯一），宽度为 40 个字符，初始值为 "username@mailserver"。

```
<form>
  姓    名：<input type="text" name="UserName" size="40"><br>
  E-Mail：<input type="text" name="UserMail" size="40"
value="username@mailserver"><br>
  <input type="submit" value=" 提交 ">
  <input type="reset" value=" 重新输入 ">
</form>
```

7-2-3 单选按钮

"单选按钮"就像只允许单选的选择题，我们通常会使用单选按钮列出数个选项，询问用户的性别、年龄层、最高学历等只有一个答案的问题。

我们来为这个大哥大使用意见调查表插入一组包含 " 未满 20 岁 "、"20~29"、"30~39"、"40~49"、"50 岁以上 " 等五个选项的单选按钮，组名为 "UserAge"（限英文且唯一），默认的选项为第二个，每个选项的值为 "Age1"、"Age2"、"Age3"、"Age4"、"Age5"（中英文皆可），同一组单选按钮的每个选项必须拥有唯一的值，这样在用户单击 [提交] 按钮，将窗体数据传回 Web 服务器后，窗体处理程序才能根据传回的组名与值判断哪组单选按钮的哪个选项被选取。

```
<form>
    姓     名:<input type="text" name="UserName" size="40"><br>
    E-Mail: <input type="text" name="UserMail" size="40"
value="username@mailserver"><br>
    年    龄:
    <input type="radio" name="UserAge" value="Age1"> 未满 20 岁
    <input type="radio" name="UserAge" value="Age2" checked>20~29
    <input type="radio" name="UserAge" value="Age3">30~39
    <input type="radio" name="UserAge" value="Age4">40~49
    <input type="radio" name="UserAge" value="Age5">50 岁以上 <br>
    <input type="submit" value=" 提交 ">
    <input type="reset" value=" 重新输入 ">
</form>
```

7-2-4 复选框

"复选框"就像允许复选的选择题，我们通常会使用复选框列出数个选项，询问用户喜欢从事哪几类的活动、使用哪些品牌的手机等可以复选的问题。

我们来为这个大哥大使用意见调查表插入一组包含 "hTC"、"Apple"、"ASUS"、"acer" 等四个选项的复选框，名称为 "UserPhone[]"（限英文且唯一），其中第一个选项 "hTC" 的初始状态为已勾选，要注意的是我们将分组方块的名称设置为数组，目的是为了方便窗体处理程序判断哪些选项被勾选了。

```
<form>
   姓     名：<input type="text" name="UserName" size="40"><br>
   E-Mail: <input type="text" name="UserMail" size="40"
value="username@mailserver"><br>
   …
   您使用过哪些品牌的手机？
   <input type="checkbox" name="UserPhone[]" value="hTC" checked>hTC
   <input type="checkbox" name="UserPhone[]" value="Apple">Apple
   <input type="checkbox" name="UserPhone[]" value="ASUS">ASUS
   <input type="checkbox" name="UserPhone[]" value="acer">acer<br>
   <input type="submit" value=" 提交 ">
   <input type="reset" value=" 重新输入 ">
</form>
```

7-2-5 多行文本框

"多行文本框"允许用户输入多行文字语句，例如意见、自我介绍等。我们可以使用 `<textarea>` 元素在窗体中插入多行文本框，其属性如下，标记星号（※）者为 HTML5 新增的属性：

- cols="*n*": 指定多行文本框的宽度（*n* 表示字符数）。
- disabled: 取消多行文本框，使之无法存取。
- name="...": 指定多行文本框的名称（限英文且唯一），此名称不会显示出来，但可以作为后端处理之用。
- readonly: 不允许用户变更多行文本框的资料。
- rows="*n*": 指定多行文本框的高度（*n* 表示行数）。

- form="*formid*"（※）：指定多行文本框隶属于 ID 为 *formid* 的窗体。
- required（※）：指定用户必须在多行文本框中输入资料。
- autofocus（※）：指定在加载网页的当下，令焦点自动移至多行文本框。
- placeholder="..."（※）：指定在多行文本框内显示提示文字，等到用户将焦点移至多行文本框，该提示文字会自动消失。
- 第 2-2-1、2-2-2 节所介绍的全局属性和事件属性，其中比较重要的有 onfocus="..." 用来指定当用户将焦点移至窗体字段时所要执行的 Script，onblur="..." 用来指定当用户将焦点从窗体字段移开时所要执行的 Script，onchange="..." 用来指定当用户修改窗体字段时所要执行的 Script，onselect="..." 用来指定当用户在窗体字段选取文字时所要执行的 Script。

在默认的情况下，多行文本框呈现空白不显示任何资料，若要在多行文字方块显示默认的资料，可以将资料放在 <textarea> 元素里面。

我们来为这个大哥大使用意见调查表插入一个多行文本框，询问使用手机时最常碰到哪些问题，其名称为 UserTrouble、宽度为 45 个字符、高度为 4 行、初始值为"连接速度不够快"。

```
<form>
    姓     名：<input type="text" name="UserName" size="40"><br>
    E-Mail：<input type="text" name="UserMail" size="40"
value="username@mailserver"><br>
    ...
    您使用过哪些品牌的手机？
    <input type="checkbox" name="UserPhone[]" value="hTC" checked>hTC
    <input type="checkbox" name="UserPhone[]" value="Apple">Apple
    <input type="checkbox" name="UserPhone[]" value="ASUS">ASUS
    <input type="checkbox" name="UserPhone[]" value="acer">acer<br>
    您使用手机时最常碰到哪些问题？ <br>
    <textarea name="UserTrouble" cols="45" rows="4"> 连接速度不够快 </textarea><br>
    <input type="submit" value=" 提交 ">
    <input type="reset" value=" 重新输入 ">
</form>
```

7-2-6 下拉菜单

"下拉菜单"允许用户从下拉式列表中选择项目，例如兴趣、学历、行政地区等，我们可以使用 <select> 元素搭配 <option> 元素在窗体中插入下拉式菜单，其属性如下：

- multiple：指定用户可以在下拉菜单中选取多个项目。
- name="..."：指定下拉菜单的名称（限英文且唯一），此名称不会显示出来，但可以作为后端处理之用。
- readonly：不允许用户变更下拉菜单的项目。
- size="*n*"：指定下拉菜单的高度。
- form="*formid*"（※）：指定下拉菜单隶属于 ID 为 *formid* 的窗体。
- required（※）：指定用户必须在下拉菜单中选择项目。
- autofocus（※）：指定在加载网页的当下，令焦点自动移至多行文本框。
- 第 2-2-1、2-2-2 节所介绍的全局属性和事件属性，其中比较重要的有 onfocus="..."、onblur="..."、onchange="..."、onselect="..."。

<option> 元素是放在 <select> 元素里面，用来指定下拉菜单的项目，其属性如下，该元素没有结束标签：

- disabled：取消下拉菜单的项目，使之无法存取。
- selected：指定预先选取的项目。
- value = "..."：指定下拉菜单项目的值（中英文皆可），在用户单击 [提交] 按钮后，被选取的下拉菜单项目的值会传回 Web 服务器，若没有指定 value 属性，那么下拉菜单项目的数据会传回 Web 服务器。
- 第 2-2-1、2-2-2 节所介绍的全局属性和事件属性。

我们来为这个大哥大使用意见调查表插入一个下拉菜单（名称为 UserNumber[]、高度为 4、允许复选），里面有四个选项，其中 "台湾大哥大" 为预先选取的选项，要注意的是我们将下拉菜单的名称设置为数组，目的是为了方便窗体处理程序判断哪些选项被选取。

```
<form>
  ...
  您使用过哪家业者的门号？（可复选）
  <select name="UserNumber[]" size="4" multiple>
    <option value=" 中国电信 "> 中国电信
    <option value=" 台湾大哥大 " selected> 台湾大哥大
    <option value=" 远传 "> 远传
    <option value=" 威宝 "> 威宝
  </select><br>
  <input type="submit" value=" 提交 ">
  <input type="reset" value=" 重新输入 ">
</form>
```

这个网页的制作到此暂告一段落，由于我们尚未自定义窗体处理程序，因此，若您在浏览器的网址栏输入 http://localhost/Ch07/phone.html 并按 [Enter] 键，然后填好窗体资料，再单击 [提交]，窗体资料将会被传回 Web 服务器。请注意，这个网页必须在 Web 服务器上执行，窗体处理程序才能正常运转。

①输入此网址并按 [Enter] 键；　　②填好资料后单击 [提交]

至于窗体数据是以何种形式传回 Web 服务器呢？在您单击 [提交] 后，网址栏会出现如下信息，从 http://localhost/Ch07/phone.html 后面的问号开始就是窗体资料，第一个字段的名称为 UserName，虽然我们输入"陈小贞"，但由于将窗体数据传回 Web 服务器所采用的编码方式默认为 "application/x-www-form-urlencoded"，故"陈小贞"会变成 %E9%99%B3%E5%B0%8F%E8%B2%9E；接下来是 & 符号，这表示下一个字段的开始；同理，下一个 & 符号的后面又是另一个字段的开始。

```
http://localhost/Ch08/phone.html?UserName=%E9%99%B3%E5%B0%8F%E8%B2%9E&U
serMail=jeanchen@mail.lucky.com.tw&UserAge=Age2&UserPhone%5B%5D=hTC&Use
rPhone%5B%5D=Apple&UserTrouble=%E9%80%A3%E7%B7%9A%E9%80%9F%E5%BA%A6%E4%
```

```
B8%8D%E5%A4%A0%E5%BF%AB&UserNumber%5B%5D=%E4%B8%AD%E8%8F%AF%E9%9B%BB%E4
%BF%A1&UserNumber%5B%5D=%E5%8F%B0%E7%81%A3%E5%A4%A7%E5%93%A5%E5%A4%A7
<!doctype html>
<html>
  <head>
    <meta charset="utf-8">
    <title> 大哥大使用意见调查表</title>
  </head>
  <body background="mobil0.jpg">
    <p><img src="mobil1.jpg"></p>
    <form>
        姓     名:<input type="text" name="UserName"
size="40"><br>
        E-Mail:<input type="text" name="UserMail" size="40"
value="username@mailserver"><br>
        年    龄:
        <input type="radio" name="UserAge" value="Age1"> 未满 20 岁
        <input type="radio" name="UserAge" value="Age2" checked>20~29
        <input type="radio" name="UserAge" value="Age3">30~39
        <input type="radio" name="UserAge" value="Age4">40~49
        <input type="radio" name="UserAge" value="Age5">50 岁以上 <br>
        您使用过哪些品牌的手机?
        <input type="checkbox" name="UserPhone[]" value="hTC" checked>hTC
        <input type="checkbox" name="UserPhone[]" value="Apple">Apple
        <input type="checkbox" name="UserPhone[]" value="ASUS">ASUS
        <input type="checkbox" name="UserPhone[]" value="acer">acer<br>
        您使用手机时最常碰到哪些问题? <br>
        <textarea name="UserTrouble" cols="45" rows="4"> 连接速度不够快
</textarea><br>
        您使用过哪家业者的门号? (可复选)
        <select name="UserNumber[]" size="4" multiple> <option value=" 中国电信
"> 中国电信
        <option value=" 台湾大哥大 " selected> 台湾大哥大
        <option value=" 远传 "> 远传
        <option value=" 威宝 ">威宝
        </select><br>
        <input type="submit" value=" 提交 ">
        <input type="reset" value=" 重新输入 ">
    </form>
  </body>
</html>
```

<\Ch07\phone.html>

7-2-7　窗体的后端处理

我们知道，在用户输入窗体数据并单击 [提交] 按钮后，窗体数据会传回 Web 服务器，至于窗体数据的传回方式则取决于 <form> 元素的 method 属性，当 method="get" 时，窗体数据会被存放在 HTTP GET 变量（$_GET），窗体处理程序可以通过这个变量获取窗体数据；当 method="post" 时，窗体数据会被存放在 HTTP POST 变量（$_POST），窗体处理程序可以通过这个变量获取窗体数据；若没有指定 method 属性的值，表示为默认值 get。

get 和 post 最大的差别在于 get 所能传送的字符长度不得超过 255 个字符，而且在传送密码字段时，post 会将用户输入的密码加以编码，而 get 不会将用户输入的密码加以编码，从这种角度来看，post 的安全性是比 get 高。

此外，若我们使用了 <form> 元素的 action 属性指定窗体处理程序，那么表单数据不仅会传回 Web 服务器，也会传送给窗体处理程序，以做进一步的处理，例如将窗体数据以 E-mail 形式传送给指定的收件人、将窗体数据写入或查询数据库、将窗体数据张贴在留言簿或聊天室等。

事实上，建立窗体的输入接口并不难，难的在于编写窗体处理程序，目前窗体处理程序有 PHP、ASP/ASP.NET、JSP、CGI 等服务器端 Scripts。

在本节中，我们会先告诉您如何将窗体数据以 E-mail 形式传送给指定的收件人，之后再示范如何通过简单的 PHP 程序读取窗体数据并制作成确认网页。

将窗体数据以 E-mail 形式传送给指定的收件人

若要将窗体数据以 E-mail 形式传送给指定的收件人，可以使用 <form> 元素的 action 属性指定收件人的电子邮件地址，举例来说，我们可以将 <\Ch07\phone. html> 第 9 行的 <form> 元素改写成如下，那么在用户填好窗体并单击 [提交] 按钮后，就会将窗体数据传送到 jeanchen@mail.lucky.com.tw，之后只要启动电子邮件程序接收新邮件，便能获取窗体数据：

```
<form method="post" action="mailto:jeanchen@mail.lucky.com.tw">
```

读取窗体数据并制作成确认网页

为了让用户知道其所输入的窗体数据已经成功传回 Web 服务器，我们通常会在用户单击 [提交] 按钮后显示确认网页，举例来说，我们可以将 <\Ch07\phone.html> 第 9 行的 <form> 元素改写成如下，指定确认网页为 <\Ch07\confirm.php>，然后另存新文件为 <\Ch07\phone2.html>：

```
<form method="post" action="confirm.php">
```

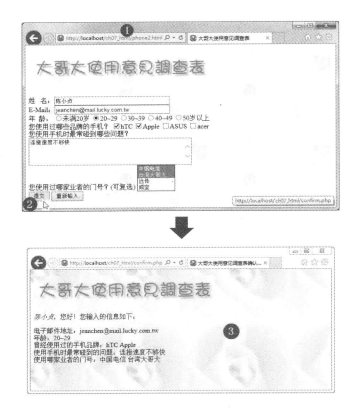

①输入此网址后按 [Enter] 键（这个网页必须在 Web 服务器上执行）；

②填好窗体后单击 [提交]；③出现确认网页

我们先把确认网页 <\Ch07\confirm.php> 的程序代码列出来，再来做说明，其中比较关键的是使用 PHP 读取各种窗体字段，由于此例涉及 PHP 的语法，您可以稍微翻阅一下就好。有兴趣进一步学习 PHP 的读者，可以参考《PHP&MySQL 跨设备网站开发实例精神》一书（清华大学出版社）。

```
01:<!doctype html>
02:<html>
03: <head>
04:    <meta charset="utf-8">
05:    <title> 大哥大使用意见调查表确认网页 </title>
06: </head>
07: <body background="free0.gif">
08:    <p><img src="free1.jpg"></p>
09:    <?php
10:      $Name = $_POST["UserName"];  // 读取第一个单行文本框的数据
11:      $Mail = $_POST["UserMail"];  // 读取第二个单行文本框的数据
12:      switch($_POST["UserAge"]) // 读取在单选按钮中选取的选项
13:      {
14:        case "Age1":
```

```
15:            $Age = " 未满 20 岁 ";
16:            break;
17:        case "Age2":
18:            $Age = "20~29";
19:            break;
20:        case "Age3":
21:            $Age = "30~39";
22:            break;
23:        case "Age4":
24:            $Age = "40~49";
25:            break;
26:        case "Age5":
27:            $Age = "50 岁以上 ";
28:     }
29:     $Phone = $_POST["UserPhone"];        // 读取在复选框中勾选的选项
30:     $Trouble = $_POST["UserTrouble"];   // 读取多行文本框的数据
31:     $Number = $_POST["UserNumber"];      // 读取在下拉菜单中选取的选项
32:  ?>
33:  <p><i><?php echo $Name; ?></i>，您好！您输入的信息如下：</p>
34:  电子邮件地址：<?php echo $Mail; ?><br>
35:  年龄：<?php echo $Age; ?><br>
36:  曾经使用过的手机品牌：<?php foreach($Phone as $Value) echo
$Value.' '; ?><br>
37:  使用手机时最常碰到的问题：<?php echo $Trouble; ?><br>
38:  使用哪家业者的门号：<?php foreach($Number as $Value) echo
$Value.' '; ?>
39:  </body>
40:</html>
```

<\Ch07\confirm.php>

- 10：通过 HTTP POST 变量（$_POST），获取用户在名称为 "UserName" 的单行文本框内所输入的数据，然后赋值给变量 Name。
- 11：通过 HTTP POST 变量（$_POST），获取用户在名称为 "UserMail" 的单行文本框内所输入的数据，然后赋值给变量 Mail。
- 12 ~ 28：通过 HTTP POST 变量（$_POST）和 switch 判断结构，获取用户在名称为 "UserAge" 的单选按钮中所选取的选项（单选），然后赋值给变量 Age。
- 29：通过 HTTP POST 变量（$_POST），获取用户在名称为 "UserPhone" 的复选框中所勾选的选项（可复选），然后赋值给变量 Phone。请注意，由于 UserPhone 是一个数组，所以变量 Phone 的值也会是一个数组。
- 30：通过 HTTP POST 变量（$_POST），获取用户在名称为 "UserTrouble" 的多行文本框内所输入的数据，然后赋值给变量 Trouble。
- 31：通过 HTTP POST 变量（$_POST），获取用户在名称为 "UserNumber" 的下拉

菜单中所选取的选项（可复选），然后赋值给变量 Number。请注意，由于 UserNumber 是一个数组，所以变量 Number 的值也会是一个数组。

- 33：这行程序语句里面穿插了 PHP 程序代码 <?php echo $Name; ?>，目的是显示变量 Name 的值，也就是用户在名称为 "UserName" 的单行文本框内所输入的数据（例如 " 陈小贞 "）。

- 34：这行程序语句里面穿插了 PHP 程序代码 <?php echo $Mail; ?>，目的是显示变量 Mail 的值，也就是用户在名称为 "UserMail" 的单行文本框内所输入的数据（例如 jeanchen@mail.lucky.com.tw）。

- 35：这行程序语句里面穿插了 PHP 程序代码 <?php echo $Age; ?>，目的是显示变量 Age 的值，也就是用户在名称为 "UserAge" 的单选按钮中所选取的选项（单选）（例如 "20~29"）。

- 36：这行程序语句里面穿插了 PHP 程序代码 <?php foreach($Phone as $Value) echo $Value.' '; ?>，目的是显示变量 Phone 的值，也就是用户在名称为 "UserPhone" 的复选框中所勾选的选项（可复选）。请注意，由于变量 Phone 的值是一个数组，所以我们使用 foreach 循环来显示数组的每个元素（例如 "hTC"、"Apple"）。

- 37：这行程序语句里面穿插了 PHP 程序代码 <?php echo $Trouble; ?>，目的是显示变量 Trouble 的值，也就是用户在名称为 "UserTrouble" 的多行文本框内所输入的数据（例如 " 连接速度不够快 "）。

- 38：这行程序语句里面穿插了 PHP 程序代码 <?php foreach（$Number as $Value）echo $Value.' '; ?>，目的是显示变量 Number 的值，也就是用户在名称为 "UserNumber" 的下拉菜单中所选取的选项（可复选）。请注意，由于变量 Number 的值是一个数组，所以我们使用 foreach 循环来显示数组的每个元素（例如 " 中华电信 "、" 台湾大哥大 "）。

7-2-8　密码字段

"密码字段"和单行文本框非常相似，只是用户输入的数据不会显示出来，而是显示成星号或圆点，以作为保密之用，下面举一个例子。

```
<!doctype html>
<html>
  <head>
    <meta charset="utf-8">
    <title> 示范密码字段 </title>
  </head>
  <body>
    <form>
      请输入密码: <input type="password" name="UserPWD" size="10">
      <input type="submit" value=" 提交 ">
      <input type="reset" value=" 重新输入 ">
    </form>
```

```
    </body>
</html>
```

<\Ch07\pwd.html>

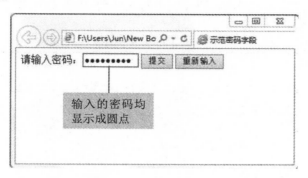

7-2-9 隐藏字段

"隐藏字段"是在窗体中看不见，但值（value）仍会传回 Web 服务器的窗体字段，它可以用来传送不需要用户输入但却需要传回 Web 服务器的数据。举例来说，假设我们想在传回大哥大使用意见调查表的同时，传回调查表的作者名称，但不希望将作者名称显示在窗体中，那么可以在 <\Ch07\phone.html> 的 <form> 元素里面加入如下程序语句，这么一来，在用户单击［提交］按钮后，隐藏字段的值（value）就会随着窗体数据一并传回 Web 服务器：

```
<input type="hidden" name="Author" value="JeanChen">
```

7-2-10 上传文件字段

上传文件字段可以用来上传文件到 Web 服务器，下面举一个例子，请注意，窗体的编码方式必须指定为 "multipart/form-data"，而且要编写窗体处理程序接收上传到 Web 服务器的文件，以做进一步的处理。此外，除了上传单一文件，也可以上传多个文件，只要在 **<input type="file">** 元素加上 multiple 属性即可。

```
<!doctype html>
<html>
<head>
<meta charset="utf-8">
<title>示范上传文件字段</title>
</head>
<body>
<form method="post" action="handler.php" enctype="multipart/form-data">
<input type="file" name="myfile" size="50"><br><br>
<input type="submit" value=" 上传 ">
<input type="reset" value=" 重新设置 ">
</form>
</body>
```

```
</html>
```

<\Ch07\upload.html>

这个例子的浏览结果如下图，若要顺利上传文件到 Web 服务器，那么必须在 Web 服务器上执行，同时还要确定 Web 服务器是否启用该功能。有关如何编写窗体处理程序，以及启用 Web 服务器的上传文件功能，可以参考《PHP&MySQL 跨设备网站开发实例精粹》一书（清华大学出版社）。

❶单击 [浏览]；❷选取文件；❸单击[打开]；❹出现被选取的文件；

❺确定要上传的话，可以单击[上传]按钮

7-3　HTML5 新增的输入类型

HTML5 新增的输入类型如下表，不同的浏览器有不同的支持程度和实现方式，若碰到浏览器不支持的输入类型，就会显示默认的单行文本框。

HTML5 新增的 type 属性值	输入类型	HTML5 新增的 type 属性值	输入类型
type="email"	电子邮件地址	type="date"	日期
type="url"	网址	type="time"	时间
type="search"	搜索字段	type="datetime"	UTC 世界标准时间
type="tel"	电话号码	type="month"	月份
type="number"	数字	type="week"	一年的第几周
type="range"	指定范围内的数字	type="datetime-local"	本地日期时间
type="color"	颜色		

　　下面是一个例子，它示范了 number 类型的浏览结果，其中 min 属性用来指定该字段的最小值，max 属性用来指定该字段的最大值，而 step 属性用来指定每单击该字段的向上按钮或向下按钮时所递增或递减的间隔值，默认值为 1：

```
<form>
  <input type="number" min="0" max="10" step="2">
  <input type="submit">
</form>
```

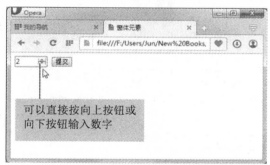

　　下面是另一个例子，它示范了 range 类型的浏览结果，用户可以通过类似滑竿的界面输入指定范围内的数字，此例为 1～12 的数字，滑竿每移动一格，就会递增或递减 2。

```
<form>
  <input type="range" min="0" max="12" step="2">
  <input type="submit">
</form>
```

下面是另一个例子，它示范了 color 类型的浏览结果，用户可以通过类似调色盘的界面输入颜色。

```
<form>
  <input type="color">
  <input type="submit">
</form>
```

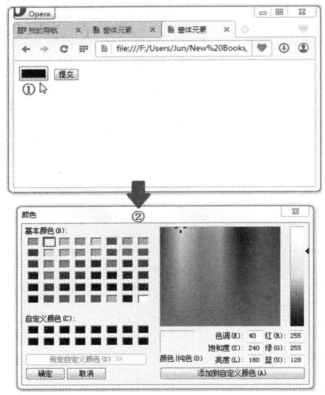

①点击颜色选择；　　　②出现颜色对话框让用户选择颜色

7-4　标签文字—— <label>元素

有些窗体字段会有默认的标签文字，例如 <input type="submit"> 在 IE 浏览时会有默认的标签文字为"送出查询"，而同样的程序语句在 Opera 浏览时会有默认的标签文字为"提交"或"送出"，不过，多数的窗体字段其实并没有标签文字，此时可以使用 <label> 元素来指定，其属性如下：

- for="*fieldid*"：指定标签文字是与 ID 为 *fieldid* 的窗体字段产生关联。
- form="*formid*"（※）：指定 <label> 元素隶属于 ID 为 *formid* 的窗体。
- 第 2-2-1、2-2-2 节所介绍的全局属性和事件属性。

下面举一个例子，它会利用 <label> 元素指定与单行文本框、数字字段关联的标签文字，至于紧跟在后的按钮则是采用默认的标签文字。

```
<form>
  <p><label> 姓名：<input type="text" name="username"></label></p>
  <p><label> 年龄：<input type="number" name="userage" min="1"></label></p>
  <input type="submit">
  <input type="reset">
</form>
```

<\Ch07\label.html>

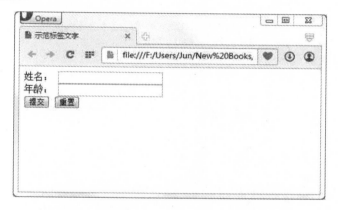

7-5　将窗体字段框起来—— <fieldset>、<legend> 元素

<fieldset> 元素用来将指定的窗体字段框起来，其属性如下：

- disabled（※）：取消 <fieldset> 元素所框起来的窗体字段，使之无法存取。
- name="..."（※）：指定 <fieldset> 元素的名称（限英文且唯一）。
- form="*formid*"（※）：指定 <fieldset> 元素隶属于 ID 为 *formid* 的窗体。
- 第 2-2-1、2-2-2 节所介绍的全局属性和事件属性。

<legend> 元素用来在方框左上方加上说明文字，其属性如下：

- align="{top, bottom, left, right}"（Deprecated）：指定说明文字的位置。
- 第 2-2-1、2-2-2 节所介绍的全局属性和事件属性。

下面举一个例子。

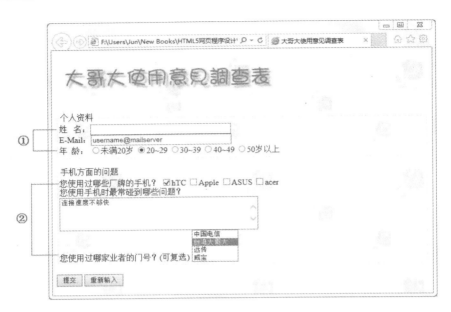

①将这三个窗体字段框起来并加上说明文字；②将这三个窗体字段框起来并加上说明文字

```
<form>
  <fieldset>                ❶
    <legend> 个人资料 </legend>
    姓     名:<input type="text" name="UserName"
size="40"><br>
    E-Mail: <input type="text" name="UserMail" size="40"
value="username@mailserver"><br>
    年    龄:
    <input type="radio" name="UserAge" value="Age1"> 未满 20 岁
    <input type="radio" name="UserAge" value="Age2" checked>20~29
    <input type="radio" name="UserAge" value="Age3">30~39
    <input type="radio" name="UserAge" value="Age4">40~49
    <input type="radio" name="UserAge" value="Age5">50 岁以上 <br>
  </fieldset><br>
  <fieldset>                ❷
    <legend> 手机方的问题 </legend>
    您使用过哪些品牌的手机?
    <input type="checkbox" name="UserPhone[]" value="hTC" checked>hTC
    <input type="checkbox" name="UserPhone[]" value="Apple">Apple
    <input type="checkbox" name="UserPhone[]" value="ASUS">ASUS
    <input type="checkbox" name="UserPhone[]" value="acer">acer<br>
    您使用手机时最常碰到哪些问题？ <br>
    <textarea name="UserTrouble" cols="45" rows="4"> 连接速度不够快
</textarea><br>
    您使用过哪家业者的门号？（可复选）
```

```
    ...
  </fieldset><br>
  <input type="submit" value=" 提交 ">
  <input type="reset" value=" 重新输入 ">
</form>
```

<\Ch07\phone3.html>

❶在此指定第一个方框的说明文字；❷在此指定第二个方框的说明文字

原则上，在您想好要将哪几个窗体字段框起来后，只要将这几个窗体字段的程序语句放在 <fieldset> 元素里面即可。另外要注意的是 <legend> 元素必须放在 <fieldset> 元素里面，而且 <legend> 元素里面的文字会出现在方框的左上角，作为说明文字。

7-6　其他新增的窗体元素

HTML5 除了支持现有的 <form>、<fieldset>、<legend>、<input>、<select>、<option>、<textarea> 等窗体元素，还新增了 <output>、<progress>、<meter>、<keygen>、<optgroup> 等窗体元素，以下各小节有进一步的说明。

7-6-1　<output> 元素

<output> 元素用来显示计算结果或处理结果，下面举一个例子 <\Ch07\form11. html>，改编自 HTML5 规格书的范例程序，当用户在前两个字段输入数值时，就会在第三个字段显示两数相加的结果。

请注意 <form> 元素里面的 oninput 属性，这是指定当窗体发生 input 事件时（即用户改变窗体字段的值），就把 <output> 元素的值设置为前两个字段的数值总和。

```
<form onsubmit="return false" oninput="sum.value = num1.valueAsNumber +
num2.valueAsNumber">
  <input name="num1" type="number" step="any"> +
  <input name="num2" type="number" step="any"> =
  <output name="sum"></output>
</form>
```

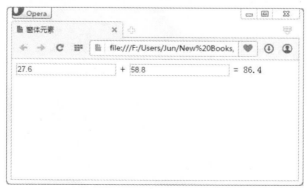

7-6-2　<progress> 元素

<progress> 元素用来显示进度条，代表某个工作的完成进度，例如文件下载进度，下面举一个例子，它会每隔 0.5 秒就多填满 10%，直到填满整个进度条，由于这个元素较新，所以不是每个浏览器都提供了具体实现。

```
01: <!doctype html>
02:<html>
03:   <head>
04:     <meta charset="utf-8">
05:     <title> 窗体元素 </title>
06:   </head>
07:   <body>
08:      <p> 文件下载进度: <progress id="pb"
max="100"><span>0</span>%</progress></p>
09:      <script>
10:        var progressBar = document.getElementById('pb');
11:        var i = 10;
12:        function updateProgress(newValue) {
13:          progressBar.value = newValue;
14:          progressBar.getElementsByTagName('span')[0].innerText =
newValue;
15:        }
16:
17:      function showProgress(){
18:        if (i <= 100) {
19:          updateProgress(i);
20:          i += 10;
21:        }
22:        else clearInterval();
23:      }
24:
25:      window.setInterval("showProgress();", 500);
26:      </script>
27:   </body>
28:</html>
```

<\Ch07\form12.html>

- 08: 使用 <progress> 元素在网页上插入进度条，不过，并不是所有浏览器均支持该元素，例如 IE 9 就不支持，因而在这行程序语句里面加入 <span>0</span>%，如此一来，就算碰到这种情况，还能以百分比数字显示进度。
- 12 ~ 15: 定义 updateProgress()函数，用来将进度条的值更新为参数所指定的值，其中第 14 行是通过 innerText 属性更新 <span> 元素的内容，该元素的初始值是由第

08 行设置为 0（注：IE、FireFox 分别支持 innerText 和 textContent 属性以获取元素的内容，而 Safari、Chrome、Opera 则均支持）。

- 17 ~ 23：定义 showProgress()函数，每被调用一次，就会令进度条多填满 10%，直到 100%，然后调用 clearInterval()函数清除定时器的设置。
- 25：调用 setInterval()函数启动定时器，每隔 500 毫秒（即 0.5 秒）调用一次 showProgress()函数。

这个例子的浏览结果如下图。

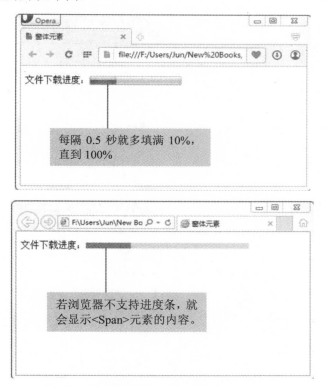

7-6-3 \<meter\> 元素

\<meter\> 元素用来显示某个范围内的比例或量标，例如磁盘的使用率、候选人的得票率等，下面举一个例子。

```
<!doctype html>
<html>
  <head>
    <meta charset="utf-8">
    <title> 窗体元素 </title>
  </head>
  <body>

    <p> 王大明得票率：<meter min="0" max="100" value="12">12%</meter></p>
```

标签之间的百分比数字可以让不
支持 \<meter\> 元素的浏览器显示

```
    <p> 孙小美得票率: <meter min="0" max="100" value="75">75%</meter></p>
  </body>
</html>
```

<\Ch07\form13.html>

除了表示最小值、最大值、当前值的 min、max、value 属性之外，<meter> 元素还有下列几个属性：

- low: 表示低边界值，省略不写的话，等于 min 的值。
- high: 表示高边界值，省略不写的话，等于 max 的值。
- optimum: 表示最佳值，省略不写的话，等于 min 与 max 的中间值。

7-6-4　<keygen> 元素

<keygen> 元素可以根据 RSA 算法产生一对密钥，下面举一个例子，在用户从窗体字段中选择密钥长度，并单击 [送出] 后，会产生一对密钥，其中公钥（public key）会传送到服务器，而私钥（private key）则会存储在客户端。

```
<!doctype html>
<html>
  <head>
    <meta charset="utf-8">
    <title> 窗体元素 </title>
  </head>
  <body>
    <form action="processkey.cgi" method="post"
      enctype="multipart/form-data">
      <keygen name="key">
      <input type="submit">
    </form>
  </body>
</html>
```

<\Ch07\form14.html>

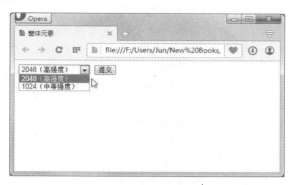

7-6-5 <optgroup> 元素

<optgroup> 元素可以替一群 <option> 元素加上共同的标签，下面举一个例子，其中共同的标签就是通过 <optgroup> 元素的 label 属性来指定的，而且该元素没有结束标签。

```
<form>
  <label> 请选择要观赏的节目：</label>
  <select name="TVlist">
    <optgroup label=" 新闻频道 ">
      <option value="news1">TVBS-N
      <option value="news2"> 三立新闻台
      <option value="news3"> 民视新闻台
      <option value="news4"> 年代新闻台
    <optgroup label=" 娱乐频道 ">
      <option value="shows1"> 完全娱乐
      <option value="shows2"> 型男大主厨
      <option value="shows3"> 康熙来了
  </select>
  <input type="submit">
</form>
```

<\Ch07\form15.html>

习题

一、选择题

（　　）1. 下列哪种窗体字段适合作为单一的选择题使用？

　　A. 单行文本框　　　　　　B. 复选框

　　C. 单选按钮　　　　　　　　D. 下拉菜单

（　　）2. 下列哪种窗体字段适合用来输入自我介绍？

　　A. 复选框　　　　　　　　B. 多行文本框

　　C. 单行文本框　　　　　　D. 下拉菜单

（　　）3. 窗体处理程序可以使用下列哪种语言来编写？

　　A. PHP　　　　　　　　　B. ASP

　　C. JSP　　　　　　　　　D. 以上皆可

（　　）4. 下列关于单行文本框的叙述哪一个是错误的？

　　A. 名称不限中英文字

　　B. 可以用来输入单行的文字

　　C. <input> 元素的 type 属性为 "text"

　　D. 若要显示默认的数据，可以使用 value 属性

（　　）5. 下列关于单选按钮的叙述哪一个是错误的？

　　A. 单选按钮适合用来询问只有一个答案的问题

　　B. 同一组单选按钮的每个选项的名称必须相同

　　C. <input> 元素的 type 属性为 "checkbox"

　　D. 同一组单选按钮的每个选项是通过 value 属性去区分

（　　）6. 下列叙述哪一个正确？

　　A. 我们可以将窗体数据以 E-mail 传送给指定的收件人

　　B. <form> 元素的 method 属性可以用来指定窗体处理程序

　　C. <input> 元素的 target 属性可以用来指定窗体处理程序的目标框架

　　D. 窗体字段的名称可以重复

（　　）7. 下列哪个元素可以将指定的窗体字段框起来？

　　A. <label>　　　　　　　　B. <fieldset>

　　C. <legend>　　　　　　　D. <progress>

二、实践题

完成如下网页，标题图片为 profile1.jpg，背景颜色为 #d1fce8。<\Ch07\profile. html>

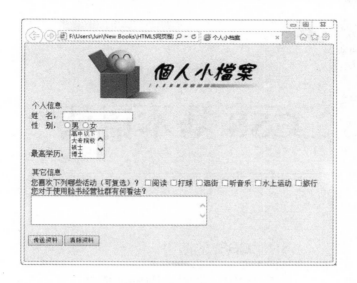

提示：

- 最高学历的下拉菜单中有 "高中以下"、"大专院校"、"硕士"、"博士"、"其他" 等五个选项，高度为 4，不允许复选。
- 复选框中有 "阅读"、"打球"、"逛街"、"听音乐"、"水上运动"、"旅行" 6 个选项，允许复选。
- 多行文本框的高度为 4，宽度为 45。
- 提交按钮上面的文字为 "传送资料"，重新输入按钮上面的文字为 "清除资料"。

第 ———— 章

CSS 基本语法

8-1　CSS 的演进

CSS（Cascading Style Sheets，层叠样式窗体）是由 W3C 所提出，主要的用途是控制网页的外观，也就是定义网页的编排、显示、格式化及特殊效果，有部分功能与 HTML 重叠。

或许您会问，"既然 HTML 提供的标签与属性就能将网页格式化，那为何还要使用 CSS ？"，没错，HTML 确实提供一些格式化的标签与属性，但其变化有限，而且为了进行格式化，往往会使得 HTML 原始文件变得非常复杂，内容与外观的依赖性过高而不易修改。

事实上，W3C 已经将不少涉及网页外观的 HTML 标签与属性列为 Deprecated（建议勿用），并鼓励改用 CSS 来取代它们，例如 <font>...</font>、<basefont>、<dir>...</dir> 等标签，或 background、bgcolor、align、link、vlink、color、face、size 等属性。

我们简单将 CSS 的演进摘要如下：

- CSS Level 1(CSS 1)：W3C 于 1996 年公布 CSS Level 1 推荐标准(Recommendation)，约有 50 个属性，包括字体、文字、颜色、背景、列表、表格、定位方式、框线、边界等，详细的规格可以参考 CSS 1 官方文件 http://www.w3.org/TR/CSS1/。

- CSS Level 2 (CSS 2)：W3C 于 1998 年公布 CSS Level 2 推荐标准，约有 120 个属性，新增一些字体属性，并加入相对定位、绝对定位、固定位置、媒体类型的概念。

- CSS Level 2 Revision 1(CSS 2.1)：W3C 经过数年的讨论，于 2011 年公布 CSS Level 2 Revision 1 推荐标准，除了维持与 CSS 2 的向下兼容性，还修正 CSS 2 的错误、删除一些 CSS 2 尚未实现的功能并新增数个属性，详细的规格可以参考 CSS 2.1 官方文件 http://www.w3.org/TR/CSS2/。

- CSS Level 3 (CSS 3)：相较于 CSS 2.1 是将所有属性整合在一份规格书中，CSS 3 则是根据属性的分类区分成不同的模块（module）来进行规格化，例如 CSS Color Level 3、Selectors Level 3、Media Queries、CSS Namespaces、CSS Snapshot 2010、CSS Style Attributes 等模块已经成为推荐标准（Recommendation），而 CSS Backgrounds and Borders Level 3、CSS Image Values and Replaced Content Level 3、CSS Masking、CSS Multi-column Layout、CSS Speech、CSS Values and Units Level 3、CSS Mobile Profile 2.0、CSS Font Level 3、CSS Shapes 等模块是候选推荐（ Candidate Recommendation ），有关各个模块的规格化进度可以参考网址：http://www. w3.org/Style/CSS/current-work.en.html。

- CSS Level 4 (CSS 4)：W3C 于 2009 年提出 CSS Level 4 工作草案，目前正在研拟中。

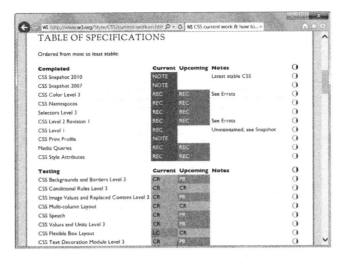

这个网站会详细列出 CSS 3 各个模块目前的规格化进度及规格书之超链接

在本书中，我们除了介绍 CSS 2.1 的属性，还会介绍 CSS3 中一些已经成为推荐标准或候选推荐的模块，另外有些在工作草案阶段的模块因为已经有浏览器提供了具体实现，所以也会一并进行介绍。

8-2　CSS 样式规则与选择器

CSS样式窗体是由一条一条的样式规则（style rule）所组成，而样式规则包含选择器（selector）与声明（declaration）两个部分：

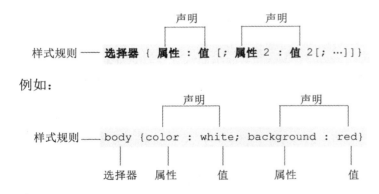

例如：

- 选择器（selector）：选择器是用来指定样式规则所要套用的对象，也就是 HTML 元素。以上面的样式规则为例，选择器 body 表示要套用样式规则的对象是 <body> 元素，即网页主体。
- 声明（declaration）：声明是用来指定 HTML 元素的样式，以大括号括起来，里面包含属性（property）与值（value），中间以冒号（:）连接，同时样式规则的声明个数可以不止一个，中间以分号（;）隔开。以上面的样式规则为例，color:white 声明是指定 color 属性的值为 white，即前景颜色为白色，而 background:red 声明是指定 background 属性的值为 red，即背景颜色为红色，这两个声明中间以分号隔开。

下面举一个例子，它会以标题 1 默认的样式显示 " 暮光之城 "，通常是黑色、细明体。

```
<!doctype html>
<html>
  <head>
    <meta charset="utf-8">
    <title>新网页 1</title>
  </head>
  <body>
    <h1>暮光之城 </h1>
  </body>
</html>
```

<\Ch08\sample1.html>

接着，我们以 CSS 来指定样式，此例是在 <head> 元素里面使用 <style> 元素嵌入 CSS 样式窗体（第 06～08 行），将标题 1 指定为红色、标楷体，至于其他链接 HTML 文件与 CSS 样式窗体的方式，可以参阅第 8-3 节。

```
01:<!doctype html>
02:<html>
03:  <head>
04:    <meta charset="utf-8">
05:    <title>新网页 1</title>
06:    <style type="text/css">
07:        h1 {color:red; font-family: 标楷体 }
08:    </style>
09:</head>
10:  <body>
11:      <h1>暮光之城 </h1>
12:  </body>
13:</html>
```

<\Ch08\sample2.html>

CSS 注意事项

当您使用 CSS 时，请注意下列事项：

- 若属性的值包含英文字母、阿拉伯数字（0~9）、减号（-）或小数点（.）以外的字符（例如空白、换行），那么属性的值前后必须加上双引号或单引号（例如 font-family:"Times New Roman"），否则双引号（"）或单引号（'）可以省略不写。

- CSS 会区分英文字母的大小写，这点和 HTML 不同，为了避免混淆，在您为 HTML 元素的 class 属性或 id 属性命名时，请保持一致的命名规则，一般建议是采用字中大写，例如 myPhone、firstName 等。

- CSS 的注释符号为 /* */，如下所示，这点也和 HTML 不同，HTML 的注释为 <!---->。

```
h1   {color:blue}                /* 将标题 1 的文字颜色指定为蓝色 */
p    {font-size:10px}            /* 将段落的文字大小指定为 10 像素 */
```

- 样式规则的声明个数可以不止一个，中间以分号（;）隔开，以下面的样式规则为例，里面包含三个声明，用来指定段落的样式为首行缩排 50 像素、行高 1.5 行、左边界 20 像素：

```
p {text-indent:50px; line-height:150%; margin-left:20px}
```

- 若样式规则包含多个声明，为了方便阅读，可以将声明分开放在不同行，排列整齐即可，例如：

```
P {
  text-indent:50px;
  line-height:150%;
  margin-left:20px
}
```

- 若遇到具有相同声明的样式规则，可以将之合并，使程序代码变得更为精简。以下面的程序代码为例，这四条样式规则是将标题 1、标题 2、标题 3、段落的文字颜色指定为蓝色，声明均为 color:blue：

```
h1 {color:blue}
h2 {color:blue}
h3 {color:blue}
p {color:blue}
```

既然声明均相同，我们可以将这四条样式规则合并成一条：

```
h1, h2, h3, p {color:blue}
```

- 若遇到针对相同选择器所设计的样式规则，可以将之合并，使程序代码变得更为精简。以下面的程序代码为例，这三条样式规则是将标题 1 的文字颜色指定为蓝色、文字对齐方式指定为置中、字体指定为 "Arial Black"，选择器均为 h1：

```
h1 {color:blue}
h1 {text-align:center}
h1 {font-family:"Arial Black"}
```

既然是针对相同选择器，我们可以将这三条规则合并成一条：

```
h1 {color:blue; text-align:center; font-family:"Arial Black"}
```

下面的写法亦可：

```
h1{
  color:blue;
  text-align:center;
  font-family:"Arial Black"
}
```

8-3　链接 HTML 文件与 CSS 样式窗体

链接 HTML 文件与 CSS 样式窗体的方式如下，以下各小节有详细的说明：

- 在 HTML 文件的 <head> 元素里面嵌入样式窗体。
- 使用 HTML 元素的 style 属性指定样式窗体。
- 将样式窗体放在外部文件，然后使用 @import 指令导入 HTML 文件。
- 将样式窗体放在外部文件，然后使用 <link> 元素链接至 HTML 文件。

8-3-1　在<head> 元素里面嵌入样式窗体

我们可以在 HTML 文件的 <head> 元素里面使用 <style> 元素嵌入样式窗体，由于样式窗体位于和 HTML 文件相同的文件，因此，任何时候想要变更网页的外观，直接修改 HTML 文件的源代码即可，无须变更多个文件。下面举一个例子，它会通过嵌入样式窗体的方式将 HTML 文件的文字颜色指定为白色，背景颜色指定为紫色。

```
<!doctype html>
<html>
  <head>
    <meta charset="utf-8">
    <title> 新网页 1</title>
    <style>
      body {color:white; background:purple}
    </style>
  </head>
  <body>
    <h1> 欢迎光临！ </h1>
  </body>
</html>
```

<\Ch08\linkcss1.html>

这个例子的浏览结果如下图。

8-3-2 使用 HTML 元素的 style 属性指定样式窗体

我们也可以使用 HTML 元素的 style 属性指定样式窗体，比方说，前一节的例子可以改写如下，一样是将 HTML 文件的文字颜色指定为白色，背景颜色指定为紫色，浏览结果将维持不变。

```html
<!doctype html>
<html>
  <head>
    <meta charset="utf-8">
    <title> 新网页 1</title>
  </head>
  <body style="color:white; background:purple">
    <h1> 欢迎光临! </h1>
  </body>
</html>
```

<\Ch08\linkcss2.html>

8-3-3 将外部的样式窗体导入HTML文件

前两节所介绍的方式都是将样式窗体嵌入 HTML 文件，虽然简便，却不适合多人共同开发网页，尤其是当网页的内容与外观交由不同人负责时，此时可以将样式窗体放在外部文件，然后导入或链接至 HTML 文件，而且这么做还有一个好处，就是样式窗体文件可以让多个 HTML 文件共享，如下图，这样就不会因为重复定义样式窗体，导致源代码过于冗长。

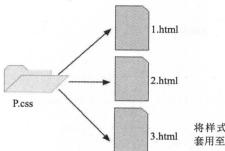

将样式表放在外部文件便能
套用至不同的 HTML 文件

下面举一个例子，它将 <\Ch08\linkcss1.html> 所定义的样式窗体另外存储在纯文本文件
<body.css> 中，注意扩展名为 .css。

```
body {
color:white;
background:purple
}
```
将样式窗体放在外部文件

<\Ch08\body.css>

有了样式窗体文件，我们可以在 HTML 文件的 <head> 元素里面使用 <style> 元素和
@import url(" *文件名* .css"); 指令导入样式窗体，若要导入多个样式窗体文件，只要多写几
个 @import url(" *文件名* .css"); 指令即可，此时，<\Ch08\linkcss1.html> 可以改写如下，浏
览结果将维持不变。

```
<!doctype html>
<html>
  <head>
    <meta charset="utf-8">
    <title> 新网页 1</title>
    <style>
      @import url("body.css");
    </style>
  </head>
  <body>
    <h1> 欢迎光临！ </h1>
  </body>
</html>
```
使用 @import 指令导入样式表文
件，也可写成 @import "body.css";

<\Ch08\linkcss3.html>

8-3-4　将外部的样式窗体链接至 HTML 文件

除了导入样式窗体的方式，我们也可以将样式窗体链接至 HTML 文件，下面举一个例
子，它会链接与前一个例子相同的样式窗体文件 <body.css>，不同的是这次不再使用 <style>
元素，而是改用 <link> 元素，浏览结果将维持不变。

```
<!doctype html>
<html>
  <head>
    <meta charset="utf-8">
    <title> 新网页 1</title>
    <link rel="stylesheet" href="body.css" type="text/css">
  </head>
  <body>
    <h1> 欢迎光临！ </h1>
  </body>
</html>
```

使用 <link> 元素链接样式窗体文
件，若要链接多个样式窗体文件，
只要多写几个 <link> 元素即可

<\Ch08\linkcss4.html>

8-4　选择器的类型

选择器（selector）是用来指定样式规则所要套用的对象，而且根据不同的对象又有不同的类型，以下就为您做说明。

8-4-1　类型选择器

类型选择器（type selector）是以某个 HTML 元素作为要套用样式规则的对象，故名称必须和指定的 HTML 元素符合，以下面的样式规则为例，里面有一个类型选择器 h1，表示要套用样式规则的对象是 <h1> 元素：

```
h1 {font-family:" 标楷体 "; font-size:30px; color:blue}
```

8-4-2　后裔选择器

后裔选择器（descendant selector）是以某个 HTML 元素的子元素作为要套用样式规则的对象，以下面的样式规则为例，里面有两个类型选择器 h1、i 和一个后裔选择器 h1 i，前两者表示要套用样式规则的对象是 <h1> 元素和 <i> 元素，而后裔选择器 h1 i 表示要套用样式规则的对象是 <h1> 元素的 <i> 子元素：

```
h1   {color:blue}              /* 类型选择器 h1  */
i    {color:green}             /* 类型选择器 i */
h1  i {color:red}              /* 后裔选择器 h1  i */
```

8-4-3　万用选择器

万用选择器（universal selector）是以 HTML 文件中的所有元素作为要套用样式规则的对象，其命名格式为星号（*），通常用来为所有元素加上共同的样式。以下面的样式规则为例，里面有一个万用选择器，它可以为所有元素去除浏览器默认的留白与边界：

```
* {padding:0; margin:0}
```

8-4-4 类选择器

类选择器（class selector）是以隶属于指定类的 HTML 元素作为要套用样式规则的对象，其命名格式为 "*.XXX" 或 ".XXX"，星号（*）可以省略不写。使用类选择器定义样式规则的语法如下：

以下面的样式规则为例，里面有一个类选择器 heading，表示要套用样式规则的对象是 heading 类，也就是 class 属性为 "heading" 的 HTML 元素：

下面举一个例子，它将示范如何在 HTML 文件中使用类选择器。

```
01:<!doctype html> 02:<html>
02:  <head>
03:    <meta charset="utf-8">
04:    <title> 唐诗欣赏 </title>
05:    <style>
06:      .heading {font-family: 华康粗黑体 ; font-size:30px; color:maroon}
07:      .content {font-family: 标楷体 ; font-size:25px; color:olive}
08:    </style> 类选择器
09:  </head>
10:  <body>
11:    <h1> 唐诗欣赏 </h1>
12:    <p class="heading"> 春晓 </p>
13:    <p class="content"> 春眠不觉晓，处处闻啼鸟。夜来风雨声，花落知多少？ </p>
14:    <p class="heading"> 竹里馆 </p>
15:    <p class="content"> 独坐幽篁里，弹琴复长啸。深林人不知，明月来相照。</p>
16:  </body>
17:</html>
```

<\Ch08\poem1.html>

- 05～08: 在 <head> 元素里面使用 <style> 元素嵌入样式窗体，里面定义了 heading 和 content 两个类选择器。
- 12、14: 将所有用来显示唐诗名称的 <p> 元素的 class 属性指定为 "heading"，表

示所有唐诗名称都要套用 heading 样式规则，即字体为华康粗黑体、文字大小为 30 像素、文字颜色为褐色（maroon）。

- 13、15：将所有用来显示唐诗内容的 <p> 元素的 class 属性指定为 "content"，表示所有唐诗内容都要套用 content 样式规则，即字体为标楷体、文字大小为 25 像素、文字颜色为橄榄色（olive）。

①唐诗名称套用 heading 样式规则；　　②唐诗内容套用 content 样式规则

除了指定类，我们还可以同时限制 HTML 元素的类型，以下面的样式规则为例，里面有一个类选择器 p.heading，表示要套用样式规则的对象是隶属于 heading 类的 <p> 元素，即 class 属性为 "heading" 的 <p> 元素，此时就算 HTML 文件中有其他元素的 class 属性也是 "heading"，也不会套用 heading 样式规则：

8-4-5　ID选择器

ID 选择器（ID selector）是以符合指定 ID（标识符）的 HTML 元素作为要套用样式规则的对象，其命名格式为"*#XXX"或"#XXX"，星号（*）可以省略不写。使用 ID 选择器定义样式规则的语法如下：

以下面的样式规则为例，里面有一个 ID 选择器 button1，表示要套用样式规则的对象是 id 属性为 "button1" 的 HTML 元素：

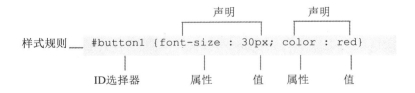

下面举一个例子，它将示范如何在 HTML 文件中使用 ID 选择器。

```
01:<!doctype html>
02:<html>
03:  <head>
04:    <meta charset="utf-8">
05:    <title> 新网页 1</title>
06:    <style>
07:         #button1 {font-size:30px; color:red}
08:         #button2 {font-size:30px; color:green}
09:    </style>          ID 选择器
10:  </head>
11:  <body>
12:    <h1> 意见调查单 </h1>
13:    <form>
14:        <input type="submit" value=" 提交 " id="button1">
15:          <input type="reset" value=" 重新输入 " id="button2">
16:    </form>
17:  </body>
18:</html>
```

"提交"按钮通过 id 属性指
定套用 button1 样式规则

"重新输入"按钮通过 id 属性
指定套用 button2 样式规则

<\Ch08\button1.html>

①套用 button1 样式规则；　　　　②套用 button2 样式规则

- 06～09: 在 <head> 元素里面使用 <style> 元素嵌入样式窗体，里面定义了 button1 和 button2 两个 ID 选择器。

- 14: 将"提交"按钮的 id 属性指定为 "button1"，表示窗体的"提交"按钮要套用 button1 样式规则，即文字大小为 30 像素、文字颜色为红色。

- 15: 将"重新输入"按钮的 id 属性指定为 "button2"，表示窗体的"重新输入"按钮要套用 button2 样式规则，即文字大小为 30 像素、文字颜色为绿色。

　　除了指定 ID，我们还可以同时限制 HTML 元素的类型，以下面的样式规则为例，里面有一个 ID 选择器 input#button1，表示要套用样式规则的对象是 id 属性为 "button1" 的 <input> 元素，此时就算 HTML 文件中有其他元素的 id 属性被误指定为 "button1"，也不会套用 button1 样式规则：

样式规则—— input#button1 {font-size : 30px; color : red}

HTML元素　　ID选择器　　属性　　　值　　　属性　　　值

理论上，在单一 HTML 文件中，HTML 元素的 id 属性是唯一的，但有时仍可能误指定相同的 id 属性，此时若有限制 HTML 元素的类型，就可以避免误用样式规则。

> 或许您正想问，"ID 选择器和类选择器究竟有何不同？"，其实两者主要的差别是在单一 HTML 文件中，HTML 元素的 id 属性是唯一的，而 class 属性不一定是唯一的，换句话说，在单一 HTML 文件中，隶属于相同类的 HTML 元素可能有好几个，但符合指定 ID 的 HTML 元素只有一个。
>
> 类适合用来辨识内容或性质类似的一群元素，好比说是以类选择器 p.hotNews 表示作为发烧新闻的段落，而单一 HTML 文件中可能会有数个发烧新闻，那么就可以将这些发烧新闻的 class 属性指定为 "hotNews"；相反的，ID 适合用来辨识唯一的元素，好比说是以 ID 选择器 textarea#userIntro 表示用户在多行文本框内输入的自我介绍。正因如此，在您替 HTML 元素的 class 属性或 id 属性命名时，请根据元素的本质或用途来命名，例如 hotNews、userIntro 等，而不要以外观来命名，例如 redText。

8-4-6　属性选择器

属性选择器（attributes selector）指的是将样式规则套用在有指定某个属性的元素，下面举一个例子，它会将样式规则套用在有指定 class 属性的元素。

```
01:<!doctype html>
02:<html>
03:  <head>
04:    <meta charset="utf-8">
05:    <title> 新网页 1</title>
06:    <style>
07:      [class] {color:blue}  ①
08:    </style>
09: </head>
10: <body>
11:  <ul>
12:    <li class="apple"> 苹果牛奶</li>
13:    <li class="apple-banana"> 香蕉苹果牛奶</li>
14:    <li class="grape apple banana"> 特调牛奶</li>     ②
15:    <li class="kiwifruit apple"> 特调果汁</li>
16:  </ul>
17: </body>
```

```
18:</html>
```

<\Ch08\fruit1.html>

① 针对 class 属性定义样式规则；

② 凡有 class 属性的元素均会套用该样式规则，而呈现蓝色，此例为 <li> 元素。

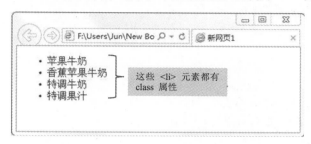

CSS2.1 定义了下列四种属性选择器：

- [att]: 将样式规则套用在指定了 att 属性的元素，无论 att 属性的值是什么，我们在 <fruit1.html> 中做过了示范。

- [att=val]: 将样式规则套用在 att 属性的值为 val 的元素，举例来说，假设将 <fruit1.html> 的第 07 行改写成如下，令只有 class 属性的值为 "apple" 的元素才会套用样式规则，浏览结果则如下图所示：

```
[class = "apple"] {color: blue}
```

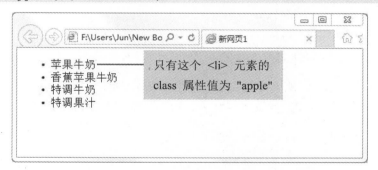

- [att ~= val]: 将样式规则套用在 att 属性的值为 val 的元素，或以空格符隔开并包含 val 的元素，举例来说，假设将 <fruit1.html> 的第 07 行改写成如下，则浏览结果如下图所示：

```
[class ~= "apple"] {color: blue}
```

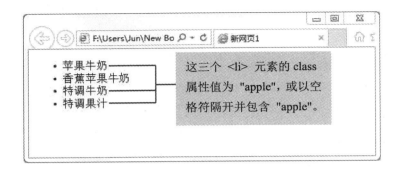

- [att |= val]：将样式规则套用在 att 属性的值为 val 的元素，或以 - 字符连接并包含 val 的元素，举例来说，假设将 <fruit1.html> 的第 07 行改写成如下，则浏览结果 如下图所示：

```
[class |= "apple"] {color: blue}
```

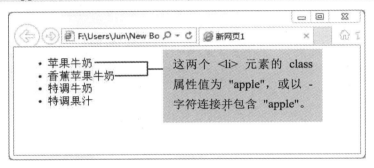

CSS3 又新增了下列三种属性选择器：

- [att ^= val]：将样式规则套用在 att 属性的值以 val 开头的元素，举例来说，假设将 <fruit1.html> 的第 07 行改写成如下，则浏览结果如下图所示：

```
[class ^= "apple"] {color: blue}
```

- [att$=val]：将样式规则套用在 att 属性的值以 val 结尾的元素，举例来说，假设将 <fruit1.html> 的第 07 行改写成如下，则浏览结果如下图所示：

```
[class $= "apple"] {color: blue}
```

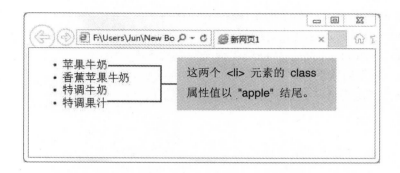

- [att*=val]：将样式规则套用在 att 属性的值包含 val 的元素，举例来说，假设将 <fruit1.html> 的第 07 行改写成如下，则浏览结果如下图所示：

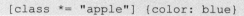

```
[class *= "apple"] {color: blue}
```

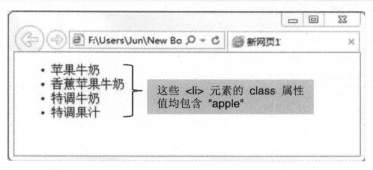

8-4-7　伪类选择器（:link、:visited、:hover、:focus、:active、enabled、:disabled...）

伪类选择器（pseudo-class selector）可以用来选择不位于文件树状结构中的信息，或其他简单的选择器所无法表达的信息。CSS 提供了数个伪类选择器，如下所示，通常是以冒号（:）开头，后面跟着伪类名称，有些后面还会加上括号，其中标记 CSS3 者为 CSS 3 新增的伪类：

- 链接伪类（link pseudo-classes）：包括 :link 和 :visited。
- 用户动作伪类（user action pseudo-classes）：包括 :hover、:focus 和 :active。
- 语言伪类（language pseudo-class）：包括 :lang。
- 目标伪类（target pseudo-class）CSS3：包括 :target。
- UI 元素状态伪类（UI element states pseudo-classes）CSS3：包括 :enabled、:disabled、:checked、:indeterminate。
- 结构化虚拟类（structural pseudo-classes）CSS3：包括 :root、:nth-child()、:nth-last-child()、:nth-of-type()、:nth-last-of-type()、:first-child、:last-child、:first-of-type、:last-of-type、:only-child、:only-of-type、:empty。
- 否定伪类（negation pseudo-class）CSS3：包括 :not()。

接下来我们会先示范几个常见的伪类：

- :link: 套用到尚未浏览的超链接。
- :visited: 套用到已经浏览的超链接。
- :hover: 套用到鼠标指针所指到但尚未点选的元素。
- :focus: 套用到获取焦点的元素。
- :active: 套用到所点选的元素。

下面举一个例子。

```
01:<!doctype html>
02:<html>
03:  <head>
04:    <meta charset="utf-8">
05:    <title> 伪类 </title>
06:    <style>
07:    ① a:link {color:black}
08:    ② a:visited {color:green}
09:    ③ a:hover {color:blue}
10:    ④ a:focus {color:red}
11:    ⑤ a:active {color:yellow}
12:    </style>
13:  </head>
14:  <body>
15:    <ul>
16:      <li><a href="novel1.html"> 射雕英雄传</a></li>
17:      <li><a href="novel2.html"> 神雕侠侣</a></li>
18:      <li><a href="novel3.html"> 倚天屠龙记</a></li>
19:      <li><a href="novel4.html"> 碧血剑</a></li>
20:    </ul>
21:  </body>
22:</html>
```

①尚未浏览的超链接为黑色；②已经浏览的超链接为绿色；③鼠标指针所指到的超链接为蓝色；④取得焦点的超链接为红色；⑤被点选的超链接为黄色。

<\Ch08\pseudo1.html>

关于这个例子，有下列几点补充说明：

- :link 和 :visited 属于链接伪类，只能套用到 <a> 元素。
- :hover、:focus 和 :active 属于用户动作伪类，能够套用到 <a> 与其他元素。
- 越晚定义的样式窗体，其层叠顺序就越高，故在第 07～11 行中，a:hover 必须放在 a:link 和 a:visited 后面，否则会被覆盖；同理，a:active 必须放在 a:focus 后面，否则会被覆盖，当超链接被点选时，才会显示黄色，如下图。

除了这几个伪类，CSS 3 也新增不少实用的伪类，例如：

- :enabled **3**：套用到窗体中启用的字段。
- :disabled **3**： 套用到窗体中取消的字段。
- :checked **3**： 套用到窗体中核选的单选按钮或复选框。
- :indeterminate **3**： 套用到窗体中不确定的单选按钮或复选框，针对这两种字段，HTML 4.01 仅提供"核选"与"没有核选"两种状态，而 HTML5 则允许网页设计人员通过类似如下的 JavaScript 程序代码将 ID 为"rb"的单选按钮的 indeterminate IDL 属性设置为 true，表示"不确定"状态：

```
document.getElementById("rb").indeterminate=true;
```

下面是一个例子，它示范了如何使用 :enabled 和 :disabled 伪类，至于其他伪类，有兴趣的读者可以参考 Selectors Level 3 官方文件 http://www.w3.org/ TR/selectors/。

```
<!doctype html>
<html>
  <head>
    <meta charset="utf-8">
    <title> 伪类</title>
    <style>
      :enabled {background-color:lightyellow}
      :disabled {background-color:lightgray}
      </style>
  </head>
<body>
    <form>
      姓名：<input type="text"><br>
```

```
    电话：<input type="text" disabled>
  </form>
 </body>
</html>
```

<\Ch08\pseudo2.html>

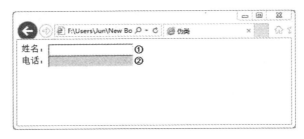

①将窗体中启用字段的背景颜色指定为浅黄色　②将窗体中取消字段的背景颜色指定为浅灰色

8-5　样式窗体的层叠顺序

样式窗体的来源有下列几种：

- 作者（author）：HTML 文件的作者可以将样式窗体嵌入 HTML 文件，也可以导入或链接外部的样式窗体文件。
- 用户（user）：用户可以自定义样式窗体，然后使浏览器根据此样式窗体显示 HTML 文件。
- 用户代理程序（user agent）：诸如浏览器等用户代理程序也会有默认的样式窗体。

以 Internet Explorer 为例，若要让它根据用户自定义的样式窗体显示 HTML 文件，可以选取 [工具]\[Internet选项]，然后按照下图操作。

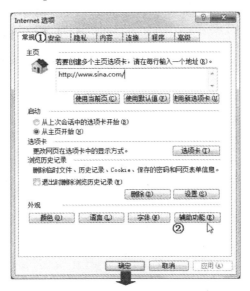

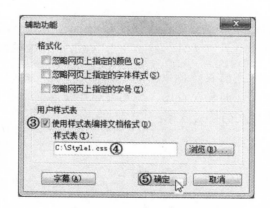

① 单击［常规］标签　②单击［辅助功能］　③ 勾选此项

④ 输入样式窗体的文件路径或单击［浏览］进行选取

⑤ 单击［确定］

原则上，不同来源的样式窗体会串接在一起，然而这些样式窗体却有可能会针对相同的 HTML 元素，甚至还会彼此冲突，比方说，作者将标题 1 的文字指定为红色，而用户或浏览器却将标题 1 的文字指定为其他颜色，此时需要一个规则来决定优先级，在没有特别指定的情况下，这三种样式窗体来源的层叠顺序（cascading order）如下（由高至低）：

1. 作者指定的样式窗体
2. 用户自定义的样式窗体
3. 浏览器默认的样式窗体

请注意，上面的层叠顺序是在没有特别指定的情况下才成立，事实上，HTML 文件的作者或用户可以在声明的后面加上 !important 关键词，提高样式窗体的层叠顺序，例如：

```
body {color: white; background: black !important}
```

一旦加上 !important 关键词，样式窗体的层叠顺序将变成如下（由高至低）：

1. 用户自定义且加上 !important 关键词的样式窗体
2. 作者指定且加上 !important 关键词的样式窗体
3. 作者指定的样式窗体
4. 用户自定义的样式窗体
5. 浏览器默认的样式窗体

我们在第 8-3 节介绍过，HTML 文件的作者可以通过下列四种方式链接 HTML 文件与 CSS 样式窗体，那么这四种方式的层叠顺序又是如何呢？

1. 在 HTML 文件的 <head> 元素里面嵌入样式窗体。
2. 使用 HTML 元素的 style 属性指定样式窗体。

3. 将样式窗体放在外部文件，然后使用 @import 指令导入 HTML 文件。

4. 将样式窗体放在外部文件，然后使用 <link> 元素链接至 HTML 文件。

答案是第二种方式的层叠顺序最高，而其他三种方式的层叠顺序则取决于定义的早晚，越晚定义的样式窗体，其层叠顺序就越高，也就是后来定义的样式窗体会覆盖先前定义的样式窗体。

习题

选择题

(   ) 1. 下列关于 HTML 与 CSS 的叙述哪一个是错误的？

    A．HTML 适合用来定义网页的内容，CSS 适合用来定义网页的外观

    B．CSS 样式窗体是由一条一条的样式规则所组成

    C．HTML 不会区分英文字母的大小写

    D．CSS 不会区分英文字母的大小写

(   ) 2. CSS 的注释符号是哪个？

    A. <!-- -->   B. //   C. /* */   D'.

(   ) 3. body {color:white} 的套用对象为下列哪一个？

    A. 索引标签   B. 网页主体   C. 标题 1   D. 段落

(   ) 4. 假设有下列四条规则，试问，哪两条规则可以合并成一条？

    (1)   p {color:blue}

    (2)   h2 {color:red}

    (3)   p {font-size:25px}

    (4)   h3 {color:green}

    A. (1)(2)   B. (3)(4)

    C. (2)(4)   D. (1)(3)

(   ) 5. 假设有下列四条规则，试问，哪三条规则可以合并成一条？

    (1)   p {color:blue}

    (2)   h2 {color:blue}

    (3)   p {font-size:25px}

    (4)   h3 {color:blue}

    A. (1)(2)(3)   B. (1)(3)(4)

    C. (1)(2)(4)   D. (2)(3)(4)

(   ) 6. 假设有下列三条规则，试问，在段落内的超链接文字颜色是什么？

    p {color:blue}   a {color:green}   p a {color:red}

    A. 蓝色   B. 绿色   C. 红色   D. 黄色

(   ) 7. 类选择器的命名格式是以下列哪个符号开头？

    A. *   B. .   C. !   D. #

（　　）8. 下列哪种选择器适合用来为网页的所有元素加上共同的样式？

        A. 属性选择器　　　　　　　　　　　B. 万用选择器

        C. 类选择器　　　　　　　　　　　　D. ID 选择器

（　　）9. 我们可以在 `<head>` 元素里面使用下列哪个元素嵌入样式窗体？

        A. `<style>`　　　　B. `<div>`　　　　C. `<span>`　　　　D. `<link>`

（　　）10. 我们可以使用下列哪个在 HTML 文件导入样式窗体文件？

        A. !important　　B. #using　　　C. `<link>`　　　D. @import

（　　）11. 写出下列三种样式窗体来源的层叠顺序（由高至低）：

        (1) 用户自定义的样式窗体

        (2) 浏览器默认的样式窗体

        (3) 作者指定的样式窗体

        A. (3)(1)(2)　　　B. (1)(2)(3)　　　C. (3)(2)(1)　　　D. (1)(3)(2)

（　　）12. 下列哪一个伪类可以针对获取焦点的元素定义样式规则？

        A. :enabled　　　B. :hover　　　C. :active　　　D. :focus

（　　）13. 下列哪个伪类可以针对尚未浏览的超链接定义样式规则？

        A. :visited　　　B. :disabled　　C. :link　　　D. :not()

（　　）14. 下列哪个属性选择器可以将样式规则套用在以空格符隔开并包含 val 的元素？

        A. [att |= val]　　　　　　　　　　B. [att ~= val]

        C. [att *= val]　　　　　　　　　　D. [att = val]

第 ___9___ 章

字体、文本与列表属性

9-1　字体属性

在本节中，我们将介绍常用的字体属性（font property），其中标记 **3** 者为 CSS3 新增的属性：

- font-family：指定 HTML 元素的文字字体。
- font-size：指定 HTML 元素的文字大小。
- font-style：指定 HTML 元素的文字为正常 / 斜体 / 粗体。
- font-weight：指定 HTML 元素的文字粗细。
- line-height：指定 HTML 元素的行高。
- font-variant：指定 HTML 元素的文字为正常 / 小号大写字母。
- font-stretch **3**：指定 HTML 元素的文字延展。
- font-size-adjust **3**：指定 HTML 元素的字体长宽比。
- font：前述字体属性简便的表示法。

此外，我们还会介绍 CSS3 新增的 @font-face **3** 规则，用来指定使用服务器端安装的字体。

这些 CSS3 新增的字体属性与规则属于 CSS Fonts Level 3 模块，该模块目前处于建议推荐（PR，Proposed Recommendation）阶段，详细的规格可以参考 CSS3 官方文件 http://www.w3.org/TR/css3-fonts/。

9-1-1　font-family（文字字体）

系统默认的字体通常是"细明体"或"新细明体"，但这往往无法满足网页设计人员的需求，为了营造网页的整体风格，还得细心挑选速配的字体才行，此时，可以使用 font-family 属性指定 HTML 元素的文字字体，其语法如下：

```
font-family: 字体名称 1[, 字体名称 2[, 字体名称 3...]]
```

我们可以一次指定多种字体，中间以逗号隔开，越早指定的字体，其优先级就越高，例如下面的样式规则是将段落的文字字体指定为"华康细圆体"，若客户端没有安装此字体，就指定为第二顺位的"标楷体"，若客户端仍没有安装此字体，就指定为系统默认的字体：

```
p {font-family: 华康细圆体 , 标楷体 }
```

下面举一个例子，当客户端没有安装"华康细圆体"时，将会以 Windows 操作系统内建的"标楷体"来显示段落的文字，如下图所示。

```html
<!doctype html>
<html>
  <head>
    <meta charset="utf-8">
    <title> 唐诗欣赏 </title>
    <style>
      p {font-family: 华康细圆体 ， 标楷体 }
    </style>
  </head>
  <body>
    <h1> 嫦娥 </h1>
    <p> 云母屏风烛影深，长河渐落晓星沉。<br>
        嫦娥应悔偷灵药，碧海青天夜夜心。</p>
  </body>
</html>
```

<\Ch09\font1.html>

9-1-2　font-size（字体大小）

我们可以使用 font-size 属性指定 HTML 元素的字体大小，其语法如下，设定值有"长度"（length）、"绝对大小"（absolute-size）、"相对大小"（relative-size）、"百分比"（percentage）等四种指定方式：

font-size: *长度* | *绝对大小* | *相对大小* | *百分比*

虽然 HTML 提供的 <font> 和 <basefont> 元素可以用来指定文字的字体、大小与颜色，不过，W3C 已经将这两个元素标记为 Deprecated（建议勿用），并鼓励网页设计人员改用 CSS 提供的属性来取代它。

以长度指定字体大小

以长度指定字体大小是相当直观的方式，但要注意其度量单位，例如下面的第一个样式规则是将段落的字体大小指定为 10 像素（pixel），而第二个样式规则是将标题 1 的字体大小指定为 1 厘米：

```css
p {font-size:10px}
h1 {font-size:1cm}
```

CSS 支持的度量单位如下表，其中以 px（像素）最常用，负数则是不合法的。

度量单位	说明
px	像素（pixel）
pt	点（point），1 点相当于 1/72 英寸
pc	pica，1 pica 相当于 1/6 英寸
em	所使用字体的大写英文字母 M 的宽度
ex	所使用字体的小写英文字母 x 的高度
in	英寸（inch）
cm	厘米（公分）
mm	毫米（公厘）

以绝对大小指定字体大小

CSS 默认定义的绝对大小有 xx-small、x-small、small、medium（默认值）、large、x-large、xx-large 等 7 级大小，这些默认值与 HTML 字号的对照如下表。

CSS 绝对大小默认值	xx-small	x-small	small	medium	large	x-large	xx-large	--
HTML 字号	1	--	2	3	4	5	6	7

原则上，这 7 级大小是以 medium 为基准，每跳一级就缩小或放大 1.2 倍（在 CSS1 中，则为 1.5 倍），而 medium 可能是浏览器默认的字体大小或当前的字体大小，例如下面的样式规则是将标题 1 的字体大小指定为 xx-large：

```
h1 {font-size: xx-large}
```

以相对大小指定文字大小

除了 CSS 默认定义的 7 级大小之外，我们也可以使用相对大小来指定字体大小，CSS 提供的相对大小有 smaller 和 larger 两个默认值，分别表示比当前的字体大小缩小一级或放大一级。

举例来说，假设标题 1 当前的字体大小为 large，那么下面的样式规则是将标题 1 的字体大小指定为 large 放大一级，也就是 x-large：

```
h1 {font-size:larger}
```

以百分比指定字体大小

我们也可以使用百分比来指定字体大小，这是以当前的字体大小作为基准。举例来说，假设段落当前的字体大小为 20px，那么下面的样式规则是将段落的字体大小指定为 20px × 75% = 15px：

```
p {font-size: 75%}
```

下面举一个例子，它会示范不同的字体大小。

```
<p style="font-size:20px"> 生日快乐 Happy Birthday</p>
<p style="font-size:20pt"> 生日快乐 Happy Birthday</p>
<p style="font-size:1cm"> 生日快乐 Happy Birthday</p>
<p style="font-size:xx-small"> 生日快乐 Happy Birthday</p>
<p style="font-size:x-small"> 生日快乐 Happy Birthday</p>
<p style="font-size:small"> 生日快乐 Happy Birthday</p>
<p style="font-size:medium"> 生日快乐 Happy Birthday</p>
<p style="font-size:large"> 生日快乐 Happy Birthday</p>
<p style="font-size:x-large"> 生日快乐 Happy Birthday</p>
<p style="font-size:xx-large"> 生日快乐 Happy Birthday</p>
```

<\Ch09\font2.html>

① 20px   ② 20pt   ③ 1cm   ④ xx-small   ⑤ x-small

⑥ small   ⑦ medium   ⑧ large   ⑨ x-large   ⑩ xx-large

9-1-3　font-style（正常／斜体／粗体）

我们可以使用 font-style 属性指定 HTML 元素的字体为正常、斜体或粗体，其语法如下，normal 表示正常（默认值），italic 表示斜体，oblique 表示粗体：

```
font-style:normal | italic | oblique
```

下面是一个例子，其中第 07 行的样式规则是将段落的文字指定为斜体。

```
01:<!doctype html>
02:<html>
03:  <head>
04:    <meta charset="utf-8">
```

```
05:    <title> 唐诗欣赏 </title>
06:    <style>
07:     p {font-style:italic}    ①
08:    </style>
09:  </head>
10:  <body>
11:    <h1> 嫦娥 </h1>
12:    <p> 云母屏风烛影深，长河渐落晓星沉。<br>
13:       嫦娥应悔偷灵药，碧海青天夜夜心。</p>
14:  </body>
15:</html>
```

<\Ch09\font3.html>

①使用 font-style 属性指定段落为斜体   ②浏览结果

9-1-4　font-weight（字体粗细）

我们可以使用 font-weight 属性指定 HTML 元素的字体粗细，其语法如下：

```
font-weight: normal | bold | bolder | lighter | 100 | 200 | 300 | 400 | 500
| 600 | 700 | 800 | 900
```

font-weight 属性的设置值可以归纳为下列两种类型：

- 绝对粗细：normal 表示正常（默认值），bold 表示加粗，另外还有 100、200、300、400（相当于 normal）、500、600、700（相当于 bold）、800、900 等 9 个等级，数字越大，字体就越粗。
- 相对粗细：bolder 和 lighter 所呈现的字体粗细是相对于当前的文字粗细而言，bolder 表示更粗，lighter 表示更细。

下面举一个例子，您可以仔细观察一下浏览结果。

```
<body>
  <h1 style="font-weight:bold">Hello World!</h1>
  <h1 style="font-weight:normal">Hello World!</h1>
  <h1 style="font-weight:bolder">Hello World!</h1>
</body>
```

<\Ch09\font4.html>

①bold   ②normal   ③bolder

9-1-5   line-height（行高）

我们可以使用 line-height 属性指定 HTML 元素的行高，其语法如下：

```
line-height: normal  | 数字  | 长度  | 百分比
```

- normal：例如 line-height: normal 表示正常行高，此为默认值。
- *数字*：使用数字指定几倍行高，例如 line-height: 2 表示两倍行高。
- *长度*：使用 px、pt、pc、em、ex、in、cm、mm 等度量单位指定行高，例如 line-height: 20px 表示行高为 20 像素。
- 百分比：例如 line-height: 150% 表示行高为当前行的 1.5 倍。

下面举一个例子，您可以仔细观察一下浏览结果。

```
<body>
  <p style="line-height:normal"> 云母屏风烛影深，长河渐落晓星沉。<br>
    嫦娥应悔偷灵药，碧海青天夜夜心。</p>
  <p style="line-height:2"> 冰簟银床梦不成，碧天如水夜云轻。<br>
    雁声远过潇湘去，十二楼中月自明。</p>
</body>
```

<\Ch09\font5.html>

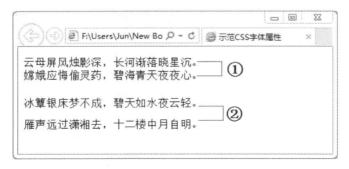

①正常行高   ②两倍行高

9-1-6　font-stretch（字体延展）

我们可以使用 CSS3 新增的 font-stretch ▣ 属性指定 HTML 元素的字体延展，其语法如下：

```
font-stretch:ultra-condensed | extra-condensed | condensed | semi-condensed
| normal |
   semi-expanded | expanded | extra-expanded | ultra-expanded
```

这些设置值的延展宽度是由窄到宽，默认值为 normal，表示标准宽度。不过，当前主要浏览器尚未实现这个功能，下图取材自官方网站，供您参考（http://www.w3.org/TR/css3-fonts/#font-stretch-prop）。

condensed　　normal　　expanded

9-1-7　font-size-adjust（字体长宽比）

我们可以使用 CSS3 新增的 font-size-adjust ▣ 属性指定 HTML 元素的字体长宽比，以搭配版面设计将字体拉高或压扁，其语法如下：

```
font-size-adjust: none | 数字
```

默认值为 none，数字为字体长宽比，例如 Times New Roman、Comic Snas MS、Georgia 等字体的长宽比约 0.45、0.56、0.48。不过，当前主要浏览器尚未实现这个功能。

9-1-8　@font-face（使用服务器端的字体）

CSS2.1 只能在网页上显示客户端安装的字体，而 CSS3 则新增 @font-face ▣ 规则，用来指定使用服务器端安装的字体，例如：

```
@font-face {
  font-family:Gentium;
  src:url(http://example.com/fonts/Gentium.ttf);
}
```

9-1-9　font（字体属性简便表示法）

font 属性是综合了 font-style、font-weight、font-stretch、font-size、line-height、font-family 等字体属性的简便表示法（shorthand），其语法如下：

```
font:[[font-style 属性值 | font-weight 属性值 | font-variant-css21 属性值 |
font-stretch 属性值 ] font-size 属性值 [/line-height 属性值 ] font-family 属性值 ]
   | caption | icon | menu | message-box | small-caption | status-bar
```

这些属性值的中间以空格符隔开，省略不写的属性值将会根据属性的类型采用其默认值，其中 font-variant-css21 指的是 CSS2.1 提供的 font-variant 属性，用来指定 HTML 元素的字体为正常或小号大写字母，其语法如下，normal 表示正常（默认值），small-caps 表示小号大写字母，也就是以较小的字体但大写的方式来显示小写的英文字母，虽然 CSS3 没有纳入此属性，但还是可以使用：

```
font-variant:normal | small-caps
```

此外，caption、icon、menu、message-box、small-caption、status-bar 等值则是参照系统字体，分别代表按钮等控件、图示标签、菜单、对话框、小控制项、状态栏的字体。

下面是一些例子：

```
01:  p {font: 12px/14px 标楷体 }
02:  p {font:x-large "Times New Roman", "Arial Black"}
03:  p {font: italic bold large 新细明体 }
```

- 01：指定段落的字体大小为 12 像素、行高为 14 像素、文字字体为标楷体。
- 02：指定段落的字体大小为 x-large、文字字体为 Times New Roman 和 Arial Black。请注意，若字体名称包含英文字母、阿拉伯数字（0~9）、减号（-）或小数点（.）以外的字符，那么字体名称前后必须加上双引号或单引号（例如 font-family:"Times New Roman"），否则会找不到字体。
- 03：指定段落的字体样式为 italic（斜体）、字体粗细为 bold（加粗）、字体大小为 large、文字字体为新细明体。

随堂练习

使用第 9-1-9 节所介绍的 font 属性完成如下网页。

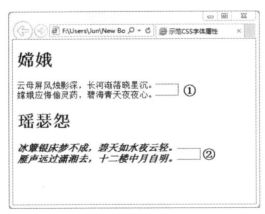

　①默认的段落文字样式　　　　②斜体、加粗、large 大小、标楷体

提示：

```
<body>
  <h1> 嫦娥 </h1>
```

```
    <p> 云母屏风烛影深，长河渐落晓星沉。<br>
    嫦娥应悔偷灵药，碧海青天夜夜心。</p>
    <h1> 瑶瑟怨 </h1>
    <p style="font:italic bold large 标楷体 "> 冰簟银床梦不成，碧天如水夜云轻。<br>
    雁声远过潇湘去，十二楼中月自明。</p>
</body>
```

<\Ch09\font6.html>

9-2　文本属性

在本节中，我们将介绍常用的文本属性（text property，或文字属性），其中标记 **3** 者为 CSS3 新增的属性：

- text-indent：指定 HTML 元素的首行缩排。
- text-align：指定 HTML 元素的文本对齐方式。
- letter-spacing：指定 HTML 元素的字母间距。
- word-spacing：指定 HTML 元素的文字间距。
- text-transform：指定 HTML 元素的大小写转换方式（首字大写、全部大写、全部小写、全角文字）。
- white-space：指定 HTML 元素的换行、定位点 / 空白、自动换行的显示方式。
- text-decoration：指定 HTML 元素的文字装饰（顶线、底线、删除线、闪烁）。
- text-shadow **3**：指定 HTML 元素的文字阴影。
- text-decoration-line、text-decoration-color、text-decoration-style、text-underline-position **3**：指定 HTML 元素的线条装饰。
- text-emphasis-style、text-emphasis-color、text-emphasis、text-emphasis-position **3**：指定 HTML 元素的强调标记。

后面三组文本属性属于 CSS Text Decoration Module Level 3 模块，该模块目前处于建议推荐（PR，Proposed Recommendation）阶段，详细的规格可以参考 CSS3 官方文件 http://www.w3.org/TR/css-text-decor-3/；其他文本属性属于 CSS Text Level 3 模块，该模块目前处于候选推荐（CR，Candidate Recommendation）阶段，详细的规格可以参考 CSS3 官方文件 http://www.w3.org/TR/css3-text/。此外，CSS Text Level 3 模块还有一些属性正在测试中，例如 tab-size、line-break、word-break、word-wrap、overflow-wrap、hyphens、text-align-last、text-justify 等 **3**。

9-2-1　text-indent（首行缩排）

我们可以使用 text-indent 属性指定 HTML 元素的首行缩排，其语法如下：

```
text-indent: 长度 | 百分比
```

- *长度*：使用 px、pt、pc、em、ex、in、cm、mm 等度量单位指定首行缩排的长度，属于固定长度，例如下面的样式规则是将段落的首行缩排指定为 20 像素：

```
p {text-indent:20px}
```

● *百分比*：使用百分比指定首行缩排占区块宽度的比例，例如下面的样式规则是将段落的首行缩排指定为区块宽度的 10%：

```
p {text-indent:10%}
```

下面举一个例子。

```
<h1> 蝶恋花 </h1>  ①
<p style="text-indent: 1cm" > 庭院深深深几许？杨柳堆烟，帘幕无重数。
玉勒雕鞍游冶处，楼高不见章台路。雨横风狂三月暮，门掩黄昏，
无计留春住。泪眼问花花不语，乱红飞过秋千去。</p>
```

<\Ch09\text1.html>

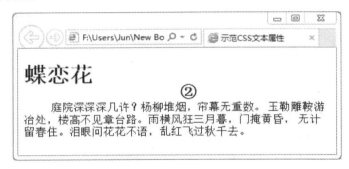

①指定首行缩排为 1 厘米　　②浏览结果

9-2-2　text-align（文本对齐方式）

我们可以使用 text-align 属性指定 HTML 元素的文本对齐方式，其语法如下：

```
text-align: start | end | left | right | center | justify | match-parent |
start end ·
```

除了 CSS2.1 提供的 left（靠左）、right（靠右）、center（居中）、justify（左右对齐）等设置值，CSS3 还新增了 match-parent（继承自父元素的对齐方式）、start（对齐一行的开头）、end（对齐一行的结尾）、start end（对齐一行的头尾）等设置值，文本方向从左到右的默认值为 left。

下面举一个例子。

```
<!doctype html>
<html>
  <head>
    <meta charset="utf-8">
    <title> 示范 CSS 文本属性 </title>
  </head>
```

```
<body>
  <p style="text-align:left"> 生日快乐Happy Birthday 圣诞快乐Merry Christmas</p>
  <p style="text-align:right"> 生日快乐Happy Birthday 圣诞快乐Merry Christmas</p>
  <p style="text-align:center"> 生日快乐Happy Birthday 圣诞快乐Merry Christmas</p>
</body>
</html>
```

<\Ch09\text2.html>

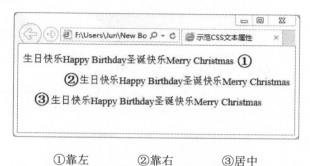

①靠左　　　②靠右　　　③居中

9-2-3　letter-spacing（字母间距）

我们可以使用 letter-spacing 属性指定 HTML 元素的字母间距，其语法如下：

```
letter-spacing: normal | 长度
```

letter-spacing 属性的设置值有下列两种指定方式：

- normal：例如 letter-spacing:normal 表示正常的字母间距，此为默认值。
- *长度*：使用 px、pt、pc、em、ex、in、cm、mm 等度量单位指定字母间距的长度，例如 letter-spacing:3px 表示字母间距为 3 像素。

下面举一个例子。

```
<!doctype html>
<html>
  <head>
    <meta charset="utf-8">
    <title> 示范 CSS 文本属性 </title>
  </head>
  <body>
    <p style="letter-spacing:normal">Happy Birthday to You!</p>
    <p style="letter-spacing:3px">Happy Birthday to You!</p>
    <p style="letter-spacing:0.25cm">Happy Birthday to You!</p>
  </body>
</html>
```

<\Ch09\text3.html>

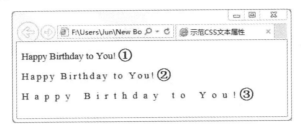

①正常的字母间距　　②字母间距为 3 像素　　③字母间距为 0.25 厘米

9-2-4　word-spacing（文字间距）

我们可以使用 word-spacing 属性指定 HTML 元素的文字间距，其语法如下，请注意，"文字间距"是单词与单词之间的距离，而"字母间距"是字母与字母之间的距离，以 I am Jen 为例，I、am、Jen 为单词，而 I、a、m、J、e、n 为字母：

```
word-spacing: normal ｜ 长度 ｜ 百分比
```

word-spacing 属性的设置值和 letter-spacing 属性一样，normal 表示正常的文字间距（默认值），或者，也可以使用 px、pt、pc、em、ex、in、cm、mm 等度量单位指定文字间距的长度。此外，CSS3 新增了百分比指定方式 ⬛，例如 word-spacing:100% 表示文字间距为当前文字间距的两倍，下面举一个例子。

```
<!doctype html>
<html>
  <head>
    <meta charset="utf-8">
    <title> 示范 CSS 文本属性 </title>
  </head>
  <body>
    <p style="word-spacing:normal">Happy Birthday to You!</p>
    <p style="word-spacing:3px">Happy Birthday to You!</p>
    <p style="word-spacing:0.25cm">Happy Birthday to You!</p> </body>
</html>
```

<\Ch09\text4.html>

①正常的单词间距　　②单词间距为 3 像素　　③单词间距为 0.25 厘米

9-2-5　text-transform（大小写转换方式）

我们可以使用 text-transform 属性指定 HTML 元素的大小写转换方式，其语法如下，none 表示无（默认值），capitalize 表示单词的第一个字母大写，uppercase 表示全部大写，lowercase 表示全部小写，full-width 表示全角字符，其中 full-width 是 CSS3 新增的设置值**3**：

```
text-transform:none | capitalize | uppercase | lowercase | full-width
```

下面举一个例子。

```html
<!doctype html>
<html>
  <head>
    <meta charset="utf-8">
    <title> 示范 CSS 文本属性 </title>
  </head>
  <body>
    <p style="text-transform:none">Happy Birthday to You!</p>
    <p style="text-transform:capitalize">Happy Birthday to You!</p>
    <p style="text-transform:uppercase">Happy Birthday to You!</p>
    <p style="text-transform:lowercase">Happy Birthday to You!</p>
  </body>
</html>
```

<\Ch09\text5.html>

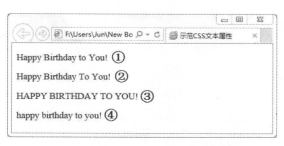

①默认值 none　　　②首字母大写　　　③全部大写　　④全部小写

9-2-6　white-space（空格符）

我们可以使用 white-space 属性指定 HTML 元素的换行、定位点 / 空白、自动换行的显示方式，其语法如下：

```
white-space: normal | pre | nowrap | pre-wrap | pre-line
```

这些设置值的显示方式如下表，Yes 表示会显示在网页上，No 表示不会。

	换行	定位点 / 空格	自动换行
normal	No	No	Yes
pre	Yes	Yes	No
nowrap	No	No	No
pre-wrap	Yes	Yes	Yes
Pre-line	Yes	No	Yes

```html
<p style="white-space:pre">
void main( )      ①
{
    printf("Hello World!\n");
}
</p>
```

<\Ch09\text6.html>

①指定使用 pre 设置值   ②换行与定位点/空格都会显示在网页上

9-2-7　text-shadow（文本阴影）

我们可以使用 CSS3 新增的 text-shadow ③ 属性指定 HTML 元素的文本阴影，其语法如下，none 表示无，"水平位移"是阴影在水平方向的位移为几个像素，"垂直位移"是阴影在垂直方向的位移为几个像素，"模糊"是阴影的模糊轮廓为几个像素，"颜色"是指阴影的颜色，而且可以指定多重阴影，中间以逗号隔开：

```
text-shadow: none | [[ 水平位移 垂直位移 模糊 颜色 ] [,...]]
```

下面举一个例子。

```html
<!doctype html>
<html>
  <head>
    <meta charset="utf-8">
    <title> 示范 CSS 文本属性 </title>
  </head>
  <body>
    <h1 style="text-shadow:12px 8px 5px orange">Hello World!</h1>
    <h1 style="text-shadow:10px 10px 2px gray, 20px 20px 2px silver">Hello
```

```
World!</h1>
    </body>
  </html>
```

<\Ch09\text7.html>

①阴影的水平位移、垂直位移、模糊、颜色为 12px、8px、5px、橘色

②两层阴影

9-2-8　　text-decoration-line 、 text-decoration-color 、 text-decoration-style 、 text-underline-position、text-decoration-skip、text-decoration（线条装饰）

虽然 CSS3 新增数个线条装饰（line decoration）属性，但目前主要的浏览器尚未实现这几个的功能，因此，我们先来介绍如何使用 CSS2.1 提供的 text-decoration 属性，指定 HTML 元素的线条装饰，其语法如下，有 none（无）、underline（底线）、overline（顶线）、line-through（删除线）、 blink（闪烁）等设置值，默认值为 none：

```
text-decoration : none | underline | overline | line-through | blink
```

下面举一个例子。

```
<!doctype html>
<html>
  <head>
    <meta charset="utf-8">
    <title> 示范 CSS 文本属性 </title>
  </head>
  <body>
    <p style="text-decoration:none"> 临江仙 </p>
    <p style="text-decoration:underline"> 临江仙 </p>
    <p style="text-decoration:overline"> 临江仙 </p>
    <p style="text-decoration:line-through"> 临江仙 </p> </body>
</html>
```

<\Ch09\text8.html>

①none（无）　②underline（底线）　③Overline（顶线）　④Line-throught（删除线）

CSS3 新增下列线条装饰属性：

- text-decoration-line ***⊟***：指定 HTML 元素的文字装饰线条，其语法如下：

```
text-decoration-line:none | [underline || overline || line-through || blink]
```

- text-decoration-color ***⊟***：指定 HTML 元素的文字装饰颜色，其语法如下：

```
text-decoration-color: 颜色
```

- text-decoration-style ***⊟***：指定 HTML 元素的文字装饰样式，其语法如下：

```
text-decoration-style : solid | double | dotted | dashed | wavy
```

- text-decoration-skip ***⊟***：指定 HTML 元素的文字装饰略过哪些内容，其语法如下：

```
text-decoration-skip : none | [objects || spaces || ink || edges ||
box-decoration]
```

- text-underline-position ***⊟***：指定 HTML 元素的文字底线位置，其语法如下：

```
text-underline-position : auto | [under || [left | right]]
```

下图是 auto、under、left、right 等设置值的示范效果，取材自 CSS3 官方文件供您参考（http://www.w3.org/TR/css-text-decor-3/）。

<u>alphabetic</u>　　<u>under (accounting)</u>　　月火水Abc　月火水Abc

- text-decoration ***⊟***：综合了 text-decoration-line、text-decoration-style、text-decoration-color 等线条装饰属性的简便表示法，其语法如下：

```
text-decoration:text-decoration-line 属性值|text-decoration-style 属性值
|text-decoration-color 属性值
```

9-2-9　text-emphasis-style、text-emphasis-color、text-emphasis、text-emphasis-position（强调标记）

CSS3 新增下列强调标记属性，不过，目前主要的浏览器尚未实现这些功能：

- text-emphasis-style 3：指定 HTML 元素的强调标记样式，其语法如下：

```
text-emphasis-style:none | [[filled | open] || [dot | circle | double-circle
| triangle | sesame]] |字符串
```

下图是在中间四个文字指定强调标记样式为 filled circle 的示范效果，取材自 CSS3 官方文件供您参考。

るびと圏点を同時

- text-emphasis-color 3：指定 HTML 元素的强调标记颜色，其语法如下：

```
text-emphasis-color : 颜色
```

- text-emphasis 3：前述的强调标记样式与颜色属性的简便表示法，其语法如下：

```
text-emphasis: text-emphasis-style 属性值 | text-emphasis-color 属性值
```

- text-emphasis-position 3：指定 HTML 元素的强调标记位置，其语法如下：

```
text-emphasis-position : [over | under] && [right | left]
```

下图是在中间三个文字指定强调标记位置为 over right 的示范效果，取材自 CSS3 官方文件供您参考。

これは日本語の文章です。

9-3　列表属性

CSS2.1 提供了 list-style-type、list-style-image、list-style-position、list-style 等列表属性（list property），用来指定项目符号与编号类型、图片项目符号的图文件名称、项目符号与编号位置及列表属性的简便表示法。

虽然 HTML 提供的 <ul>、<ol>、<li> 等元素可以用来指定项目符号与编号，但变化不如 CSS 提供的列表属性丰富，建议您改用 CSS。

此外，CSS3 也针对列表属性提出了 CSS Lists Level 3 模块，该模块目前尚在工作草案阶段，有兴趣的读者可以参考 CSS3 官方文件 http://www.w3.org/TR/ css3-lists/。

9-3-1　list-style-type（项目符号与编号类型）

我们可以使用 list-style-type 属性指定列表的项目符号与编号类型，其语法如下，默认值为 disc，表示实心圆点：

```
list-style-type:disc | circle | square | none | 编号
```

list-style-type属性值可以归纳为"项目符号"与"编号"两种类型，以下就为您进行说明。

项目符号

项目符号类型的列表是采取无顺序的图案作为项目符号，其设置值如下表。

设置值	说明
disc（默认值）	实心圆点●
circle	空心圆点○
square	实心方块■
none	不显示项目符号

下面举一个例子，其中第 11 ~ 16 行定义了一个包含四个项目的列表，项目符号则是由第 07 行的样式规则指定为 square，即实心方块，且该实心方块不会随项目文字的放大或缩小而改变大小。

```
01:<!doctype html>
02:<html>
03: <head>
04:   <meta charset="utf-8">
05:   <title> 示范 CSS 列表属性 </title>
06:   <style>
07:     ul {list-style-type: square}    ①
08:   </style>
09: </head>
10: <body>
11:   <ul>
12:     <li> 射雕英雄传 </li>
13:     <li> 天龙八部 </li>
14:     <li> 倚天屠龙记 </li>
15:     <li> 鹿鼎记 </li>
16:   </ul>
17: </body>
18:</html>
```

<\Ch09\list1.html>

①指定项目符号为实心方块　　②浏览结果

若将第 07 行改写成如下，令 list-style-type 属性的值为 circle，浏览结果会得到空心圆点的项目符号：

```
07:     ul {list-style-type:circle}
```

编号

编号类型的列表是采取有顺序的编号，其设置值如下表。

设置值	说明
dimal（默认值）	从 1 开始的阿拉伯数字，例如 1、2、3、4、5...
decimal-leading-zero	前面冠上 0 的阿拉伯数字，例如 01、02、03、...、97、98、99
lower-roman	小写罗马数字，例如 i、ii、iii、iv、v...
upper-roman	大写罗马数字，例如 I、II、III、IV、V...
georgian	传统乔治亚数字，例如 an、ban、gan、...、he、tan、in、in-an...
armenian	传统亚美尼亚数字
lower-alpha、lower-latin	小写英文字母，例如 a、b、c、...、z
upper-alpha、upper-latin	大写英文字母，例如 A、B、C、...、Z
lower-greek	小写希腊字母，例如 α、β、γ...

注：还有一些是 CSS2.1 不支持的，但 CSS3 支持的设置值，例如 hebrew（希伯来数字）、cjk-ideographic（中文数字）、hiragana（平假名）、katakana（片假名）等。

下面是一个例子，其中第 11～16 行定义了一个包含四个项目的列表，编号则是由第 07 行的样式规则指定为 deciaml，即从 1 开始的阿拉伯数字。

```
01:<!doctype html>
02:<html>
03: <head>
04:    <meta charset="utf-8">
05:    <title> 示范 CSS 列表属性 </title>
06:    <style>
07:      ol {list-style-type:decimal}      ①
08:    </style>
09: </head>
10: <body>
11:    <ol>
12:      <li> 射雕英雄传 </li>
```

```
13:      <li> 天龙八部 </li>
14:      <li> 倚天屠龙记 </li>
15:      <li> 鹿鼎记 </li>
16:    </ol>
17: </body>
18:</html>
```

<\Ch09\list2.html>

①指定编号为阿拉伯数字   ②浏览结果

若将第 07 行改写成如下，令 list-style-type 属性的值为 lower-alpha，就会得到小写英文字母的编号方式，浏览结果如下图：

```
07:      ol {list-style-type: lower-alpha}
```

- 我们知道，lower-alpha 编号方式会以 a、b、c、....、z 进行编号，可是若遇到超过 26 个项目的情况，怎么办呢？此时会自动在前面多加上一个 a 并继续编号下去，即 a、b、c、....、z、aa、ab、ac、....、az，依此类推；同理，若 upper-alpha 编号方式遇到超过 26 个项目的情况，会自动在前面多加上一个 A 并继续编号下去，即 A、B、C、....、Z、AA、AB、AC、....、AZ，依此类推。

- 虽然 CSS2.1 针对 list-style-type 属性定义了十余种编号方式，但事实上，浏览器却不一定支持 decimal-leading-zero、georgian、armenian、lower-latin、upper-latin、lower-greek 等特殊的编号方式，因此，建议您最好选择多数浏览器支持的编号方式，而且要以浏览器进行实际测试，若您选择了浏览器不支持的编号方式，则默认会显示成阿拉伯数字，即 decimal。

9-3-2　list-style-image（图片项目符号）

除了使用前一节所介绍的项目符号与编号，我们也可以使用 list-style-image 属性指定图片项目符号的图片文件名称，其语法如下，默认值为 none（无）：

```
list-style-image:none | url（图片名称）
```

下面举一个例子，其中第 11～16 行定义了一个包含四个项目的列表，项目符号则是由第 07 行的样式规则指定为 blockgrn.gif 图片文件，即 ▨。

```
01:<!doctype html>
02:<html>
03:  <head>
04:    <meta charset="utf-8">
05:    <title> 示范 CSS 列表属性 </title>
06:    <style>
07:  ul {list-style-image:url(blockgrn.gif)}    ①
08:    </style>
09:  </head>
10:  <body>
11:    <ul>
12:      <li> 射雕英雄传 </li>
13: <li> 天龙八部 </li>
14: <li> 倚天屠龙记 </li>
15: <li> 鹿鼎记 </li>
16:    </ul>
17:  </body>
18:</html>
```

<\Ch09\list3.html>

①指定项目符号为 blockgrn.gif 图片文件　　②浏览结果

9-3-3　list-style-position（项目符号与编号位置）

在默认的情况下，项目符号与编号均位于项目文本块的外部，但有时我们可能会希望将项目符号与编号纳入项目文本块，此时可以使用 list-style-position 属性指定项目符号与编号位置，其语法如下，默认值为 outside，表示项目文本块的外部，而 inside 表示项目文本块的内部：

```
list-style-position:outside | inside
```

下面举一个例子。

```
01:<!doctype html>
02:<html>
03:  <head>
04:    <meta charset="utf-8">
05:    <title> 示范 CSS 列表属性 </title>
06:    <style>
07:      ul {list-style:outside}
08:      ul.compact {list-style:inside}
09:    </style>
10:  </head>
11:  <body>
12:    <ul>
13:      <li> 台湾野鸟 </li>
14:    </ul>
15:    <ul class="compact">
16:      <li> 黑面琵鹭最早的栖息地是韩国及中国的北方沿海，但近年来它们觅着
17:          了一个新的栖息地，那就是宝岛台湾的曾文溪口沼泽地。</li>
18:      <li> 八色鸟在每年的夏天会从东南亚地区飞到台湾繁殖下一代，由于羽色
19:          艳丽（八种颜色），可以说是山林中的漂亮宝贝。</li>
20:    </ul>
21:  </body>
22:</html>
```

<\Ch09\list4.html>

这个例子的浏览结果如下图，请您仔细比较 list-style-position 属性为 outside 和 inside 的区别，两者除了项目符号的位置不同之外，间距也不相同。

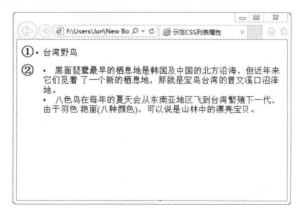

①项目符号位于项目文本块的外部　②项目符号位于项目文本块的内部

- 07：针对 <ul> 元素定义一个样式规则，将项目符号放在项目文本块的外部。
- 08：针对 class 属性为 "compact" 的 <ul> 元素定义一个样式规则，将项目符号放在项目文本块的内部。
- 12～14：这个项目符号列表将套用第 07 行所定义的样式规则。
- 15～20：这个项目符号列表将套用第 08 行所定义的样式规则，因为其 <ul> 元素的 class 属性为 "compact"。

9-3-4　list-style（列表属性的简便表示法）

list-style 属性是综合了 list-style-type、list-style-image、list-style-position 等列表属性的简便表示法，其语法如下，若属性值不止一个，中间以空格符隔开即可，同时没有顺序之分，默认值则根据各自的属性而定：

```
list-style: 属性值 1 [ 属性值 2 [...]]
```

下面是一些例子：

```
01:ol {list-style:upper-roman inside}
02:ul {list-style:square outside}
03:ul {list-style:url(blockred.gif) circle}
04:ul {list-style:none}
```

- 01：指定 <ol> 元素的编号方式为大写罗马数字，而且编号位于编号文本块的内部。
- 02：指定 <ul> 元素的项目符号为实心方块，而且项目符号位于项目文本块的外部。
- 03：指定 < ul > 元素的项目符号为 blockred.gif 图片文件，若找不到此图片文件，就采用第二顺位的空心圆点。
- 04：这个样式规则虽然只有一个属性值 none，但会同时适用于 list-style-type 和 list-style-image 属性，故 <ul> 元素的项目文字前面不会显示任何项目符号，但仍会缩排，就像隐形的项目符号。

习题

一、选择题

（　　）1. 下列哪种指定字体大小的方式错误？
　　　　　A. font-size:xxx-large　　　　　B. font-size:larger
　　　　　C. font-size:200%　　　　　　　D. font-size:20px

（　　）2. 下列哪个语句可以将字体指定为斜体？
　　　　　A. font-weight:italic　　　　　B. font-style:italic
　　　　　C. font-style:oblique　　　　　D. font-variant:small-caps

（　　）3. line-height:1.5 的含义是什么？
　　　　　A. 行距为当前行距的 1.5 倍　　B. 行高为 1.5 倍行高
　　　　　C. 字体粗细为当前字体的 150%　D. 字距为当前字距的 1.5 倍

（　　　）4. 若要指定英文单词与单词之间的距离，可以使用下列哪个属性？

       A. white-space　　　　　　　　　　B. letter-spacing

       C. word-spacing　　　　　　　　　　D. text-indent

（　　　）5. 以 p {font:italic bold 120%/200% 华康细明体} 为例，试问，里面的 200% 代表的是下列哪一个？

       A. 字体大小　　　　　　　　　　　B. 字距

       C. 字体粗细　　　　　　　　　　　D. 行高

（　　　）6. 下列哪个语句可以将 HTML 元素的文本对齐方式指定为左右对齐？

       A. text-indent:justify　　　　　　　　B. vertical-align:justify

       C. text-align:center　　　　　　　　　D. text-align:justify

（　　　）7. 下列哪个语句可以将 HTML 元素的文字加上删除线？

       A. text-decoration:line-through　　　　B. text-decoration:overline

       C. text-decoration:blink　　　　　　　D. text-decoration:underline

（　　　）8. 下列叙述哪一个是错误的？

       A. list-style-type:01.gif 可以将项目符号指定为图片文件 01.gif

       B. list-style:decimal 会显示 1、2、4、4、5... 的编号

       C. ul {list-style:none} 表示 <ul> 元素的项目不会加上项目符号

       D. list-style-position:inside 会将项目符号显示在项目文本块的内部

二、匹配题

（　　　）1. 指定强调标记　　　　　　　　　A. font-style

（　　　）2. 指定字体阴影　　　　　　　　　B. font-stretch

（　　　）3. 指定斜体　　　　　　　　　　　C. @font-face

（　　　）4. 指定字体粗细　　　　　　　　　D. text-shadow

（　　　）5. 指定字体延展　　　　　　　　　E. text-indent

（　　　）6. 指定首行缩排　　　　　　　　　F. text-transform

（　　　）7. 指定文本对齐方式　　　　　　　G. word-spacing

（　　　）8. 指定使用服务器端的字体　　　　H. text-emphasis

（　　　）9. 指定文字间距　　　　　　　　　I. font-weight

（　　　）10. 指定大小写转换方式　　　　　　J. text-align

三、实践题

1. 使用本章介绍的 CSS 字体与文本属性完成如下网页。

①标题 1、微软正黑体、居中

②段落、首行缩排 1 厘米、1.5 倍行高、标楷体、22 像素

③底线、斜体

④顶线、粗体

提示：

```
<!doctype html>
<html>
  <head>
    <meta charset="utf-8">
    <title> 醉翁亭记 </title>
    <style>
      h1 {text-align:center; font-family: 微软正黑体 }
      p {text-indent:1cm; line-height:150%; font-family: 标楷体;
font-size:22px}
       .format1 {text-decoration:underline; font-style:italic}
       .format2 {text-decoration:overline; font-weight:bold}
    </style>
  </head>
<body>
  <h1> 醉翁亭记 </h1>
  <p> 环滁皆山也。其西南诸峰，林壑尤美。望之蔚然而深秀者，
    <span class="format1"> 琅琊 </span>
    也。山行六七里，渐闻水声潺潺；而泄出于两峰之间者，
    <span class="format1"> 酿泉 </span>
    也。峰回路转，有亭翼然，临于泉上者，
    <span class="format1"> 醉翁亭 </span>
    也。作亭者谁？山之僧
    <span class="format2"> 智迁 </span>
    也。名之者谁？
    <span class="format2"> 太守 </span>
```

```
    自谓也。太守与客来饮于此，饮少辄醉，而年又最高，故自号曰
    <span class="format2"> 醉翁 </span>
    也。醉翁之意不在酒，在乎山水之间也。山水之乐，得之心而寓之酒也。</p>
    <p> 若夫日出而林霏开，云归而岩穴暝，晦明变化者，山间之朝暮也。
    野芳发而幽香，佳木秀而繁荫，风霜高洁，水落而石出者，
    山间之四时也。朝而往，暮而归，四时之景不同，而乐亦无穷也。</p>
  </body>
</html>
```

<\Ch09\ex9-1.html>

2. 使用本章介绍的 CSS 列表属性完成如下网页。

3. 使用本章介绍的 text-shadow 属性完成如下的文字阴影效果。

提示：

```
<h1 style="font-family: 华康粗圆体; color:red; text-shadow:4px 4px 2px silver">
醉翁亭记</h1>
    <h1 style="font-family:'Arial Black'; color:blue; text-shadow:8px 8px 2px
gray, 18px 18px 2px silver">Apple</h1>
```

第 10 章

颜色、背景与渐变属性

10-1　颜色属性

在本节中，我们将介绍下列颜色属性（color property），其中标记 者为 CSS3 新增的属性：

- color：指定 HTML 元素的前景颜色。
- opacity ：指定 HTML 元素的透明度。

这两个属性均属于 CSS Color Level 3 模块，该模块目前已经成为 W3C 推荐标准，所以浏览器的支持程度较佳，详细的规格可以参考 CSS3 官方文件：http:// www.w3.org/TR/css3-color/。

10-1-1　color（前景颜色）

前景颜色是相对于背景颜色而言，简单地说，前景颜色（foreground color）指的是系统当前默认的套用颜色，而背景颜色（background color）指的是基底影像下默认的底图颜色。

我们可以使用 color 属性指定 HTML 元素的前景颜色，其语法如下：

```
color: 颜色
```

color 属性的设置值有下列几种，其中 rgba（rr, gg, bb, alpha）、hsl（hue, saturation, lightness）、hsla（hue, saturation, lightness, alpha） 为 CSS3 新增的指定方式：

- *颜色名称*：以诸如 aqua、black、blue、fuchsia、gray、green、lime、maroon、navy、olive、purple、red、silver、teal、white、yellow 等浅显易懂的名称指定颜色，例如下面的样式规则是将标题 1 区块的前景颜色（即文字颜色）指定为红色：

```
h1 {color:red}
```

下图是一些常见的颜色名称及其十六进制、十进制表示法（取自 CSS3 官方文件），第30～32 页还有更多颜色名称供您参考。

Named	Numeric	Color name	Hex rgb	Decimal
		black	#000000	0,0,0
		silver	#C0C0C0	192,192,192
		gray	#808080	128,128,128
		white	#FFFFFF	255,255,255
		maroon	#800000	128,0,0
		red	#FF0000	255,0,0
		purple	#800080	128,0,128
		fuchsia	#FF00FF	255,0,255
		green	#008000	0,128,0
		lime	#00FF00	0,255,0
		olive	#808000	128,128,0
		yellow	#FFFF00	255,255,0
		navy	#000080	0,0,128
		blue	#0000FF	0,0,255
		teal	#008080	0,128,128
		aqua	#00FFFF	0,255,255

- rgb（*rr, gg, bb*）：以红（red）、绿（green）、蓝（blue）三原色的混合比例来指定颜色，例如下面的样式规则是将标题 1 区块的前景颜色指定为红 100%、绿 0%、

蓝 0%，也就是红色：

```
h1 {color:rgb(100%, 0%, 0%)}
```

除了指定混合比例，我们也可以将红（red）、绿（green）、蓝（blue）三原色各自划分为 0 ～ 255 共 256 个级数，改变级数来表示颜色，例如上面的样式规则可以改写成如下，由于红、绿、蓝分别为 100%、0%、0%，所以在转换成级数后会对应为 255、0、0，中间以逗号隔开：

```
h1 {color:rgb(255, 0, 0)}
```

- *#rrggbb*：这是前一种指定方式的十六进制表示法，以 # 符号开头，后面跟着三组十六进制数字，分别代表颜色的红、绿、蓝级数，例如上面的样式规则可以改写成如下，由于红、绿、蓝分别为 255、0、0，所以在转换成十六进制后会对应为 ff、00、00：

```
h1 {color:#ff0000}
```

- rgba(*rr, gg, bb, alpha*) 🗉：这是 CSS3 新增的指定方式，以红、绿、蓝三原色的混合比例来指定颜色，同时多了一个参数 alpha，用来表示透明度，其值为 0.0 ～ 1.0 的数字，表示完全透明 ～ 完全不透明，例如下面的样式规则是将标题 1 区块的前景颜色指定为红色、透明度为 0.5：

```
h1 {color:rgba(255, 0, 0, 0.5)}
```

- hsl(*hue, saturation, lightness*) 🗉：这是 CSS3 新增的指定方式，以色调、饱和度、亮度来指定颜色，色调（hue）指的是颜色的基本属性，也就是平常所说的颜色名称，例如红色，以下图的色轮来呈现；饱和度（saturation）指的是颜色的纯度，值为 0% ～ 100%，值越高，颜色就越纯，100% 为全彩度；亮度（lightness）指的是颜色的明暗度，值为 0% ～ 100%，值越高，颜色就越亮，50% 为正常，0% 为黑色，100% 为白色，例如下面的样式规则是将标题 1 区块的前景颜色指定为红色：

```
h1 {color:hsl(0, 100%, 50%)}
```

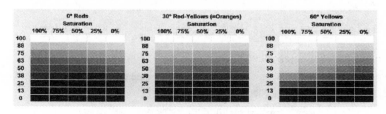

（图片来源：维基百科、CSS3 官方文件）

- hsla(*hue, saturation, lightness, alpha*) 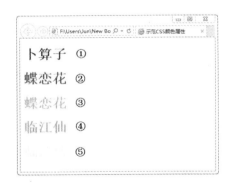 : 这是 CSS3 新增的指定方式，以色调、饱和度、亮度来指定颜色，同时多了一个参数 alpha，用来表示透明度，其值为 0.0 ~ 1.0 的数字，表示完全透明 ~ 完全不透明，例如下面的样式规则是将标题 1 区块的前景颜色指定为红色、透明度为 0.5:

```
h1 {color:hsla(0, 100%, 50%, 0.5)}
```

下面举一个例子，它针对五个标题 1 区块指定前景颜色（即文字颜色），请仔细比较第 02、03 行的浏览结果，这两行都是将前景颜色指定为红色，但是第 03 行多了透明度参数 0.5，若是在该区块加上背景图片或背景颜色，就更能凸显出半透明的效果，至于第 04、05 行则是改以 HSL 方式来指定颜色。

```
01:<h1 style="color:#0000ff"> 卜算子 </h1>
02:<h1 style="color:rgb(255, 0, 0)"> 蝶恋花 </h1>
03:<h1 style="color:rgba(255, 0, 0, 0.5)"> 蝶恋花 </h1>
04:<h1 style="color:hsl(120, 100%, 50%)"> 临江仙 </h1>
05:<h1 style="color:hsla(120, 100%, 50%, 0.2)"> 临江仙 </h1>
```

<\Ch10\color1.html>

①蓝色　　②红色　　③红色加上透明度参数 0.5

④绿色　　⑤绿色加上透明度参数 0.2

10-1-2　opacity（透明度）

我们可以使用 CSS3 新增的 opacity 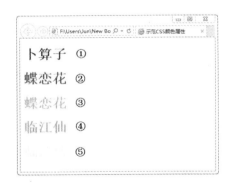 属性指定 HTML 元素的透明度，其语法如下，其中"透明度"为 0.0 ~ 1.0 的数字，表示完全透明 ~ 完全不透明：

```
opacity: 透明度
```

下面是一个例子，它示范了不仅是图片，包括文字也能指定透明度。

```
<img src="fig1.jpg" width="200">
<img src="fig1.jpg" width="200" style="opacity:0.5">
<h1 style="color:navy"> 豪斯登堡吉祥物 </h1>
<h1 style="color:navy; opacity:0.5"> 豪斯登堡吉祥物 </h1>
```

\<\Ch10\color2.html\>

①原始图片　　　②将图片加上透明度参数 0.5

③深蓝色的标题 1　　④将深蓝色的标题 1 加上透明度参数 0.5

10-2　背景属性

在本节中，我们将介绍常用的背景属性（background property），其中标记 **3** 者为 CSS3 新增的属性：

- background-color：指定 HTML 元素的背景颜色。
- background-image：指定 HTML 元素的背景图片。
- background-repeat：指定 HTML 元素的背景图片重复排列方式。
- background-position：指定 HTML 元素的背景图片从哪个位置开始显示。
- background-attachment：指定 HTML 元素的背景图片是否随内容滚动。
- background-clip **3**：指定 HTML 元素的背景显示区域。
- background-origin **3**：指定 HTML 元素的背景显示位置的基准点。
- background-size **3**：指定 HTML 元素的背景图片大小。
- background：背景属性的简便表示法。

这些属性均属于 CSS Backgrounds and Borders Level 3 模块，该模块目前处于建议推荐（PR）阶段，所以浏览器的支持程度较佳，详细的规格可以参考 CSS3 官方文件 http://www.w3.org/TR/css3-background/。

10-2-1　background-color（背景颜色）

网页的视觉效果要好，除了前景颜色设定得当，背景颜色更具有画龙点睛之效，它可以将前景颜色衬托得更出色。

我们可以使用 background-color 属性指定 HTML 元素的背景颜色，其语法如下，默认值为 transparent（透明），也就是没有背景颜色，至于颜色的设置值则有第 10-1-1 节所介

绍的指定方式:

```
background-color: 颜色 | transparent
```

下面举一个例子,其中标题 1 区块的背景颜色为白色加上透明度参数 0.5,这是 CSS3 新增的指定方式,能够增添更多变化。

```
<body style="background-color:burlywood">
 <h1 style="color:white; background-color:rgba(255, 255, 255, 0.5)"> 卜算子
</h1>
</body>
```

<\Ch10\bg1.html>

①网页主体的背景颜色为原木色

②标题 1 区块的背景颜色为白色加上透明度参数 0.5

我们还可以使用 background-color 属性替表格套用背景颜色,下面举一个例子。

```
01:<!doctype html>
02:<html>
03:  <head>
04:    <meta charset="utf-8">
05:    <title> 示范 CSS 背景属性 </title>
06:    <style>
07:      .heading {color:white; background-color:orange}        ①
08:      .odd {color:black; background-color:#ffffdd}        ②
09:      .even {color:black; background-color:#ffff99}        ③
10:    </style>
11:  </head>
12:  <body>
13:   <table>
14:    <tr class="heading">            ④
15:      <th> 歌曲名称 </th>
16:      <th> 演唱者 </th>
17:    </tr>
18:    <tr class="odd">                ⑤
19: <td> 阿密特 </td>
20: <td> 张惠妹 </td>
21:    </tr>
```

```
22:    <tr class="even">                          ⑥
23:      <td> 大艺术家 </td>
24:      <td> 蔡依林 </td>
25:    </tr>
26:    <tr class="odd">                           ⑦
27:      <td> 天空 </td>
28:      <td> 王菲 </td>
29:    </tr>
30:    <tr class="even">                          ⑧
31:      <td> 你是我的花朵 </td>
32:      <td> 伍佰与 China Blue</td>
33:    </tr>
34:    <tr class="odd">                           ⑨
35:      <td> 有我在 </td>
36:      <td> 罗志祥 </td>
37:    </tr>
38:    <tr class="even">                          ⑩
39:      <td> 想幸福的人 </td>
40:      <td> 杨丞琳 </td>
41:    </tr>
42:  </table>
43:  </body>
44:</html>
```

<\Ch10\bg2.html>

① 定义表格标题栏的样式　　　② 定义表格奇数行的样式　　　③ 定义表格偶数行的样式

④ 指定套用标题栏样式规则　　⑤ 指定套用奇数行样式规则　　⑥ 指定套用偶数行样式规则

⑦ 指定套用奇数行样式规则　　⑧ 指定套用偶数行样式规则　　⑨ 指定套用奇数行样式规则

⑩ 指定套用偶数行样式规则

这个例子的浏览结果如下图所示。

- 07 ~ 09：定义三个样式规则 heading、odd、even，它们将分别套用至表格的标题栏、奇数行及偶数行。

- 14：这是表格的标题栏，由于要套用样式规则 heading，故令 <tr> 元素的 class 属

性等于 "heading"。

- 18、26、34: 这是表格的奇数行，由于要套用样式规则 odd，故令 <tr> 元素的 class 属性等于 "odd"。
- 22、30、38: 这是表格的偶数行，由于要套用样式规则 even，故令 <tr> 元素的 class 属性等于 "even"。

这个例子充分展示了如何使用 HTML 定义网页的内容，以及使用 CSS 定义网页的外观，以达到将网页的内容与外观分隔开来的目的，日后若要变更表格的配色，只要修改第 07～09 行的样式规则即可。

10-2-2　background-image（背景图片）

我们可以使用 background-image 属性指定 HTML 元素的背景图片，其语法如下，默认值为 none（无），也就是没有背景图片：

```
background-image:url（图片名称）| none
```

下面是一个例子，第 07 行将网页主体的背景图片指定为 rose.gif，由于 rose.gif 图片比较小，无法填满网页，预设会自动在水平及垂直方向重复排列以填满网页，而得到如下图的浏览结果。

```
01:<!doctype html>
02:<html>
03:  <head>
04:    <meta charset="utf-8">
05:    <title> 示范 CSS 背景属性 </title>
06:  </head>
07:  <body style="background-image:url(rose.gif)">
08:  </body>
09:</html>
```

指定网页的背景图片为 rose.gif

<\Ch10\bg3.html>

除了指定网页主体的背景图片，我们也可以针对诸如 <p>、<h1>、<tr>、<td>、<div> 等 HTML 元素加入背景图片，下面举一个例子，它将 <bg2.html> 的第 07～09 行改写成如下，令表格的标题栏、奇数行、偶数行的背景图片为 bg01.gif、bg02.gif、bg03.gif，这几张背景

图片和浏览结果如下图所示。

```
07:        .heading {color:white; background-image:url(bg01.gif)}
08:        .odd {color:black; background-image:url(bg02.gif)}
09:        .even {color:black; background-image:url(bg03.gif)}
```

<\Ch10\bg2a.html>

　　我们甚至可以结合背景颜色与背景图片，下面举一个例子，它结合了原木色的背景颜色和条纹的背景图片 line.png（24bit 透明 PNG 格式）。

```
<!doctype html>
<html>
  <head>
    <meta charset="utf-8">
    <title> 示范 CSS 背景属性 </title>
  </head>
  <body style="background-color:burlywood; background-image:url(line.png)">
  </body>
</html>
```

<\Ch10\bg4.html>

line.png 和浏览结果如下图，条纹图片的透明颜色部分会显示出原木色的背景颜色。

　　CSS3 还允许我们指定多张背景图片，中间以逗号隔开 ，下面举一个例子，它结合了 line.png 和 bg02.gif 两张背景图片，仔细观察下图的浏览结果，就可以看到 bg02.gif 上面压着细细的白色条纹；同理，您也可以指定超过两张的背景图片，只是结合出来的效果需要精心设计一番。

```
<body>
  <h1 style="background-image:url(line.png)， url(bg02.gif)"> 临江仙 </h1>
</body>
```

<\Ch10\bg5.html>

10-2-3　background-repeat（背景图片重复排列方式）

当我们使用 background-image 属性指定 HTML 元素的背景图片时，默认会自动在水平及垂直方向重复排列背景图片，以填满指定的元素，但有时我们可能希望不要重复排列或只在某个方向重复排列，此时可以借助于 background-repeat 属性，其语法如下，默认值为 repeat，而 space 和 round 为 CSS3 新增的设置值 ᴇ³，若要指定多张背景图片的起始位置，以逗号隔开即可：

```
background-repeat: repeat | no-repeat | repeat-x | repeat-y | space | round
```

以下为您示范这些设置值的效果：

- repeat: 在水平及垂直方向重复排列背景图片，以填满指定的元素。下面举一个例子，flower.gif 和浏览结果如下图所示，仔细观察会发现，花朵图案会在水平及垂直方向重复排列，直到填满整个 <div> 区块，不过，此举并无法保证右边界和下边界的花朵图案能够完整显示出来。

```
<div style="background-image:url(flower.gif); background-repeat:repeat">
  <h1> 临江仙 </h1>
  <h1> 卜算子 </h1>
</div>
```

<\Ch10\bg6.html>

- no-repeat: 不要重复排列背景图片，下面举一个例子。

```
<div style="background-image:url(flower.gif);
background-repeat:no-repeat">
    <h1> 临江仙 </h1>
    <h1> 卜算子 </h1>
</div>
```

- repeat-x：在水平方向重复排列背景图片，下面举一个例子。

```
<div style="background-image:url(flower.gif); background-repeat:repeat-x">
    <h1> 临江仙 </h1>
    <h1> 卜算子 </h1>
</div>
```

- repeat-y：在垂直方向重复排列背景图片，下面举一个例子。

```
<div style="background-image:url(flower.gif); background-repeat:repeat-y">
    <h1> 临江仙 </h1>
    <h1> 卜算子 </h1>
</div>
```

- space ▣：当使用 repeat 令背景图片在水平及垂直方向重复排列时，并无法保证右边界和下边界的背景图片能够完整显示出来，此时，可以改用 CSS3 新增的 space，令背景图片在水平及垂直方向重复排列时调整彼此的间距，使之填满整个区块并完整显示出来，下面举一个例子。

```
<div style="background-image:url(flower.gif); background-repeat:space">
```

```
  <h1> 临江仙 </h1>
  <h1> 卜算子 </h1>
</div>
```

- round **3**：这也是 CSS3 新增的设置值，它会令背景图片在水平及垂直方向重复排列时调整背景图片的大小，使之填满整个区块并完整显示出来，下面举一个例子，您可以拿它跟 repeat 和 space 两个设置值的浏览结果进行比较，这样会更清楚。

```
<div style="background-image:url(flower.gif); background-repeat:round">
  <h1> 临江仙 </h1>
  <h1> 卜算子 </h1>
</div>
```

调整花朵图案的大小，使之填满整个区块并完整显示出来

10-2-4　background-position（背景图片起始位置）

有时为了增添变化，我们可能会希望指定背景图片从 HTML 元素的哪个位置开始显示，而不是千篇一律地从左上方开始显示，此时可以使用 background-position 属性，其语法如下，默认值为 0%，也就是从 HTML 元素的左上方开始显示背景图片：

```
background-position: [ 长度 | 百分比 | left | center | right] [ 长度 | 百分比 |
top | center | bottom]
```

此外，CSS3 允许我们使用多张背景图片，若要指定多张背景图片的起始位置，以逗号隔开即可。

background-position 属性的设置值有下列几种指定方式：

- *长度*：使用 px、pt、pc、em、ex、in、cm、mm 等度量单位指定背景图片从 HTML 元素的哪个位置开始显示，下面举一个例子。

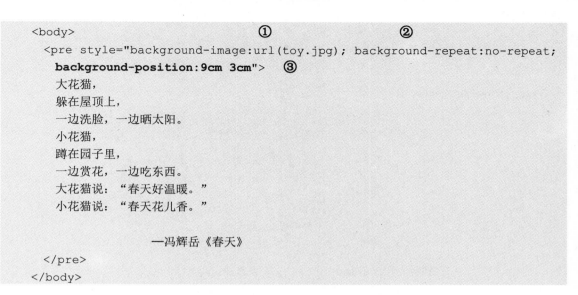

```
<body>                          ①                    ②
  <pre style="background-image:url(toy.jpg); background-repeat:no-repeat;
  background-position:9cm 3cm">   ③
  大花猫，
    躲在屋顶上，
    一边洗脸，一边晒太阳。
  小花猫，
    蹲在园子里，
    一边赏花，一边吃东西。
    大花猫说："春天好温暖。"
    小花猫说："春天花儿香。"

                    —冯辉岳《春天》
  </pre>
</body>
```

<\Ch10\bg7.html>

①背景图片为 toy.jpg   ②不要重复排列

③从 <pre> 区块的水平方向 9 厘米及垂直方向 3 厘米处开始显示

- *百分比*: 使用窗口宽度与高度的百分比指定背景图片从 HTML 元素的哪个位置开始
  显示，下面举一个例子。

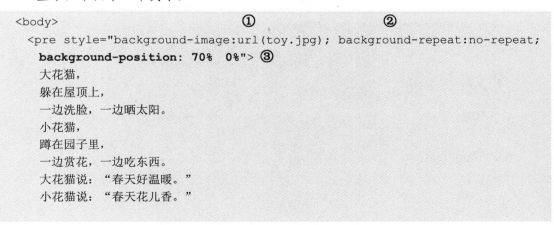

```
<body>                          ①                    ②
  <pre style="background-image:url(toy.jpg); background-repeat:no-repeat;
  background-position: 70%  0%"> ③
  大花猫，
    躲在屋顶上，
    一边洗脸，一边晒太阳。
  小花猫，
    蹲在园子里，
    一边赏花，一边吃东西。
    大花猫说："春天好温暖。"
    小花猫说："春天花儿香。"
```

```
                        —冯辉岳《春天》
  </pre>
</body>
```

<\Ch10\bg7a.html>

①背景图片为 toy.jpg   ②不要重复排列

③从 <pre> 区块的水平方向 70% 及垂直方向 0% 处开始显示

- left | center | right | top | center | bottom: 使用 left、center、right 三个水平方向起始点及 top、center、bottom 三个垂直方向起始点,指定背景图片从 HTML 元素的哪个位置开始显示,其组合如下图,若在指定起始点时遗漏了第二个值,则默认为 center,下面举一个例子。

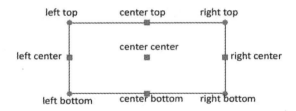

注:center 会以图片中心为对齐基准点,其他值则是以图片边缘为对齐基准点。

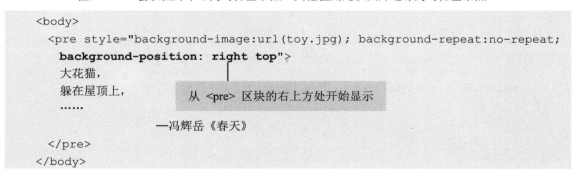

<\Ch10\bg7b.html>

10-2-5　background-attachment（背景图片是否随内容滚动）

我们可以使用 background-attachment 属性指定背景图片是否随内容滚动，其语法如下，默认值为 scroll，表示背景图片会随内容滚动，而 fixed 表示背景图片不会随内容滚动，至于 local 则是 CSS3 新增的设置值，浏览结果通常和 scroll 相同，只有在以 inline frame 显示时才会有差异，scroll 的背景图片不会随 inline frame 的内容滚动，而 local 的背景图片会随 inline frame 的内容滚动：

```
background-attachment: scroll | fixed | local
```

下面举一个例子。

```
<body>
  <pre style="background-image:url(toy.jpg); background-repeat:no-repeat;
  background-position:right top; background-attachment:fixed">
  泥娃娃，泥娃娃，一个泥娃娃，
  她有那眉毛，也有那眼睛，
  眼睛不会眨。                                指定背景图片不会随内容滚动（适
                                            合用来显示商标或 Logo 等图案）
  泥娃娃，泥娃娃，一个泥娃娃，
  她有那鼻子，也有那嘴巴，
  嘴巴不说话。

  她是个假娃娃，不是个真娃娃。
  她没有亲爱的爸爸，也没有妈妈。

  泥娃娃，泥娃娃，一个泥娃娃。
  我做她爸爸，我做她妈妈，
  永远爱着她。

                    ——《泥娃娃》

  </pre>
</body>
```

<\Ch10\bg8.html>

这个例子刻意将内容设计得比较长，我们可以试着在浏览器中将内容向下滚动，看看

<pre> 元素的背景图片是否会随内容滚动，浏览结果如下图，很明显的，背景图片依然显示在右上方，并不会随内容滚动。

①将内容向下滚动　　　　②背景图片依然显示在右上方

此外，CSS3 允许我们使用多张背景图片，若要指定多张背景图片是否随内容滚动，以逗号隔开即可。

10-2-6　background-clip（背景显示区域）

CSS3 新增了 background-clip **3** 属性，用来指定背景颜色或背景图片的显示区域，其语法如下，若要指定多张背景图片的显示区域，以逗号隔开即可：

```
background-clip: border-box | padding-box | content-box
```

- border-box: 背景会描绘到框线的部分，此为默认值。
- padding-box: 背景会描绘到留白的部分。
- content-box: 背景会描绘到内容的部分。

在示范这些设置值的效果之前，我们先简单介绍 CSS 的 Box Model（方块模式），所谓的Box是CSS针对HTML元素所产生的矩形方块，由内容（content）、留白（padding）、框线（border）与边界（margin）所组成，如下图所示。

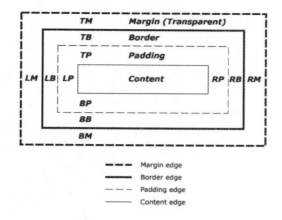

（图片来源：CSS 官方文件）

　　内容指的是网页上的数据，而留白指的是环绕在内容四周的部分，在默认的情况下，留白、框线和边界的大小均为 0。Box Model 决定了 HTML 元素的显示方式，同时也决定了元素彼此之间的互动方式，第 11-1 节有进一步的说明。

　　下面举一个例子，为了展现 background-clip 属性的效果，我们刻意在标题 1 区块使用 border 属性指定宽度为 30 像素、半透明的框线，以及使用 padding 属性指定宽度为 20 像素的留白，然后将 background-clip 属性指定为 content-box，令背景图片描绘到内容的部分，于是得到如下图的浏览结果。

```
<h1 style="border:solid 30px rgba(255,153,255,0.5); padding:20px;
  background-image:url(flower.gif);
  background-clip:content-box"> 临江仙 </h1>
```

<\Ch10\bg9.html>

背景图片描绘到内容的部分

　　若将 background-clip 属性指定为 padding-box，令背景图片描绘到留白的部分，则会得到如下图的浏览结果。

背景图片描绘到留白的部分

若将 background-clip 属性指定为 border-box，令背景图片描绘到框线的部分，则会得到如下图的浏览结果。

背景图片描绘到框线的部分

10-2-7　background-origin（背景显示位置基准点）

CSS3 新增了 background-origin ⬛ 属性，用来指定背景颜色或背景图片的显示位置的基准点，其语法如下：

```
background-origin: border-box | padding-box | content-box
```

- border-box：背景从框线的部分开始描绘。
- padding-box：背景从留白的部分开始描绘，此为默认值。
- content-box：背景从内容的部分开始描绘。

下面举一个例子，它将 background-origin 属性指定为 content-box，令背景图片从内容的部分开始描绘，于是得到如下图的浏览结果。

```
<h1 style="border:solid 30px rgba(255,153,255,0.5); padding:20px;
  background-image:url(flower.gif);
  background-repeat:no-repeat;
  background-origin:content-box"> 临江仙 </h1>
```

\<\Ch10\bg10.html>

背景图片
从内容的部分开始

若将 background-origin 属性指定为 padding-box，令背景图片从留白的部分开始描绘，则会得到如下图的浏览结果。

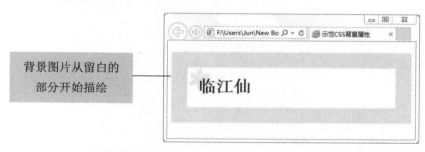

背景图片从留白的
部分开始描绘

若将 background-origin 属性指定为 border-box，令背景图片从框线的部分开始描绘，则会得到如下图的浏览结果。

背景图片从框线的
部分开始描绘

10-2-8　background-size（背景图片大小）

CSS3 新增了 background-size 3 属性，用来指定背景图片的大小，其语法如下，默认值为 auto（自动），若要指定多张背景图片的大小，以逗号隔开即可：

```
background-size: [ 长度 | 百分比 | auto] | contain | cover
```

- [*长度* | *百分比* |auto]：使用 px、pt、pc、em、ex、in、cm、mm 等度量单位或百分比指定背景图片的宽度与高度，例如 background-size:100px 50px 表示宽度与高度为 100 像素、50 像素，background-size:100px auto 表示宽度与高度为 100 像素、auto。
- contain：背景图片的大小刚好符合 HTML 元素的区块范围。
- cover：背景图片的大小覆盖整个 HTML 元素的区块范围。

下面举一个例子，它将两个标题 1 分组成一个区块，为了彰显出区块范围，所以先使用 border 属性指定 1 像素的外框，再使用 background-size 属性指定该区块的背景图片大小为 auto，浏览结果如下图。

```
<div style=" border:solid 1px; background-image:url(flower2.gif);
 background-repeat:no-repeat; background-size:auto">
  <h1> 临江仙 </h1>                    指定背景图片的宽度与高度均为 auto
  <h1> 卜算子 </h1>
</div>
```

<\Ch10\bg11.html>

若将 background-size 属性指定为 120px auto，令背景图片的宽度与高度为 120 像素、auto，则会得到如下图的浏览结果。

若将 background-size 属性指定为 contain，令背景图片的大小刚好符合区块范围，则会得到如下图的浏览结果。

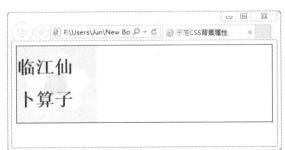

若将 background-size 属性指定为 cover，令背景图片的大小覆盖整个区块范围，则会得到如下图的浏览结果。

10-2-9　background（背景属性的简便表示法）

background 属性是综合了 background-color、background-image、background-repeat、background-attachment 、 background-position 、 background-clip 、 background-origin 、 background-size 等背景属性的简便表示法，其语法如下，若要指定多张背景图片的背景属性，以逗号隔开即可：

```
background: 属性值 1 [ 属性值 2 [ 属性值 3 [...]]]
```

上述语法中的属性值就是第 10-2-1 ~ 10-2-8 节所介绍的属性值，若超过一个，中间以空格符隔开，没有顺序之分，只有背景图片大小是以 / 隔开的，跟随在背景图片起始位置的后面，默认值则要看各自的属性而定。

下面是一些例子：

```
01:body {background:rgba(255, 0, 0, 0.3)}
02:body {background:url("bg01.gif") repeat fixed}
03:h1 {background:url("bg02.gif") no-repeat center center}
04:h1 {background:url("bg02.gif") no-repeat left center}
05:div {background:url("bg03.gif") no-repeat left top / 100px}
```

- 01: 指定网页主体的背景颜色为红色并加上透明度参数 0.3。
- 02: 指定网页主体的背景图片为 bg01.gif、在水平及垂直方向重复排列、不会随内容滚动。
- 03: 指定标题 1 区块的背景图片为 bg02.gif、不重复排列、从标题 1 区块的正中央处开始显示（即水平及垂直方向均为居中）。
- 04: 与第 03 行的样式规则相同，但起始位置改从标题 1 区块的左方中央处开始显示（即水平方向为靠左、垂直方向为居中）。
- 05: 指定 <div> 区块的背景图片为 bg03.gif、不重复排列、从 <div> 区块的左上方处开始显示、背景图片的宽度与高度为 100 像素、auto。

10-3　渐变表示法

在本节中，我们将介绍下列渐变表示法（gradient notation）：

- linear-gradient() 3: 指定线性渐变。

- radial-gradient() : 指定放射状渐变。
- repeating-linear-gradient() : 指定重复线性渐变。
- repeating-radial-gradient() : 指定重复放射状渐变。

渐变表示法属于 CSS Image Values and Replaced Content Level 3 模块，该模块目前处于建议推荐（PR）阶段，详细的规格可以参考 CSS3 官方文件 http://www.w3.org/TR/css3-images/，新版的浏览器大多支持渐变表示法。

此外，该模块还有 object-fit 和 object-position 两个属性，可以用来调整对象在区块内的大小与位置，我们会在第 11-5-9、11-5-10 节进行介绍。

10-3-1 linear-gradient()（线性渐变）

CSS3 新增的 linear-gradient() 表示法可以用来指定线性渐变，其语法如下：

```
linear-gradient ( 角度 | 方向 , 颜色停止点 1 , 颜色停止点 2, ...)
```

- *角度 | 方向*: 角度指的是线性渐变的角度，例如从左往右渐变为 0deg（0 度），从下往上渐变为 90deg（90 度）；除了角度之外，也可以使用 to [left | right] ‖ [top | bottom] 关键词指定线性渐变的方向，例如 to right 表示从左往右渐变，to top 表示从下往上渐变。
- *颜色停止点*: 包括颜色的值（例如 red）和位置（例如 0% 表示起点、100% 表示终点），中间以空格符隔开（例如 red 0% 表示起点为红色、white 100% 表示终点为白色）。

下面举一个例子。

```
<body>
  <h1 style="background:linear-gradient(to top, yellow, orange)"> 临江仙 </h1>
  <h1 style="background:linear-gradient(to left, yellow, orange)"> 蝶恋花 </h1>
  <h1 style="background:linear-gradient(to top right, red, white, blue)"> 玉楼春
</h1>
  <h1 style="background:linear-gradient(yellow, white 20%, #00ff00)"> 采桑子 </h1>
</body>
```

<\Ch10\gradient1.html>

①从下往上黄橘两色渐变 ②从右往左黄橘两色渐变

③从左下往右上红白蓝三色渐变 ④从上往下黄白绿三色渐变

10-3-2　radial-gradient()（放射状渐变）

CSS3 新增的 radial-gradient() 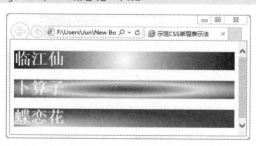 表示法可以用来指定放射状渐变，其语法如下：

radial-gradient（*形状　大小　位置，颜色停止点1，颜色停止点2，...*）

- 形状：渐变的形状可以是 circle（圆形）或 ellipse（椭圆形）。
- 大小：以下表的设置值指定渐变的大小。

设置值	说明
长度	以度量单位指定圆形或椭圆形的半径，例如 20px 表示半径为 20 像素
closest-side	从圆形或椭圆形的中心点到区块最近边的距离当作半径
farthest-side	从圆形或椭圆形的中心点到区块最远边的距离当作半径
closest-corner	从圆形或椭圆形的中心点到区块最近角的距离当作半径
farthest-corner	从圆形或椭圆形的中心点到区块最远角的距离当作半径

- 位置：在 at 后面加上 left、right、bottom、center 指定渐变的位置。
- 颜色停止点：包括颜色的值（例如 red）和位置（例如 0% 表示起点、100% 表示终点），中间以空格符隔开（例如 red 0% 表示起点为红色）。

下面举一个例子 <\Ch10\gradient2.html>。

```
<h1 style="color:white; background:radial-gradient(circle, white, blue)"> 临
江仙</h1>
  <h1 style="color:white; background:radial-gradient(red, yellow, green)"> 卜
算子</h1>
  <h1 style="color:white; background:radial-gradient(farthest-side at left
bottom,
  red, yellow 50px, green)"> 蝶恋花 </h1>
```

10-3-3　repeating-linear-gradient()、repeating-radial-gradient()（重复渐变）

CSS3 新增的 repeating-linear-gradient() 表示法可以用来指定重复线性渐变，其语法和 linear-gradient() 相同，而 repeating-radial-gradient() 表示法可以用来指定重复放射状渐变，其语法和 radial-gradient() 相同。

下面举一个例子，您可以试着自己变换不同的颜色停止点，看看效果有何不同。

```
<h1 style="background:repeating-linear-gradient(0deg, blue 0%, white 20%);
```

```
color:white"> 临江仙 </h1>
  <h1 style="background:repeating-radial-gradient(orange, yellow 20px, orange
40px);
  color:white"> 卜算子 </h1>
  <h1 style="background:repeating-radial-gradient(circle, red, yellow, green
100%,
  yellow 150%, red 200%); color:white"> 蝶恋花 </h1>
```

\<\Ch10\gradient3.html\>

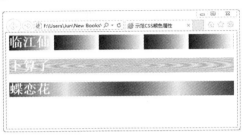

习题

练习题

1. 下列哪种颜色的指定方式是错误的？

    A. color:red   B. color:rgba(100%, 100%, 20%, 0.5)

    C. color:#ffccaa   D. color:rgb(256, 0, 0)

2. 下列哪个语句可以将段落区块的背景图片指定为 bg01.gif ？

    A. p {background-image:bg01.gif}   B. p {background-image:url(bg01.gif)}

    C. p {background:bg01.gif}   D. p {background-image=url(bg01.gif)}

3. CSS3 提供的哪个表示法可以用来指定重复放射状渐变？

4. 下列语句会令背景图片的起始位置为什么？

```
pre {background:url("bg02.gif") no-repeat center center}
```

5. 使用颜色与背景属性将第 9 章学习评估的 \<ex9-1.html\> 改写成如下图。

醉翁亭记

    环滁皆山也。其西南诸峰，林壑尤美，望之蔚然而深秀者，*琅琊* 也。山行六七里，渐闻水声潺潺；而泄出于两峰之间者，*酿泉* 也。峰回路转，有亭翼然，临于泉上者，*醉翁亭* 也。作亭者谁？山之僧 智仙 也。名之者谁？太守 自谓也。太守与客来饮于此，饮少辄醉，而年又最高，故自号曰 醉翁 也。醉翁之意不在酒，在乎山水之间也。山水之乐，得之心而寓之酒也。

    若夫日出而林霏开，云归而岩穴暝，晦明变化者，山间之朝暮也。野芳发而幽香，佳木秀而繁荫，风霜高洁，水落而石出者，山间之四时也。朝而往，暮而归，四时之景不同，而乐亦无穷也。

提示：

```
<style>
  h1 {text-align:center; font-family: 微软正黑体 ; color:maroon}
  p {text-indent:1cm; line-height:150%; font-family: 标楷体 ; font-size:22px;
background-color:#ffffcc}
    .format1 {text-decoration:underline; font-style:italic; color:blue}
    .format2 {text-decoration:overline; font-weight:bold; color:green}
</style>
```

第 **11** 章

Box Model 与定位方式

11-1　Box Model

　　Box Model（方块模式）与定位方式（positioning scheme）是学习 CSS 不能错过的主题，涵盖了边界、留白、框线、正常顺序、相对定位、绝对定位、固定定位、图旁配字等重要的概念，而这些概念主导了网页的编排与显示方式。若您过去习惯使用表格控制网页的编排，那么请您多花点时间了解这些概念，您会发现，使用 CSS 控制网页的编排与显示方式会让您更加得心应手。

　　Box Model 指的是 CSS 将每个 HTML 元素看成一个矩形方块，称为 Box，由内容（content）、留白（padding）、框线（border）与边界（margin）所组成，如下图，Box 决定了 HTML 元素的显示方式，也决定了 HTML 元素彼此之间的互动方式。

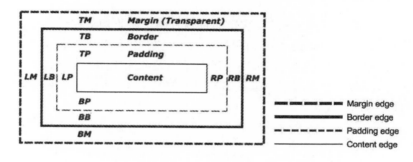

（图片来源：CSS 官方文件 http://www.w3.org/TR/CSS2/box.html）

　　内容（content）就是网页上的数据，而留白（padding）是环绕在内容四周的部分，当我们指定 HTML 元素的背景时，背景颜色或背景图片会显示在内容与留白的部分；至于框线（border）则是加在留白外沿的线条，而且线条可以指定不同的宽度或样式（例如虚线、实线、双线等），若您不希望内容与框线太过靠近，可以在两者之间加上留白；还有在框线之外的是边界（margin），这个透明的区域通常用来控制 HTML 元素彼此之间的距离。

　　在前面的示意图中可以看到，留白、框线与边界又有上（top）、下（bottom）、左（left）、右（right）之分，因此，我们使用类似 TM、BM、LM、RM 等简写来表示 Top Margin（上边界）、Bottom Margin（下边界）、Left Margin（左边界）、Right Margin（右边界），其他TB、BB、LB、RB、TP、BP、LP、RP请依此类推。

　　留白、框线及边界的默认值均为 0，但可以使用 CSS 指定留白、框线及边界在上、下、左、右各个方向的大小。此外，CSS 的宽度与高度指的都是内容的宽度与高度，加上留白、框线及边界后则是 HTML 元素的宽度与高度，以下图为例，内容的宽度为 60 像素，留白的宽度为 8 像素，框线的宽度为 4 像素，边界的宽度为 8 像素，则 HTML 元素的宽度为 60 ＋（8 ＋ 4 ＋ 8）× 2 ＝ 100 像素。

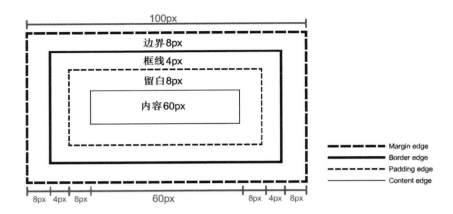

最后要说明什么是"边界重叠"，这指的是当有两个垂直边界接触在一起时，只会留下较大的那个边界作为两者的间距，如下图所示。举例来说，假设有连续多个段落，那么第一段上方的间距就是第一段的上边界，而第一段与第二段的间距因为第一段的下边界与第二段的上边界重叠，只会留下较大的那个边界作为两者的间距，其他依此类推，如此一来，不同段落的间距就能维持一致。

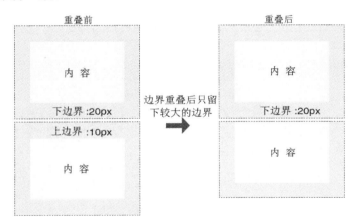

11-2　边界属性

常用的边界属性（margin property）如下：

- margin-top: 指定 HTML 元素的上边界大小，其语法如下，设置值有"长度"、"百分比"、auto（自动）等指定方式，默认值为 0：

margin-top: *长度* | *百分比* | auto

例如下面的样式规则是将段落的上边界大小指定为 50px，除了 px（像素），也可以使用 pt、pc、em、ex、in、cm、mm 等度量单位：

```
p {margin-top:50px}
```

- margin-bottom: 指定 HTML 元素的下边界大小，其语法如下，默认值为 0：

```
margin-bottom: 长度 | 百分比 | auto
```

- margin-left: 指定 HTML 元素的左边界大小，其语法如下，默认值为 0：

```
margin-left: 长度 | 百分比 | auto
```

- margin-right: 指定 HTML 元素的右边界大小，其语法如下，默认值为 0：

```
margin-right: 长度 | 百分比 | auto
```

- margin: 这是综合了前面四种属性的简便表示法，其语法如下，设置值可以有一到四个，中间以空格符隔开，当有一个值时，该值会套用于上下左右边界；当有两个值时，第一个值会套用于上下边界，而第二个值会套用于左右边界；当有三个值时，第一个值会套用于上边界，第二个值会套用于左右边界，而第三个值会套用于下边界；当有四个值时，会分别套用于右上左下边界：

```
margin: 设置值 1 [ 设置值 2 [ 设置值 3 [ 设置值 4]]]
```

例如 body {margin:1em 2em 3em} 就相当于下面的语句：

```
body {
margin-top:1cm;               /* 上边界大小为 1cm*/
margin-right:2cm;             /* 右边界大小为 2cm*/
margin-bottom:3cm;           /* 下边界大小为 3cm*/
margin-left:2cm              /* 左边界大小为 2cm*/
}
```

在下图的浏览结果中，第一段的上下左右边界均指定为 1cm，而第二段是采用默认的边界大小为 0：

```
<p style="margin:1cm">
```

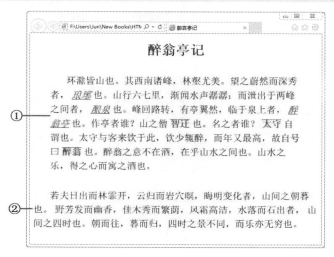

①上下左右边界均为 1 厘米　　　②默认的边界大小为 0

11-3 留白属性

常用的留白属性（padding property）如下：

- padding-top: 指定 HTML 元素的上留白大小，其语法如下，设置值有"长度"、"百分比"等指定方式，默认值为 0：

```
padding-top: 长度 | 百分比
```

例如下面的样式规则是将段落的上留白大小指定为 10px，除了 px（像素），也可以使用 pt、pc、em、ex、in、cm、mm 等度量单位：

```
p {padding-top:10px}
```

- padding-bottom: 指定 HTML 元素的下留白大小，其语法如下，默认值为 0：

```
padding-bottom: 长度 | 百分比
```

- padding-left: 指定 HTML 元素的左留白大小，其语法如下，默认值为 0：

```
padding-left: 长度 | 百分比
```

- padding-right: 指定 HTML 元素的右留白大小，其语法如下，默认值为 0：

```
padding-right: 长度 | 百分比
```

- padding: 这是综合了前面四种属性的简便表示法，其语法如下，设置值可以有一到四个，中间以空格符隔开，当有一个值时，该值会套用于上下左右留白；当有两个值时，第一个值会套用于上下留白，而第二个值会套用于左右留白；当有三个值时，第一个值会套用于上留白，第二个值会套用于左右留白，而第三个值会套用于下留白；当有四个值时，会分别套用于右上左下留白：

```
padding: 设置值1 [ 设置值2 [ 设置值3 [ 设置值4]]]
```

例如 body {padding:1cm 2cm} 就相当于下面的语句：

```
body {
  padding-top:1cm;          /* 上留白大小为 1cm*/
  padding-right:2cm;        /* 右留白大小为 2cm*/
  padding-bottom:1cm;       /* 下留白大小为 1cm*/
  padding-left:2cm          /* 左留白大小为 2cm*/
}
```

在下图的浏览结果中，第一段是采用默认的留白大小为 0，而第二段的上下留白指定为 0.5cm、左右留白指定为 1cm：

```
<p style="padding:0.5cm 1cm">
```

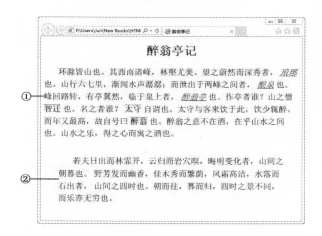

①默认的留白大小为 0　　　　②上下留白为 0.5 厘米，左右留白为 1 厘米

11-4　框线属性

CSS2.1 提供了许多框线属性（border property），用来指定HTML元素的框线样式、框线颜色及框线宽度，而 CSS3 又新增了 border-radius、border-image ③等框线属性，用来显示HTML元素的框线圆角、框线图片，以下有进一步的说明。

11-4-1　border-style（框线样式）

我们可以使用下列属性指定HTML元素的框线样式：

- border-top-style：指定 HTML 元素的上框线样式，其语法如下：

```
border-top-style: 设置值
```

- border-bottom-style：指定 HTML 元素的下框线样式，其语法如下：

```
border-bottom-style: 设置值
```

- border-left-style：指定 HTML 元素的左框线样式，其语法如下：

```
border-left-style: 设置值
```

- border-right-style：指定 HTML 元素的右框线样式，其语法如下：

```
border-right-style: 设置值
```

- border-style：这是综合了前面四种属性的简便表示法，其语法如下，设置值可以有一到四个，中间以空格符隔开，当有一个值时，该值会套用于上下左右框线；当有两个值时，第一个值会套用于上下框线，而第二个值会套用于左右框线；当有三个值时，第一个值会套用于上框线，第二个值会套用至左右框线，而第三个值会套用于下框线；当有四个值时，会分别套用至右上左下框线：

```
border-style: 设置值1 [ 设置值2 [ 设置值3 [ 设置值4]]]
```

这些属性的设置值有 none（不显示框线）、hidden（不显示框线）、dotted（虚线点状框线）、dashed（虚线框线）、solid（实线框线）、double（双线框线）、groove（3D 立体内凹框线）、ridge（3D 立体外凸框线）、inset（内凹框线）、outset（外凸框线），默认值为 none，而 hidden 的效果和 none 相同，但可避免和表格元素的框线设置冲突，下图取材自 CSS 官方文件，供您参考。

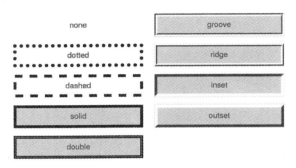

例如下面的语句是指定在图片四周加上虚线点状框线：

```
<img src="jp5.jpg" style="border-style:dotted">
```

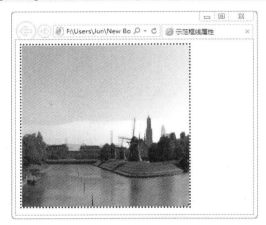

11-4-2　border-color（框线颜色）

我们可以使用下列属性指定HTML元素的框线颜色：

- border-top-color：指定 HTML 元素的上框线颜色，其语法如下，颜色的设置值有第 10-1-1 节所介绍的指定方式，若没有指定，默认值为 color 属性的值（即前景颜色），或者，也可以指定为 transparent，表示透明，但仍具有宽度：

```
border-top-color: 颜色 | transparent
```

例如下面的样式规则是将段落的上框线颜色指定为红色：

```
p {border-top-color:red}
```

- border-bottom-color：指定 HTML 元素的下框线颜色，其语法如下：

```
border-bottom-color: 颜色 | transparent
```

- border-left-color: 指定 HTML 元素的左框线颜色，其语法如下：

```
border-left-color: 颜色 | transparent
```

- border-right-color: 指定 HTML 元素的右框线颜色，其语法如下：

```
border-right-color: 颜色 | transparent
```

- border-color: 这是综合了前面四种属性的简便表示法，其语法如下，颜色的设置值可以有一到四个，中间以空格符隔开，当有一个值时，该值会套用于上下左右框线；当有两个值时，第一个值会套用于上下框线，而第二个值会套用于左右框线；当有三个值时，第一个值会套用于上框线，第二个值会套用于左右框线，而第三个值会套用于下框线；当有四个值时，会分别套用于右上左下框线：

```
border-color: 颜色1 [ 颜色2 [ 颜色3 [ 颜色4]]]
```

下面举一个例子，要注意的是在指定框线颜色的同时，必须指定框线样式，否则会看不到框线，因为框线样式的默认值为 none，也就是不显示框线。

```
<!doctype html>
<html>
  <head>
    <meta charset="utf-8">
    <title> 示范框线属性 </title>
  </head>
  <body>
    <h1 style="border-style:double; border-color:green"> 美丽的荷兰 </h1>
    <img src="jp2.jpg" style="border-style:solid; border-color:rgba(255, 0, 0, 0.5)">
  </body>
</html>
```

① 在标题 1 加上绿色的双线框线

② 在图片四周加上红色、透明度参数为 0.5 的实线框线

11-4-3　border-width（框线宽度）

我们可以使用下列属性指定 HTML 元素的框线宽度：

- border-top-width：指定 HTML 元素的上框线宽度，其语法如下，设置值有 thin（细）、medium（中）、thick（粗）和"长度"等指定方式，默认值为 medium，而长度的度量单位可以是 px、pt、pc、em、ex、in、cm、mm 等：

```
border-top-width:thin | medium | thick | 长度
```

例如下面的样式规则是将段落的上框线宽度指定为 10px：

```
p {border-top-width:10px}
```

- border-bottom-width：指定 HTML 元素的下框线宽度，其语法如下：

```
border-bottom-width:thin | medium | thick | 长度
```

- border-left-width：指定 HTML 元素的左框线宽度，其语法如下：

```
border-left-width:thin | medium | thick | 长度
```

- border-right-width：指定 HTML 元素的右框线宽度，其语法如下：

```
border-right-width:thin | medium | thick | 长度
```

- border-width：这是综合了前面四种属性的简便表示法，其语法如下，设置值可以有一到四个，中间以空格符隔开，合法的设置值可以是 thin（细）、medium（中）、thick（粗）和"长度"：

```
border-width: 设置值1 [ 设置值2 [ 设置值3 [ 设置值4]]]
```

当有一个值时，该值会套用于上下左右框线；当有两个值时，第一个值会套用于上下框线，而第二个值会套用于左右框线；当有三个值时，第一个值会套用于上框线，第二个值会套用于左右框线，而第三个值会套用于下框线；当有四个值时，会分别套用于右上左下框线。

下面举一个例子，要注意的是在指定框线宽度的同时，必须指定框线样式，否则会看不到框线，因为框线样式的默认值为 none；此外，在没有指定框线颜色的情况下，默认值将是网页的前景颜色，此例为黑色。

```
<!doctype html>
<html>
  <head>
    <meta charset="utf-8">
    <title> 示范框线属性 </title>
  </head>
  <body>
    <img src="jp2.jpg" style="border-style:solid; border-width:thin">
    <img src="jp2.jpg" style="border-style:solid; border-width:medium"><br>
    <img src="jp2.jpg" style="border-style:solid; border-width:thick">
    <img src="jp2.jpg" style="border-style:solid; border-width:10px">
```

```
        </body>
    </html>
```

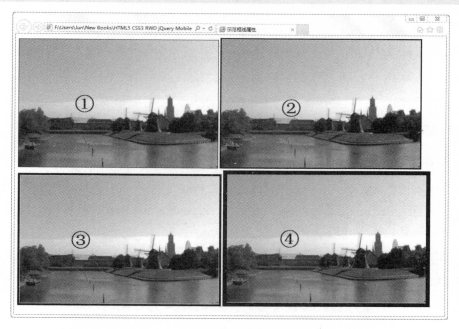

①框线宽度为 thin（细）　　　②框线宽度为 medium（中）

③框线宽度为 thick（粗）　　　④框线宽度为 10 像素

11-4-4　border（框线属性的简便表示法）

除了前面介绍的框线属性，CSS 还提供了下列框线属性的简便表示法：

- border-top: 指定 HTML 元素的上框线样式、颜色与宽度，其语法如下，属性值没有顺序之分，多个属性值的中间以空格符隔开，省略不写的属性值将会根据属性的类型而采用其默认值：

```
border-top:[border-top-style 值] [border-top-color 值] [border-top-width 值]
```

例如下面的样式规则是将标题 1 的上框线指定为细的虚线框线，由于没有指定框线颜色，故框线颜色为 color 属性的值（即前景颜色）：

```
h1 {border-top:dashed thin}
```

- border-bottom: 指定 HTML 元素的下框线样式、颜色与宽度，其语法如下：

```
border-bottom:[border-bottom-style 值] [border-bottom-color 值]
[border-bottom-width 值]
```

- border-left: 指定 HTML 元素的左框线样式、颜色与宽度，其语法如下：

```
border-left:[border-left-style 值] [border-left-color 值]
[border-left-width 值]
```

- border-right: 指定 HTML 元素的右框线样式、颜色与宽度，其语法如下：

```
border-right:[border-right-style 值] [border-right-color 值]
[border-right-width 值]
```

- border: 指定 HTML 元素的框线样式、颜色与宽度，其语法如下：

```
border:[border-style 值] [border-color 值] [border-width 值]
```

例如下面的样式规则是将段落四周的框线指定为蓝色粗实线：

```
p {border: thick solid blue}
```

11-4-5 border-radius（框线圆角）

CSS3 新增了下列属性，用来指定HTML元素的框线圆角，这些 border-radius 属性与下一节所要介绍的border-image属性均属于 CSS Backgrounds and Borders Level 3 模块，该模块目前处于 W3C 建议推荐（PR）阶段：

- border-top-left-radius ⼷：指定 HTML 元素的框线左上角显示成圆角，其语法如下，设置值有"长度"、"百分比"等指定方式：

```
border-top-left-radius: 长度1 | 百分比1 [ 长度2 | 百分比2]
```

当指定一个长度时，表示为圆角的半径；当指定两个长度时，表示为椭圆角水平方向的半径及垂直方向的半径，下面是 CSS3 官方文件针对 border-top-left-radius:55pt 25pt 所提供的示意图。

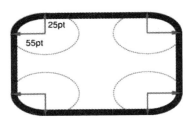

- border-top-right-radius ⼷：指定 HTML 元素的框线右上角显示成圆角，其语法如下：

```
border-top-right-radius: 长度1 | 百分比1 [ 长度2 | 百分比2]
```

- border-bottom-right-radius ⼷：指定 HTML 元素的框线右下角显示成圆角，其语法如下：

```
border-bottom-right-radius: 长度1 | 百分比1 [ 长度2 | 百分比2]
```

- border-bottom-left-radius ⼷：指定 HTML 元素的框线左下角显示成圆角，其语法如下：

```
border-bottom-left-radius: 长度1 | 百分比1 [ 长度2 | 百分比2]
```

- border-radius ⼷：这是综合了前面四种属性的简便表示法，其语法如下，设置值可以有一到四个，中间以空格符隔开：

```
border-radius: 设置值 1 [ 设置值 2 [ 设置值 3 [ 设置值 4]]]
```

当有一个值时，该值会套用于框线四个角；当有两个值时，第一个值会套用于框线左上角和右下角，而第二个值会套用于框线右上角和左下角；当有三个值时，第一个值会套用于框线左上角，第二个值会套用于框线右上角和左下角，而第三个值会套用于框线右下角；当有四个值时，会分别套用于框线左上角、右上角、右下角、左下角。

例如下面的语句是指定框线四个角均是半径为 10px 的圆角：

```
<h1 style="border:solid 10px lightgreen; border-radius:10px"> 蝶恋花 </h1>
```

11-4-6　border-image（框线图片）

CSS3 新增了下列属性，用来指定HTML元素的框线图片：

- border-image-source ![3]：指定框线图片的来源，默认值为 none（无）：

```
border-image-source:url( 图片文件名称 ) | none
```

- border-image-width ![3]：指定框线图片的宽度，默认值为 auto（自动）：

```
border-image-width: 长度 | 百分比 | auto
```

- border-image-slice ![3]：浏览器会将图片切割成 9 个部分，以套用到 HTML 元素的框线，border-image-slice 用来指定图片的右上左下边缘的内部位移，其语法如下，下图是指定 25% 30% 12% 20% 的切割结果：

```
border-image-slice: 长度 | 百分比 | fill
```

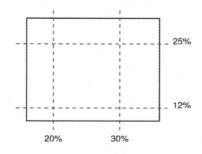

- border-image-outset ![3]：指定框线图片超出框线的区域大小：

```
border-image-outset: 长度 | 百分比
```

- border-image-repeat ![3]：指定框线图片的重复方式，stretch、repeat、round、space 分

别表示延展、重复排列、重复排列并调整图片大小使之填满、重复排列并调整间距大小使之填满，默认值为 stretch：

```
border-image-repeat:stretch | repeat | round | space
```

- border-image **3**：这是综合了前面属性的简便表示法，其语法如下：

```
border-image:border-image-source 值 | border-image-slice 值
[/border-image-width 值 |/border-image-width 值 /border-image-outset 值 ] |
border-image-repeat 值
```

例如下面的语句是将标题的框线指定为图片，33% 是将图片右上左下均分成 3 等分，共 9 部分，如左下图，7px 是框线的宽度，浏览结果如右下图：

```
<h1 style="border-image:url(border.png) 33%/7px round stretch"> 蝶恋花 </h1>
```

11-5　定位方式

在介绍定位方式（positioning scheme）之前，我们先来复习一下什么是"区块层级"与"行内层级"，区块层级（block level）指的是元素的内容在浏览器中会另起一行，例如 <div>、<p>、<pre>、<h1> 等均属于区块层级的元素，而 CSS 针对这类元素所产生的矩形方块则称为 Block Box，由内容、留白、框线与边界所组成。

相反的，行内层级（inline level）指的是元素的内容在浏览器中不会另起一行，例如 <span>、<i>、<b>、<img>、<a> 等均属于行内层级的元素，而 CSS 针对这类元素所产生的矩形方块则称为 Inline Box，一样是由内容、留白、框线与边界所组成。

在正常顺序下，Block Box 的位置取决于它在HTML源代码中出现的顺序，并根据垂直顺序一一显示，而 Block Box 彼此之间的距离是以其上下边界来计算；至于 Inline Box 的位置是在水平方向排成一行，而 Inline Box 彼此之间的距离是以其左右留白、左右框线和左右边界来计算的。

11-5-1　display（HTML元素的显示层级）

虽然HTML元素已经有默认的显示层级，但有时我们可能需要加以变更，此时可以使用 CSS 提供的 display 属性，其语法如下：

```
display: 设置值
```

display 属性的设置值有好几个，比较常用的如下，默认值为 inline（行内层级），另外还有一些与表格相关的设置值，等到第 12-1 节再进行讨论：

- none：不显示元素，也不占用网页的位置。

- block: 将元素指定为区块层级。
- inline: 将元素指定为行内层级。
- list-item: 将元素指定为列表项目。

11-5-2 width、height、top、bottom、left、right（Block Box 的宽度与高度、上下左右位移量）

我们可以使用 width 和 height 属性指定 Block Box 的宽度与高度，而当 position 属性的值为 relative（相对定位）、absolute（绝对定位）或 fixed（固定定位）时，我们可以使用 top、bottom、left、right 等属性指定 Block Box 的上下左右位移量，其语法如下，设置值有"长度"、"百分比"、auto（自动）等指定方式，默认值为 auto：

```
width: 长度 | 百分比 | auto
height: 长度 | 百分比 | auto
top: 长度 | 百分比 | auto
bottom: 长度 | 百分比 | auto
left: 长度 | 百分比 | auto
right: 长度 | 百分比 | auto
```

我们会在第 11-5-4 节示范这些属性的用法，至于图旁配字的设置则会使用到 float 和 clear 两个属性，第 11-5-5 节有进一步的说明。

下面举一个例子，由于没有指定标题 1 区块的大小，所以会采用默认值 auto，也就是根据浏览器窗口的大小自动调整 Block Box 的宽度与高度：

```
<h1 style="background-color:lightgreen; color:white"> 木栅动物园 Taipei
Zoo</h1>
```

①当窗口缩小时，区块的宽度会自动变小　　②当窗口放大时，区块的宽度会自动变大

若希望 Block Box 的宽度与高度不要随浏览器窗口的大小变动，可以使用 width 和 height 属性，例如下面的语句是将标题 1 区块的宽度与高度指定为 300px、200px，而且这个大小是固定的：

```
<h1 style="background-color:lightgreen; color:white; width:300px;
height:200px">
木栅动物园 Taipei Zoo</h1>
```

①当窗口缩小时，区块的宽度不会变小　　②当窗口放大时，区块的宽度也不会变大

11-5-3　max-width、min-width、max-height、min-height（Block Box 的宽度与高度的最大值及最小值）

除了将 Block Box 的宽度与高度指定为固定大小，CSS 还提供了max-width、min-width、max-height、min-height 等属性，用来指定宽度与高度的最大值及最小值，令宽度与高度在指定的范围内进行调整，避免 Block Box 的大小出现太大变化，导致版面混乱，这几个属性的语法如下，默认值为 auto（自动）：

```
max-width: 长度 | 百分比 | auto
min-width: 长度 | 百分比 | auto
max-height: 长度 | 百分比 | auto
min-height: 长度 | 百分比 | auto
```

以下面的语句为例，我们将标题 1 区块的宽度限制在 400px ~ 600px 之间，即使浏览器窗口缩小，标题 1 区块的宽度仍不得小于 400px：

```
<h1 style="background-color:lightgreen; color:white; min-width:400px;
max-width:600px">
木栅动物园 Taipei Zoo</h1>
```

①当窗口缩小时，区块的宽度不得小于宽度的最小值，故文字不会折到下一行

②当窗口放大时，区块的宽度也不得大于宽度的最大值

11-5-4　position（Box的定位方式）

CSS 提供了正常顺序（normal flow）、绝对定位（absolute positioning）和图旁配字（floats）

等定位方式，我们可以使用 position 属性指定 Box 的定位方式（Box 是 CSS 针对 HTML 元素所产生的矩形方块），其语法如下：

```
position:static | relative | absolute | fixed
```

- static: 表示正常顺序，此为默认值。
- relative: 表示相对定位，也就是相对于正常顺序来做定位。
- absolute: 表示绝对定位。
- fixed: 表示固定定位，属于绝对定位的一种，但位置不会随内容滚动而移动。

正常顺序与相对定位

诚如前面所言，在正常顺序（normal flow）下，Block Box 的位置取决于它在 HTML 源代码中出现的顺序，并根据垂直顺序一一显示，而 Block Box 彼此之间的距离是以其上下边界来计算的。

至于 Inline Box 的位置是在水平方向排成一行，而 Inline Box 彼此之间的距离是以其左右留白、左右框线和左右边界来计算的。

截至目前，我们所介绍的例子均属于正常顺序，也就是没有特别指定定位方式。接下来，我们要介绍另一种定位方式，叫做相对定位（relative positioning），这是相对于正常顺序来进行定位，也就是使用 top、bottom、left、right 等属性指定 Box 的上下左右位移量。

举例来说，假设 HTML 文件中有三个 Inline Box，id 属性的值分别为 myBox1、myBox2、myBox3，在正常顺序下，其排列方式如下图，也就是在水平方向排成一行，而且不会互相重叠。

此时，若将 myBox2 的定位方式指定为相对定位，并使用 top 属性指定 myBox2 的上边缘比在正常顺序下的位置下移 30 像素，以及使用 left 属性指定 myBox2 的左边缘比在正常顺序下的位置右移 30 像素，如下：

```
#myBox2 {
  position:relative;
  top:30px;
  left:30px
}
```

排列方式变成如下图，改成相对定位之后的 Box 有可能会重叠到其他 Box。

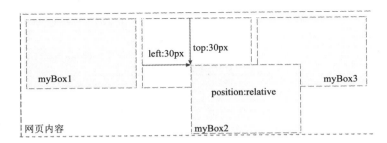

下面举一个例子，由于没有特别指定定位方式，故为正常顺序。

```
01:<!doctype html>
02:<html>
03:  <head>
04:    <meta charset="utf-8">
05:    <title>Box Model</title>
06:    <style>
07:      p {display:block; line-height:2}
08:      span {display:inline}
09:      .note {font-size:12px; color:blue}
10:    </style>
11:  </head>
12:  <body>
13:    <p> 庭院深深深几许？ 杨柳堆烟，帘幕无重数。
14:    <span class="note"> 注释 1: 堆烟意指杨柳浓密 </span></p>
15:    <p> 玉勒雕鞍游冶处，楼高不见章台路。
16:    <span class="note"> 注释 2: 章台路意指歌妓聚居之所 </span></p>
17:    <p> 雨横风狂三月暮，门掩黄昏，无计留春住。</p>
18:    <p> 泪眼问花花不语，乱红飞过秋千去。
19:    <span class="note"> 注释 3: 乱红意指落花 </span></p>
20:  </body>
21:</html>
```

<\Ch11\ 定位 1.html>

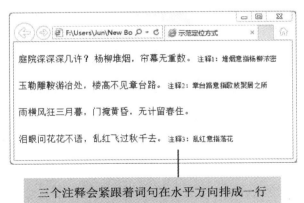

三个注释会紧跟着词句在水平方向排成一行

- 07: 指定 <p> 元素为区块层级，行高为两倍行高。
- 08: 指定 <span> 元素为行内层级。
- 09: 定义 note 样式规则，指定文字为 12 像素、蓝色。
- 14、16、19: 令 <span> 元素套用 note 样式规则，由于定位方式为正常顺序，所以三个注释会紧跟着词句在水平方向排成一行。

在 <定位 1.html> 中，由于三个注释均采用正常顺序，所以会紧跟着词句在水平方向排成一行，若我们希望提升视觉效果，让这些注释相对于词句本身再下移 10 像素，那么可以将第 09 行改写成如下，先使用 position 属性指定采用相 对定位，再使用 top 属性指定 <span> 元素的上边缘比在正常顺序下的位置下移 10 像素，然后另存新文件为 <定位 2.html>：

```
06:    <style>
07:      p {display:block; line-height:2}
08:      span {display:inline}
09:      .note {position:relative; top:10px; font-size:12px; color:blue}
10:    </style>
```

浏览结果如下图，仔细观察就会发现三个注释的位置改变了。

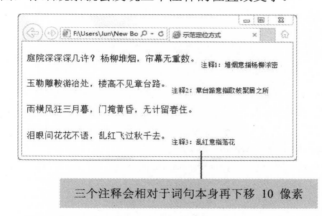

三个注释会相对于词句本身再下移 10 像素

最后要告诉您一个小秘诀，若您希望让这些注释相对于词句本身再上移 10 像素，那么可以把 top:10px; 改为 top:-10px;，换句话说，在使用 top、bottom、left、right 等属性指定相对的位移量时，不仅可以指定正的值，也可以指定负的值，具体情况要看您如何运用。

绝对定位与固定定位

前面所介绍的相对定位其实仍属于正常顺序，因为 HTML 元素的 Box 总是会在相对于正常顺序的位置，而绝对定位（absolute positioning）就不同了，它会把 HTML 元素的 Box 从正常顺序中抽离出来，显示在我们指定的位置，而正常顺序下的其他元素均会当它不存在。

绝对定位元素的位置是相对于包含该元素的区块来进行定位的，我们同样可以使用 top、bottom、left、right 等属性指定其上下左右的位移量，例如下图的 myBox2 采用绝对定位，同时其上边缘相对于包含 myBox2 之区块下移 30 像素，而其左边缘相对于包含 myBox2

之区块右移 30 像素。

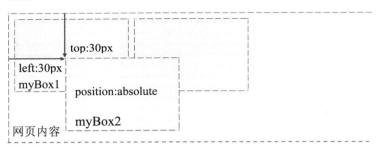

由于绝对定位元素是从正常顺序中抽离出来，因此，它有可能会跟正常顺序下的其他元素重叠，所以必须加以精心调整，至于哪个元素在上、哪个元素在下，则取决于其"堆栈层级"（stack level），第 11-5-6 节会说明如何指定重叠顺序。

此外，还有另一种形式的绝对定位方式，叫做固定定位（fixed positioning），它和绝对定位最大的不同在于元素会固定在相同位置，不会随内容滚动，有点类似第 10-2-5 节所介绍的固定背景图片，比较有创意的设计人员甚至会利用固定定位营造出框架的效果，稍后我们会做示范。

下面举一个例子，其中童诗的句子采用正常顺序，而图片采用绝对定位，一旦滚动内容，图片的位置也会随之滚动。

```
<!doctype html>
<html>
  <head>
    <meta charset="utf-8">
    <title> 示范定位方式 </title>
    <style>
      p {display:block; width:500px}
      img {display:inline; position:absolute; top:120px; left:300px}
    </style>
  </head>
  <body>
    <p> 即使我伸展双臂，<br>
        一丁点儿也飞不上天空，<br>
        可是可是，<br>
        会飞的小鸟却不像我，<br>
        可以快速奔驰在大地上。<br>
        不管我怎么摇摆身体，<br>
        还是晃荡不出美丽的铃铛声，<br>
        可是可是，<br>
        会响的铃铛却不像我 <br>
        能够哼唱那么多的歌曲。<br>
        铃铛、小鸟，还有我，<br>
        每个都不一样，<br>
        每个都好极了。<br>
```

指定图片采用绝对定位

```
    <img src="bird2.gif"></p>
    <p style="text-align:right">
       —— 我、小鸟和铃铛 —— 窗 · 道雄 </p>
  </body>
</html>
```

<\Ch11\ 定位 3.html>

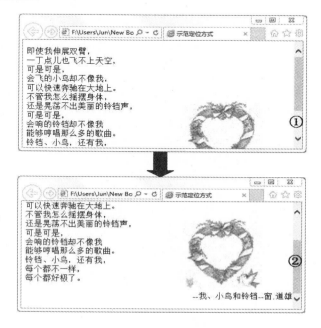

①将内容向下滚动　　　　②图片会随内容滚动

下面是另一个例子，它会利用固定定位营造出框架的效果。

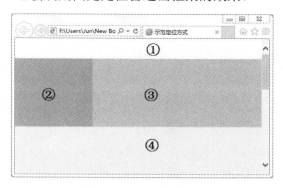

①header　②sidebar　③main　④footer

```
<!doctype html>
<html>
<head>
<meta charset="utf-8">
<title> 示范定位方式 </title>
```

```
<style>
body {height:8.5in}
#header {
position:fixed;
width:100%; height:15%;
top:0; right:0; bottom:auto; left:0;
background-color:#ffffcc
}
#sidebar {
position:fixed;
width:10cm; height:auto;
top:15%; right:auto; bottom:100px; left:0;
background-color:orange
}
#main {
position:fixed;
width:auto; height:auto;
top:15%; right:0; bottom:100px; left:10cm;
background-color:lightgreen
}
#footer {
position:fixed;
width:100%; height:100px;
top:auto; right:0; bottom:0; left:0;
background-color:#eeeeee
}
</style>
</head>
<body>
<div id="header"></div>
<div id="sidebar"></div>
<div id="main"></div>
<div id="footer"></div>
</body>
</html>
```

① ② ③ ④

<\Ch11\ 定位 4.html>

①指定 header 区块的定位方式、宽度、高度、上下左右位移量及背景颜色

②指定 sidebar 区块的定位方式、宽度、高度、上下左右位移量及背景颜色

③指定 main 区块的定位方式、宽度、高度、上下左右位移量及背景颜色

④指定 footer 区块的定位方式、宽度、高度、上下左右位移量及背景颜色

11-5-5　float、clear（指定图旁配字、解除图旁配字）

顾名思义，所谓"图旁配字"指的就是文字在图旁边环绕的效果，不过，CSS 所说的图并不一定局限于图片，它可以是包含任何文字或图片的 Block Box 或Inline Box。

我们可以使用 float 属性指定图旁配字的方向，其语法如下，none 表示不进行文绕图，此为默认值，left 表示靠左，right 表示靠右：

```
float:none | left | right
```

下面举一个例子，为了让您容易了解，所以我们直接使用图片来做示范，您也可以换用其他区块试试看。

```
01:<!doctype html>
02:<html>
03:  <head>
04:    <meta charset="utf-8">
05:    <title> 示范定位方式 </title>
06:    <style>
07:  img {float:none}          指定图片的文绕图方式为none(无)，
08:    </style>                此为默认值，省略不写也可。
09:  </head>
10:  <body>
11:    <img src="jp2.jpg" width="300">
12:    <h1> 豪斯登堡 </h1>
13:    <p> 豪斯登堡位于日本九州岛，一处重现中古世纪欧洲街景的度假胜地，
14:  命名由来是荷兰女王陛下所居住的宫殿豪斯登堡宫殿。</p>
15:    <p> 园内风景怡人俯拾皆画，还有"ONE PIECE 航海王"的世界，
16:  乘客可以搭上千阳号来一趟冒险之旅。</p>
17:  </body>
18:</html>
```

\<\Ch11\float1.html\>

这个例子的浏览结果如下图，由于第 07 行指定图片不进行图旁配字，因此，图片会在正常的文字内占有一个空间，而图片后面的文字则会根据垂直顺序一一显示出来。

若将第 07 行改写成如下，令图片靠右图旁配字，那么图片会向右移动，直到抵达包含该图片之区块的右边界，而图片后面的文字会从图片的左边开始显示：

```
07:      img {float:right}
```

若将第 07 行改写成如下，令图片靠左图旁配字，那么图片会向左移动，直到抵达包含该图片之区块的左边界，而图片后面的文字会从图片的右边开始显示：

```
07:      img {float:left}
```

在我们将 Box 指定为图旁配字后，紧邻着该 Box 的 Inline Box 默认会嵌入其旁边的位置，做绕图的动作，但有时基于实际的版面需求，我们可能不希望 Inline Box 做绕图的动作，此时可以使用 clear 属性指定 Inline Box 的哪一边不要紧邻着图旁配字 Box，也就是清除该边绕图的动作，其语法如下，none 表示不清除，此为默认值，left 表示清除左边绕图的动作，right 表示清除右边绕图的动作，both 表示清除两边绕图的动作：

```
clear:none | left | right | both
```

一旦我们清除 Inline Box 某一边绕图的动作，该 Inline Box 上方的边界就会变大，进而将 Inline Box 向下推挤，以闪过被指定为图旁配字的 Box。

下面举一个例子，其中第 07 行指定图片靠左图旁配字，而第 15 行指定清除第二段左边绕图的动作，所以第二段会被向下推挤，以闪过被指定为靠左图旁配字的图片，您可以仔细比较这个例子的浏览结果跟上面的浏览结果，两者主要的差别就在于第二段是否有清除左边绕图的动作。

```
01:<!doctype html>
02:<html>
03:  <head>
```

```
04:    <meta charset="utf-8">
05:    <title> 示范定位方式 </title>
06:    <style>
07:      img {float:left}        ①
08:    </style>
09:  </head>
10:  <body>
11:    <img src="jp2.jpg" width="300">
12:    <h1> 豪斯登堡 </h1>
13:    <p> 豪斯登堡位于日本九州岛，一处重现中古世纪欧洲街景的度假胜地，
14:       命名由来是荷兰女王陛下所居住的宫殿豪斯登堡宫殿。</p>
15: ② <p style="clear:left"> 园内风景怡人俯拾皆画，还有 "ONE PIECE 航海王" 的世界，
16:       乘客可以搭上千阳号来一趟冒险之旅。</p>
17:  </body>
18:</html>
```

<\Ch11\float2.html>

③

①指定图片的图旁配字方式为 left（靠左）

②指定清除第二段左边绕图的动作

③第二段左边绕图的动作被清除了而向下推挤，以闪过图片

11-5-6　z-index（重叠顺序）

由于绝对定位元素是从正常顺序中抽离出来的，因此，它有可能会跟正常顺序下的其他元素重叠，此时，我们可以使用 z-index 属性指定 HTML 元素的重叠顺序，其语法如下，默认值为 auto，而 "整数" 的数字越大，重叠顺序就越上面：

```
z-index:auto | 整数
```

下面举一个例子，由于图片和标题 1 的 z-index 属性分别为 1、2，所以数字较大的标题 1 会重叠在图片上面。

```
<!doctype html>
<html>
  <head>
```

```
  <meta charset="utf-8">
  <title> 示范定位方式 </title>
 </head>
 <body>
  <img src="jp2.jpg" style="position:absolute; top:10px; left:10px; z-index:1">
  <h1 style="background-color:rgba(255, 255, 0, 0.3); width:472px;
  position:absolute; top:100px; left:10px; z-index:2"> 豪斯登堡 </h1>
 </body>
</html>
```

<\Ch11\z-index.html>

标题 1 区块的 z-index 属性值
比较大，故会重叠在图片上面。

11-5-7 visibility（显示或隐藏 Box）

我们可以使用 visibility 属性指定要显示或隐藏 Box，其语法如下，默认值为 visible，表示显示，hidden 表示隐藏，而 collapse 表示隐藏表格的行列：

```
visibility: visible | hidden | collapse
```

下面举一个例子，它会显示两个不同背景颜色的标题 1 区块。

```
01:<h1 style="background-color:lightpink"> 临江仙 </h1>
02:<h1 style="background-color:burlywood"> 卜算子 </h1>
```

若在第 01 行加上 visibility:hidden，如下，则会隐藏第一个标题 1 区块：

```
01:<h1 style="background-color:lightpink; visibility:hidden"> 临江仙 </h1>
```

　　虽然第一个标题 1 区块被隐藏起来，可是画面上还是保留有空位，若要连空位都隐藏起来，可以再加上 display:none 属性，如下：

```
01:<h1 style="background-color:lightpink; visibility:hidden; display:none">
临江仙</h1>
```

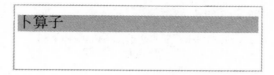

11-5-8　overflow（显示或隐藏溢出 Box 的内容）

　　我们可以使用 overflow 属性指定要显示或隐藏溢出 Box 的内容，其语法如下，默认值为 visible，表示显示，hidden 表示隐藏，scroll 表示无论内容有无溢出 Box 都会显示滚动条，而 auto 表示根据实际的内容自动显示滚动条：

```
overflow:visible | hidden | scroll | auto
```

　　下面举一个例子，它会显示溢出 Box 的内容。

```
01:<body>                                                            ①
02:  <div style="width:400px; height:170px; border:5px solid orange; overview:
visible">
03:  <h1> 豪斯登堡 </h1>
04:  <p> 豪斯登堡位于日本九州岛，一处重现中古世纪欧洲街景的度假胜地，
05:  命名由来是荷兰女王陛下所居住的宫殿豪斯登堡宫殿。</p>
06:  <p> 园内风景怡人俯拾皆画，还有『ONE PIECE 航海王』的世界，
07:  乘客可以搭上千阳号来一趟冒险之旅。</p>
08:  </div>
09:</body>
```

<\Ch11\overflow.html>

①指定显示溢出 Box 的内容　　　　②浏览结果

　　若将第 02 行改写成如下，则会隐藏溢出 Box 的内容：

```
02:  <div style="width:400px; height:170px; border:5px solid orange;
overflow:hidden">
```

若将第 02 行改写成如下，则会显示滚动条，无论内容有无溢出 Box：

```
<div style="width:400px; height:170px; border:5px solid orange; overflow:scroll">
```

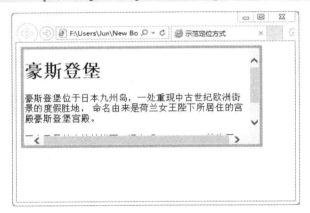

若将第 02 行改写成如下，则会根据实际的内容自动显示滚动条：

```
<div style="width:400px; height:170px; border:5px solid orange; overflow:auto">
```

11-5-9　object-fit（配合 Box 调整对象大小）

CSS3 新增的 object-fit 属性可以用来指定配合 Box 调整对象大小，其语法如下，默认值为 fill（填满）：

```
object-fit:fill | contain | cover | none
```

- fill：令对象填满 Box，该对象可能无法维持原比例。
- contain：令对象维持原比例显示在 Box，可能无法填满 Box。
- cover：令对象维持原比例显示在 Box，而且要填满 Box，所以对象可能无法全部显示出来。
- none：令对象维持原比例及原尺寸显示在 Box。

下面的示意图取自 CSS3 官方文件，供您做参考比较。

| Intrinsic size | fill | none | contain | cover |

例如下面的语句是以原比例及原尺寸显示图片，同时加上橘色框线：

```
<img src="jp5.jpg" style="border:solid 5px orange">
```

若将 <img> 元素的 Box 宽度与高度指定为 300px，同时加上 object-fit:fill 属性，令图片填满 Box，会得到如下图的浏览结果，此时图片将无法维持原比例：

```
<img src="jp5.jpg" style="border:solid 5px orange; width:300px; height:300px;
object-fit:fill">
```

若换成 object-fit:contain 属性，令对象维持原比例显示在 Box，会得到如下图的浏览结果，此时图片将无法填满 Box：

```
<img src="jp5.jpg" style="border:solid 5px orange; width:300px; height:300px;
object-fit:contain">
```

object-fit 属性与下一节所要介绍的 object-position 属性均属于 CSS Image Values and Replaced Content Level 3 模块，该模块目前处于 W3C 建议推荐（PR）阶段，详细的规格可以参考 CSS3 官方文件 http://www.w3.org/TR/css3-images/。

11-5-10 object-position（对象在 Box 内的显示位置）

CSS3 新增的 object-position ③ 属性可以用来指定对象在 Box 内的显示位置，其语法如下，设置值的指定方式和 background-position 属性相同，默认值为 50% 50%，也就是正中央：

```
object-position: [长度 | 百分比 | left | center | right] [长度 | 百分比 | top |
center | bottom]
```

下面举一个例子。

```
<!doctype html>
<html>
<head>
<meta charset="utf-8"> <title>Box Model</title>
</head>
<body>
<img src="flower2.gif" style="border:solid 5px orange; width:200px;
height:200px;
```

```
      object-fit:none;object-position:left top">
    <img src="flower2.gif" style="border:solid 5px orange; width:200px;
height:200px;
    object-fit:none; object-position:50% 50%">
  </body>
</html>
```

<\Ch11\box1.html>

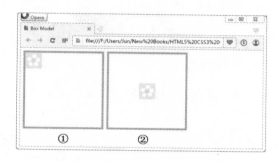

①图片在 Box 内的显示位置为左上角　　②图片在 Box 内的显示位置为正中央

11-5-11　box-shadow（Box 阴影）

　　我们可以使用 CSS3 新增的 box-shadow 〓 属性指定 Box 阴影，其语法如下，none 表示无，"水平位移"是阴影在水平方向的位移为多少像素，"垂直位移"是阴影在垂直方向的位移为多少像素，"模糊"是阴影的模糊轮廓为多少像素，"颜色"是阴影的颜色，而且可以指定多重阴影，中间以逗号隔开：

box-shadow:none ｜ [[*水平位移 垂直位移 模糊 颜色*] [,...]]

　　下面举一个例子。

```
<!doctype html>
<html>
  <head>
    <meta charset="utf-8">
    <title> 示范定位方式 </title>
  </head>
  <body>
    <h1 style="width:400px; background-color:lightpink;
      box-shadow:10px 10px 5px silver"> 临江仙 </h1>
    <h1 style="width:400px; background-color:burlywood;
      box-shadow:10px 10px 10px silver, 20px 20px 20px lightyellow"> 卜算子</h1>
  </body>
</html>
```

<\Ch11\shadow.html>

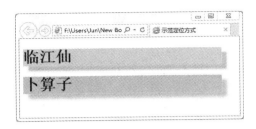

①阴影的水平位移、垂直位移、模糊、颜色为 10px、10px、5px、银色

②两层阴影

11-5-12 vertical-align（垂直对齐）

我们可以使用 vertical-align 属性指定行内层级元素的垂直对齐方式，其语法如下，默认值为 baseline（基准线）：

```
vertical-align:baseline | top | text-top | middle | bottom | text-bottom |
sub | super | 长度 | 百分比
```

- baseline: 指定行内层级元素的基准线对齐包含该元素的显示区块的基准线，若该元素没有基准线，就以其下边缘对齐包含该元素的显示区块的基准线。
- top: 指定行内层级元素的上边缘对齐包含该元素的显示区块的上边缘。
- text-top: 指定行内层级元素的上边缘对齐上一层元素所包含的文字上边缘。
- middle: 指定行内层级元素的中线对齐上一层元素所包含的文字中线。
- bottom: 指定行内层级元素的下边缘对齐包含该元素的显示区块的下边缘。
- text-bottom: 指定行内层级元素的下边缘对齐上一层元素所包含的文字下边缘。
- sub: 指定将行内层级元素的基准线降低至包含该元素的显示区块的下标。
- supper: 指定将行内层级元素的基准线提升至包含该元素的显示区块的上标。
- *长度*: 指定行内层级元素的垂直位移长度。
- *百分比*: 指定行内层级元素的垂直位移百分比。

下面举一个例子，由于 vertical-align 属性适用于行内层级元素，为了方便做示范，我们在第 02 行加上 display:inline 样式，将 <p> 元素指定为行内层级，也正因如此，<p>、<span>、<img> 三个元素的内容会水平并排在 <div> 区块内。

此外，由于 baseline 为默认值，所以没有指定垂直对齐方式的"航海王"、图片和有指定对齐基准线的"乔巴"均会对齐显示区块的基准线。

```
01:<div>
02:  <p style="display:inline; font-size:60px"> 航海王
03:  <span style="font-size:20px; vertical-align:baseline"> 乔巴 </span></p>
04:  <img src="piece1.jpg" style="width:200px"> 05:
05:</div>
```

<\Ch11\vertical.html>

"航海王"、图片和"乔巴"的基准线均会对齐显示区块的基准线

若将第 03 行改写成如下，令"乔巴"的上边缘对齐显示区块的上边缘，会得到如下图的浏览结果：

```
03:    <span style="font-size:20px; vertical-align:top"> 乔巴 </span></p>
```

①航海王和图片的基准线会对齐显示区域的基准线

②乔巴的上边缘会对齐显示区域的上边缘

若将第 03 行改写成如下，令"乔巴"比原来的位置向下移其高度的 200%，会得到如下图的浏览结果：

```
03:    <span style="font-size:20px; vertical-align:-200%"> 乔巴 </span></p>
```

"乔巴"的位置会比原来的位置向下移其高度的 200%

此外，我们可以分别使用 vertical-align:sub 和 vertical-align:super 指定下标及上标，下面是一个例子，要注意的是这个设置值不会改变元素的文字大小，需要的话，可以搭配 font-size 属性指定文字大小：

```
<h1>H<span style="vertical-align:sub">2</span>O</h1>
<h1>X<span style="vertical-align:super">2</span>Y</h1>
```

习题

选择题

（　　）1. 根据 CSS 的 Box Model，当我们指定 HTML 元素的背景时，背景颜色或背景图片是显示在下列哪两个部分？（多选）

    A. 边界　　　　　　B. 框线　　　　　　C. 留白　　　　　　D. 内容

（　　）2. 下列哪一个通常是透明的区域，可以用来控制 HTML 元素的间距？

    A. 边界　　　　　　B. 框线　　　　　　C. 留白　　　　　　D. 内容

（　　）3. 若要指定留白的大小，可以使用下列哪个属性？

    A. margin　　　　　B. border　　　　　C. padding　　　　D. display

（　　）4. 基准样式规则 p {margin:20px 15px 30px} 的定义，左边界的大小是多少？

    A. 20px　　　　　　B. 15px　　　　　　C. 30px　　　　　　D. 没有定义

（　　）5. 基准样式规则 img {border-style:solid dashed} 的定义，下框线的样式是什么？

    A. 不显示框线　　B. 虚线点状框线　C. 虚线框线　　　D. 实线框线

（　　）6. 若要指定上框线的宽度，可以使用下列哪个属性？

    A. border-top-style　　　　　　　　B. border-top

    C. border-color　　　　　　　　　　D. padding-top-width

（　　）7. 下列哪一个不属于行内层级（inline level）的HTML元素？

    A. <span>　　　　B. <strong>　　　C. <em>　　　　　D. <div>

（　　）8. 下列哪个语句可以指定 HTML 元素采用相对定位？

    A. position:static　　　　　　　　B. position:relative

    C. position:absolute　　　　　　　D. position:fixed

（　　）9. 下列哪个语句可以让图片向右移动至右边界，使图片后面的文字从图片的左边开始显示？

    A. clear:left　　　　B. clear:right　　　C. float:right　　　D. float:left

（　　）10. 若要营造出类似 <sup> 元素的效果，可以将 vertical-align 属性的值指定为下列哪一个？

    A. super   B. sub   C. top   C. text-top

（　　）11. 若要清除图旁配字的动作，可以使用下列哪个属性？

    A. display   B. clear   C. float   D. reset

（　　）12. 根据 img {border:thin solid red} 的定义，图片的框线将呈现何种外观？

    A. 红色的细实线   B. 红色的粗实线

    C. 红色的细虚线   D. 红色的粗虚线

（　　）13. 下列哪个属性可以用来指定 HTML 元素的重叠顺序？

    A. float   B. z-index   C. position   D. overflow

（　　）14. 下列哪个属性可以用来指定配合 Box 调整对象的大小？

    A. object-fit   B. border-image C. object-position D. box-shadow

（　　）15. 下列哪个属性可以用来指定要隐藏 Box ？

    A. overflow   B. clear   C. z-index   D. visibility

第 12 章

表格属性

12-1　表格模式

在过去，可能有不少网页设计人员会利用表格进行版面编排，但在 CSS 日趋成熟后，版面编排的工作已经被前一章所介绍的 Box Model 与定位方式取代了，至于表格则回归它最原始的用途，也就是单纯地用来显示表格式数据。

CSS 表格模式（table model）是以 HTML 表格模式为基础，而 HTML 表格是由标题与任意行数的单元格所组成，因此，CSS 表格模式涵盖了表格（table）、标题（caption）、行（row）、行分组（row group）、列或者栏（column）、列分组（column group）和单元格（cell）等元素，如下，我们在第 5 章已经介绍过这些元素，此处仅进行简单的复习：

- <table>: 在 HTML 文件中标记表格。
- <tr>: 在表格中标记一行。
- <td>: 在一行中标记单元格。
- <th>: 在一行中标记标题单元格。
- <caption>: 指定表格的标题，而且该标题可以是文字或图片（搭配<img>或<object>元素）。
- <thead>: 指定表格的表头。
- <tbody>: 指定表格的主体。
- <tfoot>: 指定表格的表尾。
- <colgroup>: 针对表格的列进行分组，将表格的几列视为一组，然后指定各组的格式，如此便能一次指定几列的格式。
- <col>: 指定一整列的格式（必须与 <colgroup> 元素合并使用）。

不过，并不是所有标记语言（例如 XML）都会默认定义不同的表格元素，因此，CSS 提供了 display 属性，用来将标记语言的元素对应到不同的表格元素，其语法如下：

> display: *设置值*

我们在第 11-5-1 节曾经讨论如何使用display属性指定 HTML 元素的显示层级，当时只有介绍 none（无）、block（区块）、inline（行内）和 list-item（列表项目）等设置值，事实上，这个属性还有许多与表格相关的设置值，如下表。

设置值	说明	对应至 HTML 元素
table	将元素指定为区块层级表格	<table>
inline-table	将元素指定为行内层级表格	<table>
table-row	将元素指定为一行单元格	<tr>
table-cell	将元素指定为一个单元格	<td>、<th>
table-caption	将元素指定为标题	<caption>
table-header-group	将元素指定为表头	<thead>
table-row-group	将元素指定为一行或多行分组	<tbody>
table-footer-group	将元素指定为表尾	<tfoot>
table-column-group	将元素指定为一列或多列分组	<colgroup>
table-column	将元素指定为一列单元格	<col>

举例来说，下面的第一个样式规则是将 FOO 元素的行为指定为像 HTML 的 <table> 元素，而第二个样式规则是将 BAR 元素的行为指定为像 HTML 的 <caption> 元素：

```
FOO {display: table}
BAR {display: table-caption}
```

由于 HTML 的表格元素已经有如下的默认值，因此，在我们使用这些元素时，不必特别去指定 display 属性的值：

```
table {display:table}
tr {display:table-row}
thead {display:table-header-group}
tbody {display:table-row-group}
tfoot {display:table-footer-group}
col {display:table-column}
colgroup {display:table-column-group}
td, th {display:table-cell}
caption {display:table-caption}
```

此外，前几章所介绍的字体、文本、颜色、背景、留白、框线、边界等 CSS 属性，大部分都可以套用到表格，下面举一个例子。

```
01:<!doctype html>
02:<html>
03: <head>
04:    <meta charset="utf-8">
05: <title> 示范 CSS 表格属性 </title>
06: <style>
07:     caption {color:#c83399; font:25px 标楷体}            ①
08:   th {color:white; background-color:purple; padding:5px}  ②
09:     td {border:1px solid purple; padding:5px}             ③
10: </style>
11: </head>
12: <body>
13:   <table>
14:   <caption> 热门点播 </caption>
15:       <tr>
16:         <th> 歌曲名称 </th>
17:         <th> 演唱者 </th>
18:   </tr>
19:       <tr>
20:         <td> 阿密特 </td>
21:         <td> 张惠妹 </td>
22:   </tr>
23:       <tr>
24:         <td> 大艺术家 </td>
```

```
25:         <td> 蔡依林 </td>
26:     </tr>
27:     <tr>
28:      <td> 有我在 </td>
29:         <td> 罗志祥 </td>
30:     </tr>
31:     <tr>
32:         <td> 想幸福的人 </td>
33:         <td> 杨丞琳 </td>
34:     </tr>
35: </table>
36:   </body>
37:</html>
```

<\Ch12\table1.html>

①指定表格标题的样式为桃红色文字、25 像素大小、标楷体

②指定标题单元格的样式为白色文字、紫色背景、5 像素留白

③指定一般单元格的样式为 1 像素、紫色实心框线、5 像素留白

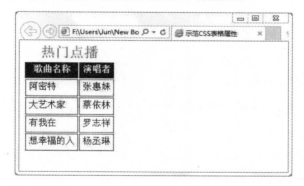

<table1.html> 充分展示了如何使用 HTML 定义网页的内容，以及使用 CSS 定义网页的外观，以便达到将网页的内容与外观分隔开来的目的，日后若要变更表格的外观，只要修改第 07～09 行的样式规则即可。

举例来说，我们将 <table1.html> 的第 07 ～ 09 行修改成如下，然后另存为新文件 <table2.html>：

```
07:        caption {color:#0066cc; font:25px 标楷体 }
08:        th {width:5cm; background-color:#99ccff; padding:5px}
09:        td {width:5cm; background-color:#ddeeff; padding:5px;
border:3px dashed white; text-align:center}
```

请注意，由于第 08、09 行使用了 width 属性指定标题单元格以及一般单元格的宽度为 5 厘米，因此，单元格的宽度不再取决于单元格的内容，同时第 09 行还使用了 text-align 属性指定文字居中对齐，于是得到如下图的浏览结果。

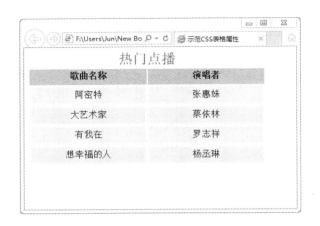

12-2　表格属性

CSS 也提供了一些表格专用的属性，例如 caption-side、border-collapse、table-layout、empty-cells、border-spacing 等，以下就为您进行介绍。

12-2-1　caption-side（表格标题位置）

caption-side 属性的套用对象是 display 属性为 table-caption 的元素，用来指定表格标题元素的位置，其语法如下，默认值为 top，表示标题位于表格上方，而 bottom 表示标题位于表格下方：

```
caption-side:top | bottom
```

举例来说，我们可以在 <table2.html> 的第 07 行加上 caption-side:bottom，指定标题位于表格下方：

```
07:        caption {color:#0066cc; font:25px 标楷体 ; caption-side:bottom}
```

浏览结果会变成如下图。

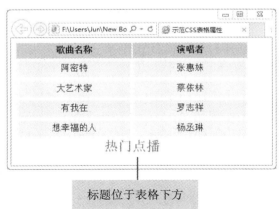

标题位于表格下方

12-2-2　border-collapse（表格框线模式）

CSS 提供了"分开"（separate）与"重叠"（collapse）两种表格框线模式，前者指的是表格及单元格彼此之间的框线是分隔开来的，而后者指的是表格及单元格彼此之间的框线是重叠在一起的。

border-collapse 属性的套用对象是 display 属性为 table 和 inline-table 的元素，用来指定表格元素的框线模式，其语法如下，默认值为 separate，表示"分开"模式，而 collapse 表示"重叠"模式：

```
border-collapse:separate | collapse
```

下面举一个例子，其中第 07 行指定采用"分开"模式。

```
01:<!doctype html>
02:<html>
03: <head>
04:   <meta charset="utf-8">
05:   <title> 示范 CSS 表格属性 </title>
06:   <style>
07:     table {border:2px solid red; border-collapse:separate}      ①
08:     th, td {border:2px solid blue}                              ②
09:   </style>
10: </head>
11: <body>
12:  <table>
13:   <caption> 热门点播 </caption>
14:    <tr>
15:     <th> 歌曲名称 </th>
16:     <th> 演唱者 </th>
17:    </tr>
18:    <tr>
19:     <td> 阿密特 </td>
20:    <td> 张惠妹 </td>
21:  </tr>
22:    <tr>
23:    <td> 大艺术家 </td>
24:     <td> 蔡依林 </td>
25:    </tr>
26:    <tr>
27:     <td> 有我在 </td>
28:     <td> 罗志祥 </td>
29:    </tr>
30:    <tr>
31:     <td> 想幸福的人 </td>
32:     <td> 杨丞琳 </td>
```

```
33:    </tr>
34:  </table>
35:  </body>
36:</html>
```

<\Ch12\table3.html>

①指定表格框线为 2 像素、实心、红色且采用"分开"模式

②指定单元格框线为 2 像素、实心、蓝色

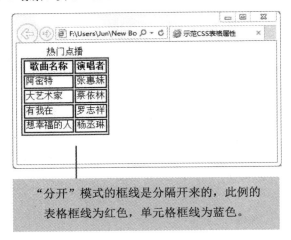

"分开"模式的框线是分隔开来的，此例的
表格框线为红色，单元格框线为蓝色。

若将第 07 行改写成如下，指定采用"重叠"模式：

```
07:     table {border:2px solid red; border-collapse:collapse}
```

浏览结果会变成如下图。

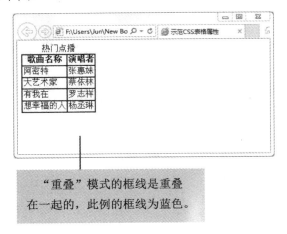

"重叠"模式的框线是重叠
在一起的，此例的框线为蓝色。

12-2-3 table-layout（表格版面编排方式）

在前面的例子中，单元格的宽度取决于其内容的长度，但我们也可以令单元格的宽度取决于表格的宽度、栏的宽度及框线。

table-layout 属性的套用对象是 display 属性为 table 和 inline-table 的元素，用来指定表格元素的版面编排方式，其语法如下，默认值为 auto（自动），表示单元格的宽度取决于其内容的长度，fixed（固定）表示单元格的宽度取决于表格的宽度、列的宽度及框线：

```
table-layout:auto | fixed
```

举例来说，假设我们将 <table3.html> 的第 07 行改写成如下，指定表格宽度为 200 像素、版面编排方式为 auto（自动），然后另存新文件为 <table4.html>：

```
07:        table {width:200px; border:2px solid red; table-layout:auto}
```

浏览结果会变成如下图。

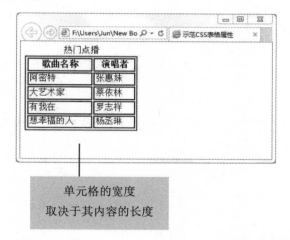

接下来，我们将 <table4.html> 的第 07 行改写成如下，指定版面编排方式为fixed（固定）：

```
table {width:200px; border:2px solid red; table-layout:fixed}
```

浏览结果会变成如下图。

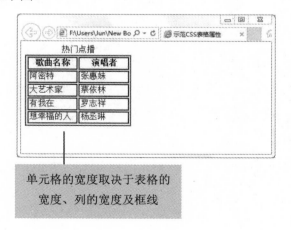

12-2-4　empty-cells（显示或隐藏空白单元格）

empty-cells 属性的套用对象是 display 属性为 table-cell 的元素，用来指定在"分开"（separate）模式下，是否显示空白单元格的框线与背景，其语法如下，默认值为 show，表示显示，而 hide 表示隐藏：

```
empty-cells:show | hide
```

下面举一个例子，其中第 25 ~ 28 行定义了一行空白单元格，由于第 08 行加上了 empty-cells:show，故浏览结果会显示此行空白单元格的框线与背景。

```
01:<!doctype html>
02:<html>
03: <head>
04:    <meta charset="utf-8">
05: <title> 示范 CSS 表格属性 </title>
06:    <style>
07:      table {border:2px solid red}
08:      th, td {border:2px solid blue; empty-cells:show}
09: </style>
10: </head>               指定要显示空白单元格的框线与背景
11: <body>
12:    <table>
13:      <tr>
14:    <th> 歌曲名称 </th>
15:      <th> 演唱者 </th>
16:      </tr>
17:      <tr>
18:        <td> 阿密特 </td>
19:        <td> 张惠妹 </td>
20:      </tr>
21:      <tr>
22:        <td> 大艺术家 </td>
23:        <td> 蔡依林 </td>
24:      </tr>
25:    <tr>
26:     <td></td>
27:        <td></td>
28:     </tr>
29: </table>
30: </body>
31:</html>
```

<\Ch12\table5.html>

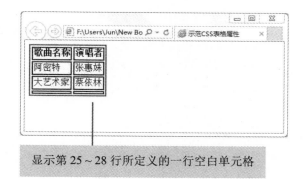

显示第25~28行所定义的一行空白单元格

若将第08行改写成如下，指定要隐藏空白单元格的框线与背景：

```
08:    th, td {border:2px solid blue; empty-cells:hide}
```

浏览结果会变成如下图。

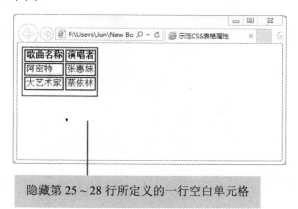

隐藏第25~28行所定义的一行空白单元格

12-2-5　border-spacing（表格框线间距）

border-spacing 属性的套用对象是 display 属性为 table 和 inline-table 的元素，用来指定在"分开"（separate）模式下的表格框线间距，其语法如下：

border-spacing: *长度*

下面举一个例子，它将表格框线间距指定为 10 像素。

```
<!doctype html>
<html>
  <head>
    <meta charset="utf-8">
    <title> 示范 CSS 表格属性 </title>
    <style>
      table {border:2px solid red; border-spacing:10px}
      th, td {border:2px solid blue}
    </style>
  </head>
```

```
<body>
  <table>
  <tr>
    <th> 歌曲名称 </th>
    <th> 演唱者 </th>
  </tr>
  <tr>
    <td> 阿密特 </td>
    <td> 张惠妹 </td>
  </tr>
  <tr>
    <td> 大艺术家 </td>
    <td> 蔡依林 </td>
  </tr>
  </table>
 </body>
</html>
```

<\Ch12\table6.html>

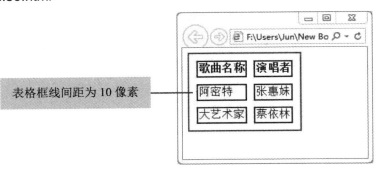

表格框线间距为 10 像素

习题

一、选择题

(   ) 1. 下列哪个属性可以用来指定表格标题元素的位置？

    A. caption-side   B. border-collapse

    C. table-layout   D. empty-cells

(   ) 2. 下列哪个属性可以用来指定单元格的水平对齐方式？

    A. align   B. text-align   C. vertical-align   D. horizontal-align

(   ) 3. 下列哪条语句可以将元素指定为一行单元格？

    A. display:table-row   B. display:table-cell

    C. display:table-column   D. display:table-row-group

(   ) 4. 下列哪条语句可以令单元格彼此之间共享框线？

    A. empty-cells:hide   B. table-layout:auto

C. border-collapse:collapse   D. border-collapse:separate

(   ) 5. 下列关于表格的语句哪一个是错误的？

      A. height 属性可以用来指定表格的高度

      B. 单元格默认的高度是由其内容的高度来决定的

      C. border-spacing 属性可以用来指定表格版面编排方式

      D. width 属性可以用来指定表格的宽度

二、实践题

1. 完成如下网页，其中表格的样式请以 CSS 来指定（提示：表格的框线为外凸框线 outset，单元格的框线为内凹框线 inset）。

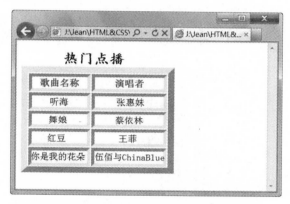

2. 完成如下网页，其中表格的样式请以 CSS 来指定。

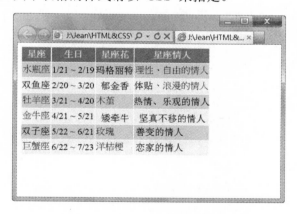

第13章

特殊效果与媒体查询

13-1　鼠标光标形状——cursor 属性

有时为了搭配整体的版面设计，我们可能需要自定义网页上的鼠标光标的形状，此时可以使用cursor属性，其语法如下，而下表是CSS2.1 所提供的设置值，默认值为auto（自动）：

```
cursor:url(鼠标光标文件名) | 设置值
```

设置值	鼠标光标形状	设置值	鼠标光标形状
auto	浏览器根据当前的内容决定鼠标光标的形状(默认值)	crosshair	＋
default	系统默认的鼠标光标，通常为	pointer	
move		e-resize	
ne-resize		nw-resize	
n-resize		se-resize	
sw-resize		s-resize	
w-resize		text	
wait		help	
progress			

至于 CSS3 所提供的设置值就更多了，如下　**3**：

```
auto | default | none | context-menu | help | pointer | progress | wait | cell
| crosshair | text | vertical-text | alias | copy | move | no-drop | not-allowed
| e-resize | n-resize | ne-resize | nw-resize | s-resize | se-resize | sw-resize
| w-resize | ew-resize | ns-resize |nesw-resize | nwse-resize | col-resize |
row-resize | all-scroll | zoom-in | zoom-out
```

您可以在下列两份说明文件查看 cursor 属性的规格：

- CSS Level 2 Revision 1（http://www.w3.org/TR/CSS2/）
- CSS Basic User Interface Level 3（http://www.w3.org/TR/css3-ui/）

下面举一个例子，当鼠标光标移到超链接时，就会变成问号的形状。

```
01:<!doctype html>
02:<html>
03: <head>
04:   <meta charset="utf-8">
05:   <title> 示范鼠标光标形状 </title>
```

```
06:   <style>
07:      a:hover {cursor:help}
08: </style>
09: </head>
10: <body>
11:   <p><a href="doc.html"> 联机帮助 </a></p>
12: </body>
13:</html>
```

使用 :hover 伪类指定将样式规则套用到鼠标光标所指到但尚未点选的元素，有关伪类的介绍可以参阅第 8-4-7 节。

<\Ch13\cursor1.html>

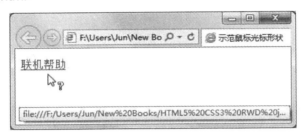

我们也可以使用鼠标光标文件，例如将 <cursor1.html> 的第 07 行改写成如下，当鼠标光标移到超链接时，就会变成 harrow.cur 所指定的形状：

```
07:       a:hover {cursor:url(harrow.cur)}
```

13-2　外框线—— outline 属性

除了前一节所介绍的 cursor 属性，CSS Basic User Interface Level 3 模块还提供了下列几个属性用来指定 HTML 元素的外框线样式，所谓"外框线"指的是显示在框线外侧的线条：

- outline-color ▣: 指定外框线的颜色，其语法如下，默认值为 color 属性的值（即前景颜色），而 invert 表示反相颜色，有些浏览器可能尚未支持这个关键词：

```
outline-color: 颜色 | invert
```

- outline-style ▣: 指定外框线的样式，其语法如下，设置值的指定方式和 border-style 属性几乎一样，但是多了 auto（自动），默认值则维持为 none（无）：

```
outline-style:auto | none | hidden | dotted | dashed | solid | double | groove
```

```
| ridge | inset | outset
```

设置值	说明	设置值	说明
none	不显示外框线（默认值）	double	双线外框线
hidden	不显示外框线（和 none 相同，但可避免和表格元素的框线设置冲突）	groove	3D 立体内凹外框线
dotted	虚线点状外框线	ridge	3D 立体外凸外框线
dashed	虚线外框线	inset	内凹外框线
solid	实线外框线	outset	外凸外框线

- outline-width **3**: 指定外框线的宽度，其语法如下，设置值的指定方式和 border-width 属性一样，有 thin（细）、medium（中）、thick（粗）和"长度"等指定方式，默认值为 medium（中），而长度的度量单位可以是 px、pt、pc、em、ex、in、cm、mm 等:

```
outline-width:thin | medium | thick | 长度
```

- outline **3**: 这是综合了前面三种属性的简便表示法，其语法如下:

```
outline: 设置值 1 [ 设置值 2 [ 设置值 3 ]]
```

- outline-offset **3**: 指定外框线与框线的间距，其语法如下:

```
outline-offset: 长度
```

下面举一个例子，当鼠标光标移到按钮时，按钮外侧会显示外框线。

```
<!doctype html>
<html>
<head>
<meta charset="utf-8">
<title> 示范外框线样式 </title>
<style>
button:hover {outline:orange solid thick}——  指定外框线样式为橘色、实线、thick（粗）
</style>
</head>
<body>
<button> 开始下载 </button>
</body>
</html>
```

<\Ch13\outline1.html>

①鼠标光标尚未移到按钮　　②鼠标光标移到按钮时会显示外框线

至于下面的语句则是指定外框线与框线的间距为 3px：

```
button:hover {outline:orange solid thick; outline-offset:3px}
```

改编者注：由于 IE 11 版本尚不支持外框线与框线的间距这个功能，故这个功能演示用了Chrome浏览器。

13-3　多字段排版

CSS3 针对多字段排版新增了数个属性，例如 column-width、column-count、columns、column-gap、column-rule、break-before、break-after、break-inside、column-span、column-fill 等 ⬛，这些属性均属于 CSS Multi-column Layout 模块，该模块目前处于 W3C 候选推荐（CR）阶段，详细的规格可以参考 CSS3 官方文件 http://www.w3.org/TR/css3-multicol/。

13-3-1　column-count、column-width、columns（字段数目与宽度）

在进行多字段排版时，我们可以使用 CSS3 新增的 column-count ⬛ 属性指定字段数目，其语法如下，默认值为 auto，表示由浏览器根据实际的版面设置情况自动决定，而n为大于 0 的正整数，表示字段数目：

```
column-count:auto | n
```

此外，我们也可以使用 CSS3 新增的 column-width ⬛ 属性指定字段宽度，其语法如下，默认值为 auto，表示由浏览器根据实际的版面设置情况自动决定：

```
column-width:auto | 长度
```

至于 columns ⬛ 属性则是 column-count 和 column-width 属性的简便表示法，其语法如下：

```
columns: 设置值1 [ 设置值2]
```

例如：

```
column-count:3;          /* 字段数目为 3 */
column-width:200px;      /* 字段宽度为 200px */
columns:10em;            /* 相当于 column-width:10em; column-count:auto */
columns:auto 10em;       /* 相当于 column-width:10em; column-count: auto */
columns:2;               /* 相当于 column-width:auto; column-count:2 */
columns:2 auto;          /* 相当于 column-width:auto; column-count:2 */
```

下面举一个例子。

```
01:<!doctype html>
02:<html>
03:  <head>
04:    <meta charset="utf-8">
05:    <title> 示范多字段排版 </title>
06:    <style>
07:      h1 {background-color:hotpink; color:white}
08:      p {background-color:lightyellow}
09:      div {columns:200px}                        ①
10:    </style>
11:  </head>
12:  <body>
13:    <div>
14:      <h1> 蝶恋花 </h1>
15:      <p> 庭院深深深几许？杨柳堆烟，帘幕无重数。
16:          玉勒雕鞍游冶处，楼高不见章台路。雨横风狂三月暮，门掩黄昏，
17:          无计留春住。泪眼问花花不语，乱红飞过秋千去。</p>
18:      <h1> 浣溪纱 </h1>
19:      <p> 楼上晴天碧四垂，楼前芳草接天涯，劝君莫上最高梯。
20:          新笋已成堂下竹，落花都上燕巢泥，忍听林表杜鹃啼。</p>
21:      <h1> 醉花阴 </h1>
22:      <p> 薄雾浓云愁永昼，瑞脑消金兽。佳节又重阳，玉枕纱橱，半夜凉初透。
23:          东篱把酒黄昏后，有暗香盈袖。莫道不消魂，帘卷西风，人比黄花瘦。</p>
24:    </div>
25:  </body>
26:</html>
```

<\Ch13\layout1.html>

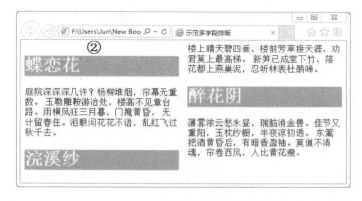

①指定字段宽度为 200px　　　②浏览结果（字段数目取决于浏览器的宽度 ）

若将浏览器的宽度放大，那么字段宽度不变，字段数目则会变多，如下图所示。

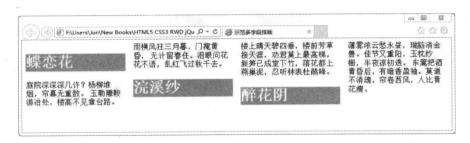

若将第 09 行改写成如下，那么无论浏览器的宽度为何，浏览结果都会显示成 3 个字段：

```
09:      div {columns:3}
```

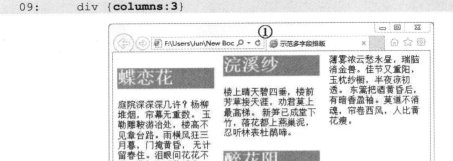

①当浏览器的宽度缩小时，会显示成 3 个字段　　　②当浏览器的宽度放大时，仍会显示成 3 个字段

13-3-2　column-gap（字段间距）

我们可以使用 CSS3 新增的 column-gap 【3】 属性指定字段之间的间距，其语法如下，默认值为 normal，通常是 1cm：

```
column-gap:normal | 长度
```

比方说，我们将 <layout1.html> 的第 09 行改写成如下，令字段间距为 0px：

```
09:      div {columns:3; column-gap:0px}
```

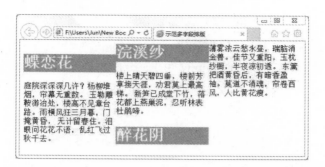

又或者，我们将 <layout1.html> 的第 09 行改写成如下，令字段间距为 20px：

```
09:        div {columns:3; column-gap:20px}
```

13-3-3　column-rule（字段分隔线）

在默认的情况下，多字段排版的字段之间并不会显示分隔线，若要显示分隔线，可以使用下列几个 CSS3 新增的属性：

- column-rule-color ▤：指定分隔线的颜色，其语法如下，设置值的指定方式和 border-color 属性一样，换句话说，您可以使用第 10-1 节所介绍的方式指定颜色，若没有指定的话，默认值为 color 属性的值（即前景颜色），或者，您也可以指定为 transparent，表示透明，但仍具有宽度：

```
column-rule-color: 颜色 | transparent
```

- column-rule-style ▤：指定分隔线的样式，其语法如下，设置值的指定方式和 border-style 属性一样，默认值为 none（无）：

```
column-rule-style: 设置值
```

设置值	说明	设置值	说明
none	不显示分隔线（默认值）	double	双线分隔线
hidden	不显示分隔线（和 none 相同，但可避免和表格元素的框线设置冲突）	groove	3D 立体内凹分隔线
dotted	虚线点状分隔线	ridge	3D 立体外凸分隔线
dashed	虚线分隔线	inset	内凹分隔线
solid	实线分隔线	outset	外凸分隔线

- column-rule-width **3**：指定分隔线的宽度，其语法如下，设置值的指定方式和 border-width 属性一样，有 thin（细）、medium（中）、thick（粗）和"长度"等四种指定方式，默认值为 medium（中），而长度的度量单位可以是 px、pt、pc、em、ex、in、cm、mm 等：

```
column-rule-width:thin | medium | thick | 长度
```

- column-rule：这是综合了前面三种属性的简便表示法，其语法如下：

```
column-rule: 设置值1 [ 设置值2 [ 设置值3]]
```

比方说，我们将 <layout1.html> 的第 09 行改写成如下，指定字段数目为 2，并加上银色、实线、宽度为 1px 的分隔线：

```
09:        div {columns:2; column-rule: silver solid 1px}
```

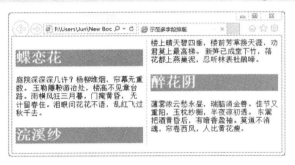

又或者，我们将 <layout1.html> 的第 09 行改写成如下，指定字段数目为 3，并加上粉红色、虚线点状、宽度为 2px 的分隔线：

```
09:        div {columns:3; column-rule:pink dotted 2px}
```

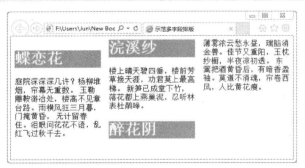

13-3-4　reak-before、break-after、break-inside（换列或换页）

在前面的例子中，浏览结果会在何处换列或换页，这取决于窗口宽度、网页内容、字段数目与宽度，若要自行指定换列或换页的位置，可以使用下列几个 CSS3 新增的属性：

- break-before **3**：指定在 Box 前面插入换列或换页，其语法如下，默认值为 auto（自动）：

```
break-before:auto | always | avoid | left | right | page | column | avoid-page
| avoid-column
```

设置值	说明
auto	根据实际需要自动插入换列或换页
always	插入换列或换页
avoid	禁止插入换列或换页
left	插入换页，令下一页排到左页
right	插入换页，令下一页排到右页
page	插入换页
column	插入换列
avoid-page	禁止插入换页
avoid-column	禁止插入换列

- break-after ③: 指定在 Box 后面插入换列或换页，其语法如下，默认值为 auto（自动）：

```
break-after: auto | always | avoid | left | right | page | column | avoid-page
| avoid-column
```

- break-inside ③: 指定在 Box 里面插入换列或换页，其语法如下，默认值为 auto（自动）：

```
break-inside:auto | avoid | avoid-page | avoid-column
```

比方说，我们可以将 <layout1.html> 的第 07 ~ 09 行改写成如下，指定字段数目为 3，此时，第三个标题 1 区块会显示在第二列的最下面：

```
07:     h1 {background-color:hotpink; color:white}
08:     p {background-color:lightyellow}
09:     div {columns:3}
```

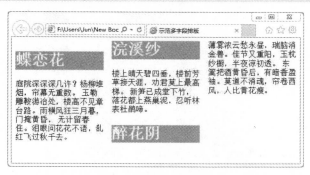

不过，标题 1 区块显示在字段的最下面感觉并不顺畅，最好是所有标题 1 区块都能显示在字段的开头，这样比较符合一般的阅读习惯，那么我们可以在标题 1 区块的前面插入换列，如下：

```
07:     h1 {background-color:hotpink; color:white; break-before:column}
08:     p {background-color:lightyellow}
09:     div {columns:3}
```

13-3-5　column-span（跨列显示）

CSS3 新增的 column-span 三 属性可以用来指定跨列显示，其语法如下，默认值为 none，表示不跨列显示，而 all 表示跨列显示：

```
column-span:none | all
```

下面举一个例子，其中标题 1 区块被指定为跨列显示。

```
<!doctype html>
<html>
  <head>
    <meta charset="utf-8">
    <title> 示范多字段排版 </title>
    <style>                                    ①
      h1 {background-color:tan; color:white; column-span:all}
      h2 {background-color:mistyrose}
      div {columns:2}
    </style>
  </head>
  <body>
    <div>
      <h1> 唐诗欣赏 </h1>
      <h2> 送别 </h2>
      <p> 山中相送罢，日暮掩柴扉。春草年年绿，王孙归不归。</p>
      <h2> 鹿柴 </h2>
      <p> 空山不见人，但闻人语响。返景入深林，复照青苔上。</p>
    </div>
  </body>
</html>
```

<\Ch13\layout2.html>

①指定标题 1 区块跨列显示　　　　　　　②浏览结果

13-3-6　column-fill（字段内容分配比例）

CSS3 新增的 column-fill 〓 属性可以用来指定字段内容比例，其语法如下，默认值为 balance，表示将内容平均分配到各个字段，使其高度一致，而 auto 表示按照区块的高度显示：

```
column-span:auto | balance
```

下面举一个例子，其中区块的高度为 220px、分两列、高度平均分配。

```
<div style="height:220px; columns:2; column-fill:balance">    ①
  <p> 庭院深深深几许？杨柳堆烟，帘幕无重数。
    ...
    东篱把酒黄昏后，有暗香盈袖。莫道不消魂，帘卷西风，人比黄花瘦。</p>
</div>
```

<\Ch13\layout3.html>

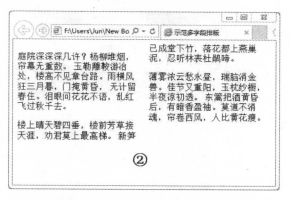

①指定将内容平均分配到各个字段　　　　②浏览结果

若将 column-fill 属性的值改为 auto，则会按照区块的高度显示，如下图。

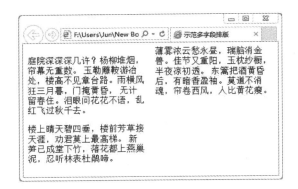

13-4 变形处理

CSS3 针对变形处理新增了数个属性，例如 transform、transform-origin、transform-style、perspective、perspective-origin、backface-visibility 等 ，这些属性均属于 CSS Transforms 模块，该模块目前尚在工作草案阶段，本节将介绍 transform 和 transform-origin 两个属性，其他属性详细的规格可以参考 CSS3 官方文件 http://www.w3.org/TR/css3-transforms/。

13-4-1 transform（2D、3D 变形处理）

我们可以使用 CSS3 新增的 transform 属性进行位移、缩放、旋转、倾斜等变形处理，其语法如下，默认值为 none（无），表示不进行变形处理，而变形函数又有 2D 和 3D 之分：

> transform:none | 变形函数

2D 变形函数	变形处理
translate(x[, y]) translateX(x) translateY(y)	根据参数 x 指定的水平差距和参数 y 指定的垂直差距，进行坐标转移（即位移），若没有指定参数 y，就采用 0；translateX(x) 相当于 translate(x, 0)；translateY(y) 相当于 translate(0, y)
scale(x[, y]) scaleX(x) scaleY(y)	根据参数 x 指定的水平缩放倍率和参数 y 指定的垂直缩放倍率，进行缩放，若没有指定参数 y，就采用和参数 x 相同的值；scaleX(x) 相当于 scale(x, 1)；scaleY(y) 相当于 scale(1, y)
rotate(angle)	以 transform-origin 属性的值（默认为正中央）为原点往顺时针方向旋转参数 angle 指定的角度，例如 rotate(90deg) 会以正中央为原点往顺时针方向旋转 90 度
skew(angleX[, angleY])) skewX(angleX) skewY(angleY)	分别在 X 轴及 Y 轴方向倾斜参数 angleX 和参数 angleY 指定的角度，若没有指定参数 angleY，就采用 0；skewX(angleX) 相当于 skew(angleX, 0)；skewY(angleY) 相当于 skew(0, angleY)
matrix(a, b, c, d, e, f)	根据参数指定的矩阵进行变形处理，该矩阵为 $\begin{smallmatrix} a & c & e \\ b & d & f \\ 0 & 0 & 1 \end{smallmatrix}$

（续表）

3D 变形函数	变形处理
translate3d(x, y, z)、translateZ(z)	3D 位移
scale3d(x, y, z, angle)、scaleZ(z)	3D 缩放
rotate3d(x, y, z, angle)、rotateX(angle)、rotateY(angle)、rotateZ(angle)	3D 旋转
perspective()	3D 透视投影
matrix3d()	3D 变形处理

下面举一个例子，其中标题 1 区块只指定了高度、宽度、背景颜色和前景颜色，尚未指定任何变形处理，浏览结果如下图。

```
01:<!doctype html>
02:<html>
03:  <head>
04:    <meta charset="utf-8">
05:    <title> 示范变形处理 </title>
06:    <style>
07:      h1 {
08:        height:40px; width:200px;
09:        background-color:orchid; color:white;
10:      }
11:    </style>
12:  </head>
13:  <body>
14:    <h1> 圣诞快乐！ </h1>
15:  </body>
16:</html>
```

<\Ch13\transform1.html>

接着，在第 07 ～ 10 行的样式规则中加入下面的 translate() 变形函数，将标题 1 区块水平位移 100px 和垂直位移 50px，浏览结果如下图。

```
h1 {
  height:40px; width:200px;
  background-color:orchid; color:white;
  transform:translate(100px, 50px);
}
```

继续,在上述的样式规则中加入下面的 scale() 变形函数,将标题 1 区块水平放大 1.5 倍和垂直放大 2 倍,浏览结果如下图。

```
h1 {
  height:40px; width:200px;
  background-color:orchid; color:white;
  transform:translate(100px, 50px) scale(1.5, 2);
}
```

最后,在上述的样式规则中加入下面的 rotate() 变形函数,将标题 1 区块以正中央为原点往顺时针方向旋转 10 度,浏览结果如下图。

```
h1 {
  height:40px; width:200px;
  background-color:orchid; color:white;
  transform:translate(100px, 50px) scale(1.5, 2) rotate(10deg);
}
```

13-4-2　transform-origin（变形处理的原点）

我们可以使用 CSS3 新增的 transform-origin 属性指定变形处理的原点,其语法如下，第一个值为水平方向的位置，第二个值为垂直方向的位置，默认值为 50% 50%，表示正中央：

```
transform-origin:[长度 | 百分比 | left | center | right] [长度 | 百分比 | top |
center | bottom]
```

下面举一个例子，其中标题 1 区块被指定为 display:inline，所以会和图片并排在同一行，而图片目前尚未指定任何变形处理，浏览结果如下图。

```
01:<!doctype html>
02:<html>
03:  <head>
04:    <meta charset="utf-8">
05:    <title> 示范变形处理 </title>
06:    <style>
07:      h1 {
08:        background-color:orchid;
09:        color:white;
10:        display:inline;
11:      }
12:    </style>
13:  </head>
14:  <body>
15:    <h1> 航海王 </h1>
16:    <img src="piece1.jpg" width="200px">
17:  </body>
18:</html>
```

<\Ch13\transform2.html>

接着，在第 06 ~ 12 行的 <stlye> 元素里面加入一条新的样式规则如下，图片会以正中央为原点往顺时针方向旋转 10 度，浏览结果如下图。

```
h1 {
  background-color:orchid; color:white;
  display:inline;
}
img {
```

```
    transform:rotate(10deg);
}
```

若要将旋转的原点指定为图片的左下角，可以加上 transform-origin:left bottom属性，如下，图片会改以左下角为原点往顺时针方向旋转 10 度，浏览结果如下图。

```
h1 {
  background-color:orchid;
  color:white;
  display:inline;
}
img {
  transform-origin:left bottom;
  transform:rotate(10deg);
}
```

13-5　媒体查询

HTML 和 CSS 均允许网页设计人员针对不同的媒体类型量身定做不同的样式，例如下面的语句是指定当媒体类型为 screen 时，就套用 sans-serif.css 文件所定义的样式窗体，而当媒体类型为 print 时，就套用 serif.css 文件所定义的样式窗体：

```
<link rel="stylesheet" type="text/css" media="screen" href="sans-serif.css">
<link rel="stylesheet" type="text/css" media="print" href="serif.css">
```

或者，我们也可以使用 @media 指令，例如下面的语句是指定当媒体类型为 screen 时，就将标题 1 显示为绿色，而当媒体类型为 print 时，就将标题 1 打印为红色：

```
@media screen {
```

```
    h1 {color:green}
  }
@media print {
  h1 {color:red}
}
```

HTML 和 CSS 支持数种媒体类型，如下表，若没有特别指定，表示为默认值 all。比较常见的媒体类型则为 screen 和 print，screen 指的是 PC 版浏览器或安装于 Android、iOS 的移动版浏览器，而 print 指的是打印稿，也就是在印刷或打印出来的时候才套用指定的样式窗体。

媒体类型	说明
screen	屏幕
print	打印机
projection	投影机
braille	点字机（盲文）
speech	声音合成器
tv	电视
handheld	便携设备
all（默认值）	全部

随着越来越多用户通过移动设备上网，网页设计人员经常需要根据 PC 或移动设备的特征来设计不同的样式，下表是 CSS3 的 Media Queries 模块所定义的媒体特征，该模块已经成为推荐标准，详细的规格可以参考CSS3 官方文件 http://www.w3.org/TR/css3-mediaqueries/。

特征与设置值	说明	min/max prefixes
width: *长度*	浏览器画面的宽度	Yes
height: *长度*	浏览器画面的高度	Yes
device-width: *长度*	设备屏幕的宽度	Yes
device-height: *长度*	设备屏幕的高度	Yes
orientation:portrait | landscape	设备的方向（portrait 表示垂直，landscape 表示水平）	No
aspect-ratio: *比例*	浏览器画面的长宽比（例如 16/9 表示 16:9）	Yes
device-aspect-ratio: *比例*	设备屏幕的长宽比（例如 1280/720 表示水平及垂直方向为 1280 像素和 720 像素）	Yes
color: *正整数*	彩色设备每个颜色的比特数	Yes
color-index: *正整数*	设备的颜色表中有几种颜色	Yes
monochrome: *正整数*	单色设备每个像素的比特数	Yes
resolution: *分辨率*	设备屏幕的分辨率，以 dpi（dots per inch）或 dpcm（dots per centimeter）为单位	Yes
scan:progressive | interlace	电视的扫描方式（progressive 表示逐行式，interlace 表示交错式）	No
grid:1 | 0	设备为 grid 或 bitmap（1 表示网格，0 表示点阵）	No

请注意上表的 min/max prefixes 字段，Yes 表示可以加上前缀词 min- 或 max- 取得特征的最小值或最大值，例如 min-width 表示浏览器画面的最小宽度，而 max-width 表示浏览器画面的最大宽度。

以下面的语句为例，第 07～09 行是指定当浏览器的宽度小于等于 767 像素时（例如手机），就令网页的文字大小为 50%，第 10～12 行是指定当浏览器的宽度介于 768～1279 像素时（例如平板电脑），就令网页的文字大小为 100%，而第 13～15 行是指定当浏览器的宽度大于等于 1280 像素时（例如台式计算机或笔记本电脑），就令网页的文字大小为 150%：

```
01:<!doctype html>
02:<html>
03: <head>
04:   <meta charset="utf-8">
05:   <title> 示范媒体查询 </title>
06:   <style>
07:     @media screen and(max-width:767px){
08:       body {font-size:50%}
09:     }
10:     @media screen and(min-width:768px) and (max-width:1279px){
11:       body {font-size:100%}
12:     }
13:     @media screen and (min-width:1280px) {
14:       body {font-size:150%}
15:     }
16:   </style>
17: </head>
18:</html>
```

又或者，我们可以根据不同的设备套用不同的 CSS 样式窗体，以下面的语句为例，第 01 行是指定在默认的情况下（例如台式计算机或笔记本电脑），就套用 L.css 样式窗体，第 02 行是指定当浏览器的宽度介于 768～1279 像素时（例如平板电脑），就套用 M.css 样式窗体，而第 03 行是指定当浏览器的宽度小于等于 767 像素时（例如手机），就套用 S.css 样式窗体。至于这些 CSS 样式窗体如何设计，就看您自己的巧思了：

```
01:<link rel="stylesheet" type="text/css" href="L.css" media="screen">
02:<link rel="stylesheet" type="text/css" href="M.css" media="screen and
(min-width:768px) and (max-width:1279px)">
03:<link rel="stylesheet" type="text/css" href="S.css" media="screen and
(max-width:767px)">
```

习题

选择题

(   ) 1. 下列哪个样式规则可以将鼠标光标所指向的超链接文字指定为红色？

A. a:link {color:red}   B. a:hover {color:red}

C. a:visited {color:red}   D. a:active {color:red}

(   ) 2. 下列哪个样式规则可以为段落营造出点状底线的效果？

A. p {border-bottom:1px dotted}   B. p {border:1px dotted}

C. p {border-top:1px dashed}   D. p {border-bottom:1px dashed}

(   ) 3. 假设 HTML 文件包含如下语句，试问，下列哪组样式规则能够营造出包含左右两个区块的双栏式版面，其中左边区块为 leftBlock，右边区块为 rightBlock？

```
<div id="myPage">
<div id="leftBlock"></div>
<div id="rightBlock"></div>
</div>
```

A. #leftBlock {clear:left}   #rightBlock{clear:right}

B. #leftBlock {clear:both}   #rightBlock{float:right}

C. #leftBlock {float:left}   #rightBlock{float:right}

D. #leftBlock {float:left}   #rightBlock{clear:right}

(   ) 4. CSS3 Media Queries 所定义的哪个媒体特征可以用来判断设备的方向？

A. grid   B resolution   C. orientation   D. aspect-ratio

(   ) 5. 下列哪个属性可以用来进行位移、缩放、旋转等变形处理？

A. transform   B. transform-origin

C. transform-style   D. perspective

(   ) 6. 下列哪个属性可以用来指定外框线？

A. border   B. padding   C. column-rule   D. outline

(   ) 7. 下列哪个语句可以令网页内容呈现两栏排版？

A. columns:auto 10cm   B. column-gap:2

C. column-span: all   D. columns:2 auto

第 14 章 响应式网页设计

14-1 移动版网页 VS PC 版网页

虽然移动设备的浏览器大多能够顺利读取并显示传统的 PC 版网页,但受限于较小的屏幕,用户往往得通过拉近、拉远、滚动来阅读网页的信息,相当不方便。为此,有愈来愈多的网站推出"移动版",以根据用户上网的设备自动切换成 PC 版网页或移动版网页。举例来说,左下图是新浪 PC 版网站(http://news.sina.com.cn/),而右下图是新浪的移动版网站,加以浏览后,我们发现,对于新浪这类信息浏览类型的门户网站来说,其移动版除了着重执行效能,信息的分类与动线的设计更不能忽视,才能带给移动设备的用户直觉流畅的操作体验。

ⓐPC 版网站;ⓑ移动版网站

移动版网页和 PC 版网页比较明显的差异如下:

- 移动设备的屏幕尺寸较小、分辨率较低,可以任意切换成水平显示或垂直显示,而且是以触控操作为主,不再是传统的鼠标或键盘。
- 移动设备的执行速度较慢、上网带宽较小,若网页包含容量过大的图片或视频,可能无法显示。
- 移动版浏览器并不支持 PC 版网页普遍使用的 Flash 动画,但是相对而言,移动版浏览器对于 HTML5 和 CSS3 的支持程度则比 PC 版浏览器更好。

14-2 移动版网页设计原则

虽然移动版网页和 PC 版网页所使用的技术差不多,不外乎是 HTML、CSS、JavaScript 或 PHP、ASP、JSP、CGI 等服务器端 Scripts,但由于移动设备具有屏幕较小、分辨率较低、执行速度较慢、上网带宽较小、触控操作、不支持 Flash 动画等特质,因此,在设计移动版网页时,请留意下列几个原则:

- 确认移动版网页的内容,例如这是要针对某个主题、品牌或产品打造全新的移动版网页吗?还是要取材自传统的 PC 版网页,然后增设一个移动版网页?这两种情况的设计方向不同，必须先考虑清楚。

- 确认主题、品牌或产品的形象，例如左下图的 MAZDA PC 版网站（http://www.mazda.com.tw/）所塑造的是一种都会雅痞的形象，而右下图的 MAZDA 移动版网站（http://mobile.mazda.com.tw/）所塑造的也是同一种形象，只是移动版网站的内容比较简明扼要，方便移动用户浏览。

ⓐ PC 版网站；ⓑ 移动版网站塑造出和 PC 版网站相同的品牌形象

- 移动版网页的分层架构不要太多层，举例来说，PC 版网页通常会包含主页、分类主页、各个分类的内容网页等三层式架构，而移动版网页则建议改成主页、各个内容网页等两层式架构，以免用户迷路。
- 把握简明扼要的原则，移动版网页要列出重点，文件愈小愈好，并尽量减少使用动画、视频、大图片或 JavaScript 程序代码，以免用户等得不耐烦，或 JavaScript 程序代码超过运行时间限制而被强制关闭，建议改用 CSS 3 来设置背景、渐变、透明度、框线、阴影、变形、颜色、文字尺寸等效果。
- iOS 操作系统从一开始就不支持 Flash 动画，而 Android 4.1 之后的操作系统也不支持 Flash 动画，因此，移动版网页最好不要使用 Flash 动画。
- 建议采用 CSS3 来设置背景、渐变、透明度、框线、阴影、变形、色彩、文字尺寸、文字样式等效果。
- 移动版网页上的按钮要醒目容易触碰，最好还要有视觉反馈，在用户一触碰按钮时就产生颜色变化，以便让用户知道已经成功点击按钮，而且在加载网页时可以加上说明或图案，让用户知道网页正在加载，才不会重复触碰按钮。
- 移动版网页上的文字尺寸要比 PC 版网页大，建议在 14 级字号以上，以提高可读性，而且不同的操作系统或机型可能有不同的显示结果，必须实际在移动设备上做测试。
- 建议采用直式的折叠目录来呈现数个主题，下面举一个例子，主题的内容一开始是隐藏起来的，等用户触碰该主题时，才会将内容显示出来。

- 建议采用单栏设计，比较容易阅读，下面是一个例子。

- 由于移动设备通常没有键盘，输入方式不如 PC 来得方便，因此，在需要用户输入数据的情况下，请妥善运用窗体，并设置窗体域的 type 属性，例如下面的"输入姓名："字段是单行文本框（type="text"），而"输入密码："字段是密码字段（type="password"）。

14-3 响应式网页设计的技巧

在前两节的讨论中，移动版网页和 PC 版网页是不同版本的网页，设计人员必须分别针对 PC 和移动设备设计专用的网页，然后根据用户的上网设备自动切换，例如新浪 PC 版网站为http://news.sina.com.cn/，而新浪的移动版网站为http://tech.sina.com.cn/z/sinawap/，两者的内容与网址均不相同。然而随着上网设备日趋多元化，若要针对各个设备量身定做专用的网页，恐怕不太容易，最好是设计单一版本的网页，令它同时适用于 PC、平板电脑、智能手机等设备，而"响应式网页设计"正是应此种需求所发展出来的。

响应式网页设计（RWD，Responsive Web Design）指的是一种网页设计方式，目标是根据用户的浏览器环境（例如屏幕的宽度、长度、分辨率、长宽比或移动设备的方向等），自动调整网页的版面配置，以提供最佳的显示结果。换句话说，只要涉及单一版本的网页，就能完整显示在 PC、平板电脑或智能手机等不同的设备，用户无须通过频繁的拉近、拉远、滚动屏幕来阅读网页的信息。

以 W3C 官方网站为例，它会根据浏览器的宽度弹性设置网页的版面，当浏览器的宽度够大时，它会显示如下图（一）的三栏版面，随着浏览器的宽度缩小，网页的版面会自动按比例缩小，如下图（二），最后甚至变成单栏版面，如下图（三），这就是响应式网页设计的基本精神，不仅网页的内容只有一种（One Web），网页的网址也只有一个（One URL）。

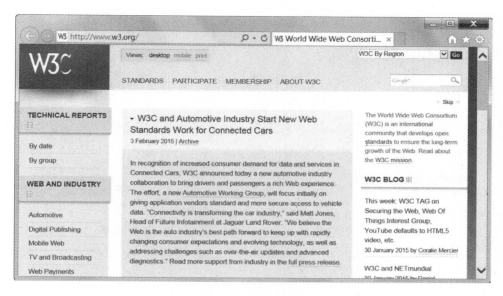

图（一）

图（二）

图（三）

响应式网页设计通常是通过 CSS 来达成，主要的技巧如下：

- 媒体查询（Media Query）：CSS 3 新增的媒体查询功能可以让网页设计人员针对不同的媒体类型量身定做不同的样式窗体，以下面的语句为例，第 01～03 行是指定在默认的情况下（例如台式计算机或笔记本电脑），就令版面包含三个字段，第 05～07 行是指定当浏览器的宽度介于 600～979 像素时（例如平板电脑），就令版面包含两个字段，而第 09～11 行是指定当浏览器的宽度小于等于 599 像素时（例如手机），就令版面包含一个字段。

```
01:@media screen{
```

```
02:   div {columns:3}
03:}
04:
05:@media screen and (min-width:600px) and (max-width:979px){
06:   div {columns:2}
07:}
08:
09:@media screen and (max-width:599px){
10: div {columns:1}
11:}
```

- 按比例缩放的元素：在指定图片或对象等元素的大小时，请按照其父元素的大小比例进行缩放，而不要指定绝对大小，例如下面的程序语句是通过 width="100%" 指定图片的宽度为区块的 100%，当屏幕的大小改变时，元素的大小也会自动按比例缩放，以同时适用于 PC 和移动设备。

```
<div>
  <img src="piece1.jpg" width="100%">
  <p>"乔巴"——梦想成为能治百病的神医。</p>
</div>
```

ⓐ 当屏幕较大时，图片会按比例放大（此为 PC 的浏览结果）

ⓑ 当屏幕较小时，图片会按比例缩小（此为移动设备的浏览结果）

- 非固定的版面布局（Liguid Layout）：根据浏览器的大小弹性设置网页的版面，以下面的程序语句为例，第 01 行是指定在默认的情况下（例如台式计算机），就套用 pc.css 样式窗体，第 02 行是指定当浏览器的宽度介于 600～979 像素时（例如平板电脑），就套用 tab.css 样式窗体，第 03 行是指定当浏览器的宽度小于等于 599 像素时（例如手机），就套用 phone.css 样式窗体。

```
01:<link rel="stylesheet" type="text/css" href="pc.css" media="screen">
02:<link rel="stylesheet" type="text/css" href="tab.css" media="screen and
```

```
(min-width:600px) and (max-width:979px)">
    03:<link rel="stylesheet" type="text/css" href="phone.css" media="screen and
(max-width:599px)">
```

14-4　响应式网页设计的实例

在本节中，我们将通过下面的例子为您示范响应式网页设计，图（一）为大尺寸，浏览器宽度在 980px 以上，版面会完整显示，图（二）为中尺寸，浏览器宽度在 600～979px，版面会按比例缩小，图（三）为小尺寸，浏览器宽度在 599px 以内，版面会变成单栏。

图（一）

图（二）

图（三）

14-4-1 设定 viewport

在说明什么是 viewport 之前，我们先来讨论设备的屏幕宽度，通常"屏幕尺寸"指的是屏幕的对角线长度，"屏幕宽度"指的是屏幕的水平长度或水平像素的数量，对网页设计来说，水平像素的数量是比较好用的，因为它就是水平方向的分辨率。不过，相同尺寸的屏幕可能有不同的分辨率，而且分辨率有越来越高的趋势，所以在进行网页设计时，就不能只考虑到屏幕的分辨率，还必须兼顾屏幕的尺寸。

至于 viewport 指的是屏幕的分辨率，iOS 和 Android 3.X 以上版本内建的浏览器将 viewport 的宽度默认为 980 像素，而台式计算机的 viewport 则是设置为浏览器画面。当我们将 viewport 设置为设备的屏幕分辨率时，分辨率的大小将会影响所显示的范围，例如图（一）、图（二）是分别在 iPad Air 和 iPad Mini 显示相同照片的结果，由于 iPad Air 的分辨率（1536×2048）是 iPad Mini（768×1024）的两倍，因此，iPad Air 能够显示较大的范围。

图（一）　　　　　　　　图（二）

为了让相同项目的内容在不同尺寸和不同分辨率的屏幕上看起来差不多，于是衍生出 density（密度）的概念，举例来说，iPad Mini 的 PPI（Pixels Per Inch）为 163，表示每英寸有 163 个像素，将它的 density 设置成 1 作为基准，那么 iPad Air 的 PPI 为 326，表示 density 为 $326 \div 163 = 2$。

接下来只要根据 density 来设置 viewport，也就是将屏幕分辨率除以 density，就可以在不同尺寸和不同分辨率的屏幕上显示相同项目的内容，以下表为例，iPad Air 和 iPad Mini 的尺寸为 9.7 英寸、7.9 英寸，分辨率为 1536×2048、768×1024，density 为 2、1，得到两者的 viewport 均为 768×1024，此时，在 iPad Air 和 iPad Mini 显示相同照片的结果将如图（三）、图（四），显示范围是差不多的。

图（三）   图（四）

以下列出一些移动设备的屏幕规格供您参考。

设备	屏幕尺寸	屏幕分辨率	PPI	density	viewport
iPhone	3.5 英寸	320×480	163	1	320×480
iPhone 4	3.5 英寸	640×960	326	2	320×480
iPhone 5	4 英寸	640×1136	326	2	320×568
iPhone 6	4.7 英寸	750×1334	326	2	375×667
iPhone 6 Plus	5.5 英寸	1080×1920	401	2.5	414×736
iPad Air	9.7 英寸	1536×2048	326	2	768×1024
iPad Mini	7.9 英寸	768×1024	163	1	768×1024

响应式网页设计的重点之一是要根据 density 来设置 viewport，我们可以在 HTML 文件中加入第 06 行的 <meta> 元素，将 viewport 设置为设备的屏幕宽度。

```
01:<!doctype html>
02:<html>
03: <head>
04:   <meta charset="utf-8">
05:   <title>RWD</title>
06:   <meta name="viewport" content="width=device-width">
07: </head>
08: <body>
09: </body>
10:</html>
```

14-4-2 设置媒体查询与样式窗体

接下来要利用 CSS3 媒体查询功能指定样式窗体，其中第 07 行是指定在默认的情况下（例如台式计算机），就套用 pc.css 样式窗体，第 08 行是指定当浏览器的宽度介于 600～979 像素时（例如平板电脑），就套用 tab.css 样式窗体，第 09 行是指定当浏览器的宽度小于等于 599 像素时（例如手机），就套用 phone.css 样式窗体。

```
01:<!doctype html>
02:<html>
03:  <head>
04:    <meta charset="utf-8">
05:    <title>RWD</title>
06:    <meta name="viewport" content="width=device-width">
07:    <link rel="stylesheet" type="text/css" href="pc.css" media="screen">
08:    <link rel="stylesheet" type="text/css" href="tab.css" media="screen and
    (min-width:600px) and (max-width:979px)">
09:    <link rel="stylesheet" type="text/css" href="phone.css" media="screen
and (max-width:599px)">
10:  </head>
11:  <body>
12:  </body>
13:</html>
```

14-4-3　设计网页的版型

在这个例子中，样式窗体的切换点是设置在浏览器的宽度为 980 像素和 600 像素，大于等于 980 像素时，表示为 PC 网页，介于 600 ~ 979 像素时，表示为平板网页，小于等于 599 像素时，表示为手机网页，后续的讨论都是根据这两个切换点，当然您也可以根据实际情况进行调整。

PC 网页的版型

PC 网页的版型如下图，我们将网页主体的边界设置为 20px，因此，用来存放网页内容的容器宽度为 980-20*2=940px，若浏览器的宽度大于 980px，就令边界自动缩放，以保持容器居中。

①容器（container、宽度 940px、边界自动缩放 ）

②页首（header、宽度与容器相同、下边界 10px）

③内文（article、图旁配字靠左、宽度 600px、下边界 20px）

④侧边栏（aside、图旁配字靠右、宽度 320px、下边界 20px）

⑤页尾（footer、宽度与容器相同）

我们在HTML文件的 `<body>` 元素里面加入如下程序代码，以标记容器、页首、内文、侧边栏和页尾：

```
<body>
  <div id="container">
    <header>
    ...
    </header>
    <article>
    ...
    </article>
    <aside>
    ...
    </aside>
    <footer>
    ...
    </footer>
  </div>
</body>
```

`<\Ch14\RWD1.html>`

此外，PC 网页的版型是由 pc.css 样式窗体来决定，我们将它编写如下：

```
01:body {margin:20px}
02:
03:#container {width:940px; margin:auto}
04:
05:header {display:block; clear:both; margin:0 0 10px}
06:
07:footer {display:block; clear:both; text-align:left;
background:linear-gradient(to bottom, lightblue, white)}
08:
09:article {float:left; width:600px; margin:0 0 20px}
10:
11:aside {float:right; width:320px; margin:0 0 20px; border:solid 1px
lightgray; border-radius:10px}
```

`<\Ch14\pc.css>`

- 01：将网页主体的边界设置为 20px。
- 03：将用来存放网页内容的容器宽度设置为 980-20*2=940px，若浏览器的宽度大于 980px，就令边界自动缩放，以保持容器居中。
- 05：将页首设置为区块层级、取消图旁配字、下边界 10px。
- 07：将页尾设置为区块层级、取消图旁配字、文字靠左对齐、背景颜色为线性渐变。
- 09：将内文设置为图旁配字靠左、宽度 600px、下边界 20px。

- 11：将侧边栏设置为图旁配字靠右、宽度 320px、下边界 20px、浅灰色圆角框线。

平板网页的版型

平板网页的版型如下图，它承袭了PC网页的基础，因此，容器的宽度设置为 100%，而内文和侧边栏的宽度设置为 600/940 ≒ 64%、320/940 ≒ 34%。

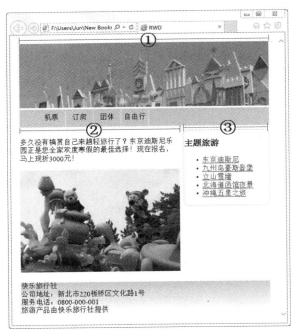

①容器（宽度 100%）　　　②内文（宽度 64%）　　　③侧边栏（宽度 34%）

平板网页的版型是由 tab.css 样式表单来决定，我们将它编写如下：

```
01:#container {width:100%}
02:article {width:64%}
03:aside {width:34%}
04:img {width:100%; height:auto}
```

<\Ch14\tab.css>

- 01：平板网页的版型承袭了 PC 网页的基础，容器的宽度设置为100%。
- 02：内文的宽度设置为 600/940 ≒ 64%。
- 03：侧边栏的宽度设置为 320/940 ≒ 34%。
- 04：图片的宽度设置为100%，高度则随着宽度自动缩放。

手机网页的版型

手机网页的版型如下图，它一样承袭了PC网页的基础，因此，容器的宽度设置为100%，但屏幕较小，于是取消内文和侧边栏的图旁配字设置。

①容器（宽度 100%）　　②内文（宽度 100%）　　③侧边栏（宽度 100%）

手机网页的版型是由 phone.css 样式窗体来决定，我们将它编写如下：

```
01:#container {width:100%}
02:article {float:none; width:100%}
03:aside {float:none; width:100%}
04:img {width:100%; height:auto}
```

<\Ch14\phone.css>

- 01: 手机网页的版型承袭了 PC 网页的基础，容器的宽度设置为 100%。
- 02: 内文取消图旁配字的设置，宽度设置为 100%。
- 03: 侧边栏取消图旁配字的设置，宽度设置为 100%。
- 04: 图片的宽度设置为 100%，高度则随着宽度自动缩放。

14-4-4　设计网页的内容

最后，我们要设计网页的内容，把图片和文字都摆上去，程序代码如下：

```
01:<!doctype html>
02:<html>
03:  <head>
04:  <meta charset="utf-8">
05:  <title>RWD</title>
06:  <meta name="viewport" content="width=device-width">
07:  <link rel="stylesheet" type="text/css" href="pc.css" media="screen">
08:  <link rel="stylesheet" type="text/css" href="tab.css" media="screen and
        (min-width:600px) and (max-width:979px)">
09:  <link rel="stylesheet" type="text/css" href="phone.css" media="screen
and (max-width:599px)">
```

```
10:   </head>
11:   <body>
12:     <div id="container">
13:     <header>
14:       <img src="img1.jpg">
15:       <nav id="items">
16:       <ul>
17:         <li><a href="item1.html"> 机票 </a></li>
18:         <li><a href="item2.html"> 订房 </a></li>
19:         <li><a href="item3.html"> 团体 </a></li>
20:         <li><a href="item4.html"> 自由行 </a></li>
21:       </ul>
22:       </nav>
23:     </header>
24:
25:     <article>
26:       <p> 多久没有犒赏自己来趟轻旅行了？东京迪士尼乐园正是您全家欢度寒假的
最佳选择！现在报名，马上现折 3000 元！ </p>
27:       <img src="img2.jpg">
28:     </article>
29:
30:     <aside>
31:       <h3> 主题旅游 </h3>
32:       <nav id="travels">
33:       <ul>
34:         <li><a href="travel1.html"> 东京迪士尼 </a></li>
35:         <li><a href="travel2.html"> 九州岛豪斯登堡 </a></li>
36:         <li><a href="travel3.html"> 立山雪墙 </a></li>
37:         <li><a href="travel4.html"> 北海道函馆夜景 </a></li>
38:         <li><a href="travel4.html"> 冲绳五星之旅 </a></li>
39:       </ul>
40:       </nav>
41:     </aside>
42:
43:     <footer>
44:       <p> 快乐旅行社 <br>
45:       公司地址：新北市 220 板桥区文化路 1 号 <br>
服务电话：0800-000-001<br>
46:       旅游产品由快乐旅行社提供 </p>
47:     </footer>
48:   </div>
49:   </body>
50:</html>
```

<\Ch14\RWD1.html>

- 13 ～ 23：页首的内容，包括一张图片 img1.jpg 和一个导航条，而导航条的样式是在 pc.css 中指定的。
- 25 ～ 28：内文的内容，包括一段文字和一张图片 img2.jpg。
- 30 ～ 41：侧边栏的内容，包括一个标题和一个导航条。
- 43 ～ 47：页尾的内容，包括一些联络信息。

我们在 pc.css 新增了页首中导航条的样式，如下的第 07 ～ 10 行，至于前一节讨论的 tab.css 和 phone.css 则没有进行改动：

```
01:body {margin:20px}
02:#container {width:940px; margin:auto}
03:header {display:block; clear:both; margin:0 0 10px}
04:footer {display:block; clear:both; text-align:left;
background:linear-gradient(to bottom, lightblue, white)}
05:article {float:left; width:600px; margin:0 0 20px}
06:aside {float:right; width:320px; margin:0 0 20px;
border:solid 1px lightgray; border-radius:10px}
07:#items {background-color:lightblue; overflow:hidden}
08:#items ul {margin:0px}
09:#items li {list-style-type:none; float:left}
10:#items li a {display:block; width:60px; height:30px; color:black;
border-right:1px white solid;
text-decoration:none; text-align:center; padding:10px 0px 0px}
```

<\Ch14\pc.css>

```
01:#container {width:100%}
02:article {width:64%}
03:aside {width:34%}
04:img {width:100%; height:auto}
```

<\Ch14\tab.css>

```
01:#container {width:100%}
02:article {float:none; width:100%}
03:aside {float:none; width:100%}
04:img {width:100%; height:auto}
```

<\Ch14\phone.css>

除了通过 PC 的浏览器测试这个网页，我们也使用平板电脑和手机来进行测试，得到如下图类似的浏览结果。

平板电脑上的浏览结果   手机上的浏览结果

第 15 章

移动版网页的实用技巧

15-1　触控式按钮

在本章中，我们将告诉您一些设计移动版网页的实用技巧，例如将超链接设计成触控式按钮的外观、将页首/页尾固定在画面上方/下方、设计导航条的样式、将项目列表设计成可折叠区块、设计窗体外观等，这些技巧都是通过 CSS 来实现，只要反复测试与修改，就能得到您要的效果。若您觉得这太费时，还有更快速的方法是使用 jQuery Mobile，有关如何使用 jQuery Mobile，以及 jQuery Mobile 提供了哪些用户接口，可以参阅本书第 16、17 章。

首先，我们要示范如何将超链接设计成触控式按钮的外观，由于超链接元素（<a>）的文字经常出现在字里行间，点击区域也局限于文字本身，移动设备的用户往往无法精确点击到超链接，此时，我们可以设计成更美观、更容易点击的触控式按钮，而且不只是超链接元素，包括窗体输入元素（type="button"、type="submit"、type="reset"）也可以做同样的设计，下面举一个例子，它会将第 12 ~ 14 行的三个超链接设计成触控式按钮的外观。

```
01:<!doctype html>
02:<html>
03: <head>
04:   <meta charset="utf-8">
05:   <title> 实用技巧</title>
06:   <meta name="viewport" content="width=device-width">
07:   <style>
08:     a {display:block; width:100%; max-width:200px; padding:5px;
margin:20px 10px; text-align:center; text-decoration:none; color:black;
background:linear-gradient(white 0%, lightgray 100%); border-radius:10px}
09:   </style>
10: </head>
11: <body>
12:   <a href="story.html"> 故事介绍</a>
13:   <a href="role.html"> 角色介绍</a>
14:   <a href="images.html"> 精彩图片</a>
15: </body>
16:</html>
```

\<Ch15\skill1.html>

浏览结果如下图所示。

我们主要是利用第 08 行的 CSS 样式来变更超链接的外观，包括将超链接元素设置为区块层级、宽度为设备宽度的 100%，但最大宽度不得超过 200px、留白 5px、上下边界 20px、左右边界 10px、文字居中、取消超链接默认的底线、将超链接文字的颜色由默认的蓝色改为黑色、从上到下白到灰的渐变底纹以及加上圆角框线。

另外要提醒您，别忘了根据 density 来设置 viewport，也就是第 06 行的 <meta name="viewport" content="width=device-width">，这样才能让相同项目的内容在不同尺寸和不同分辨率的屏幕上看起来差不多。

15-2　将页首／页尾固定在画面上方／下方

页首位于网页上方，通常用来放置标题，而页尾位于网页下方，通常用来放置版权声明或联络信息。当网页内容超过画面长度时，浏览网页上半部将会使页尾被卷出画面，而浏览网页下半部将会使页首被卷出画面，若要将页首与页尾固定显示在画面上方和下方，可以利用 CSS 语法，下面举一个例子。

```
01:<!doctype html>
02:<html>
03: <head>
04:   <meta charset="utf-8">
05:   <title> 实用技巧</title>
06:   <meta name="viewport" content="width=device-width">
07:   <style>
08:     header, footer{text-align:center; color:white; background:black}
09:     header {position:fixed; top:0px; left:0px; width:100%}
10:     footer {position:fixed; bottom:0px; left:0px; width:100%}
```

```
11:        #piece {width:100%; margin-top:100px}
12:        #piece1 {width:100%; margin-bottom:80px}
13:     </style>
14:   </head>
15:   <body>
16:     <header>
17:       <h1> 航海王</h1>
18:     </header>
19:     <section>
20:       <img src="piece.jpg" id="piece">
21:       <p> 海贼王黄金．罗杰遗留下一个被称为ONEPIECE 的神秘宝藏，而主角
"鲁夫" 找了海盗克星"索隆"、女贼"娜美"、可爱驯鹿"乔巴"等几位
伙伴要一起寻找传说中的宝藏。</p>
22:       <img src="piece1.jpg" id="piece1">
23:     </section>
24:     <footer>
25:       <h4>&copy; 快乐影视</h4>
26:     </footer>
27:   </body>
28:</html>
```

<\Ch15\skill2.html>

浏览结果如下图所示。

①当浏览网页上半部时，页尾仍会固定显示在画面下方，不会被卷出画面

②当浏览网页下半部时，页首仍会固定显示在画面上方，不会被卷出画面

- 08：将页首、页尾设置为文字居中、白色文字、黑色背景。
- 09：将页首的定位方式设置为固定、起始点在左上角、宽度为设备宽度的 100%。
- 10：将页尾的定位方式设置为固定、起始点在左下角、宽度为设备宽度的 100%。
- 11：将页首下面那张图片的宽度设置为 100%，而上边界设置为 100px 的原因是避免图片被页首压住。
- 12：将页尾上面那张图片的宽度设置为 100%，而下边界设置为 80px 的原因是避免图片被页尾压住。

15-3　导航条

导航条通常包含一组链接至网站内其他网页的超链接，下面举一个例子，在没有特别指定样式的情况下，导航条就是一组垂直并排的超链接。

```
01:<!doctype html>
02:<html>
03:  <head>
04:    <meta charset="utf-8">
05:    <title> 实用技巧</title>
06:    <meta name="viewport" content="width=device-width">
07:  </head>
08:  <body>
09:    <nav>
10:      <ul>
11:        <li><a href="story.html"> 故事介绍</a></li>
12:        <li><a href="role.html"> 角色介绍</a></li>
13:        <li><a href="images.html"> 精彩图片</a></li>
14:      </ul>
15:    </nav>
16:    <section>
```

```
17:        <img src="piece.jpg" width="100%" id="piece">
18:    </section>
19:  </body>
20:</html>
```

<\Ch15\skill3.html>

我们可以针对导航条指定样式，例如在第 06 行的后面加上如下语句，就可以让导航条显得更美观、更容易触控，如下图所示。

```
01:<style>
02:  nav {background-color:black; margin-bottom:10px; overflow:hidden}
03:  nav ul {margin:0px; padding:0px; list-style-type:none}
04:  nav li {float:left}
05:  nav li a {display:block; color:white; border-right:1px white solid;
text-decoration:none; text-align:center; padding:10px}
06:  nav li a:hover {background-color:skyblue}
07:</style>
```

- 02：将导航条设置为黑色背景、下边界 10px、隐藏溢出的内容。
- 03：将项目符号列表设置为边界 0px、留白 0px、无项目符号。
- 04：将项目符号中的项目设置为靠左图旁配字，这样才能水平并排在一行。
- 05：将项目中的超链接设置为区块层级、白色文字、右边框 1px 白实线、超链接文字不加底线、文字居中、留白 10px。
- 06：设置当鼠标光标移到超链接时，背景颜色会变成天蓝色，这样的设计可以让移动设备的用户看得更清楚。

15-4　可折叠区块

由于移动设备的屏幕较小，若遇上内容较长的项目或主题，可能会不容易浏览，下面举一个例子，因为同时有图片和说明文字，导致内容变得较长。

```
<!doctype html>
<html>
  <head>
    <meta charset="utf-8">
    <title>实用技巧</title>
    <meta name="viewport" content="width=device-width">
    <style>
      img {width:100%; max-width:350px}
    </style>
  </head>
  <body>
    <h3>乔巴</h3>
    <img src="piece1.jpg">
    <p>身份船医，梦想成为能治百病的神医。</p>
    <h3>索隆</h3>
    <img src="piece2.jpg">
    <p>主角鲁夫的伙伴，梦想成为世界第一的剑士。</p>
    <h3>佛朗基</h3>
    <img src="piece3.jpg">
    <p>传说中的船匠－汤姆的弟子，打造了千阳号。</p>
  </body>
</html>
```

<\Ch15\skill4a.html>

比较好的做法是将内容根据项目或主题折叠起来，我们可以使用HTML5 新增的 <details> 和 <summary> 元素将这个例子改写成如下，<details> 元素用来标记详细数据，<summary> 元素用来标记摘要，移动版浏览器的浏览结果如下图，一开始只会显示 <summary> 元素所标记的摘要，详细资料会被折叠起来，当用户点选摘要时，才会显示 <details> 元素所标记的详细资料。

①默认会将项目折叠起来　　　　　　　②点取"乔巴"会展开该项目

③点取"索隆"会展开该项目　　　　　　④点取"佛朗基"会展开该项目

```
<body>
  <details>
    <summary><h3> 乔巴</h3></summary>
    <img src="piece1.jpg">
    <p> 身份船医，梦想成为能治百病的神医。</p>
  </details>

  <details>
    <summary><h3> 索隆</h3></summary>
    <img src="piece2.jpg">
    <p> 主角鲁夫的伙伴，梦想成为世界第一的剑士。</p>
  </details>

  <details>
    <summary><h3> 佛朗基</h3></summary>
    <img src="piece3.jpg">
    <p> 传说中的船匠—汤姆的弟子，打造了千阳号。</p>
  </details>
</body>
```

<\Ch15\skill4b.html>

15-5　窗体

移动版浏览器支持标准的 HTML 窗体元素，若您对于 HTML 有哪些窗体元素感到陌生，可以翻阅第 7 章的说明，此处所要介绍的是针对移动版网页改善窗体接口的一些小技巧，以下面的程序代码为例，移动版浏览器的浏览结果如下图。

```
01:<!doctype html>
02:<html>
03:  <head>
04:    <meta charset="utf-8">
05:    <title> 实用技巧</title>
06:    <meta name="viewport" content="width=device-width">
07:  </head>
```

```
08:    <body>
09:      <form>
10:        <p><label for="username"> 输入姓名：</label>
11:          <input type="text" id="username"></p>
12:        <p><label for="userpwd"> 输入密码：</label>
13:          <input type="password" id="userpwd"></p>
14:        <p><input type="submit" value=" 确定"></p>
15:      </form>
16:    </body>
17:</html>
```

<\Ch15\skill5a.html>

我们可以针对窗体接口指定样式，例如在第 06 行的后面加上如下语句，就可以调整字段的大小和按钮的样式，如下图。

①垂直显示　　　　　　　　　　　②水平显示

```
<style>
  input {width:100%; max-width:250px}
  input[type="submit"] {background:linear-gradient(white 0%, lightgray 100%);
    border:1px solid silver; border-radius:10px; max-width:340px}
</style>
```

请注意，我们虽然将窗体字段的宽度设置为 100%，但还另外设置输入字段的最大宽度为 250px，按钮的最大宽度为 340px。

除了前面示范的单行文本框（type="text"）和密码字段（type="password"），HTML还提供了其他文字输入字段，例如电子邮件地址（type="email"）、网址（type="url"）、搜索字段（type="search"）、电话号码（type="tel"）、数字（type="number"）、以及以滑竿输入指定范围内的数字（type="range"），您可以自行测试这些字段在移动版浏览器的浏览结果。

移动版浏览器对于HTML5 新增的日期时间输入字段已经有了相当程度的支持，下面举一个例子。

```
<!doctype html>
<html>
  <head>
    <meta charset="utf-8"> <title> 实用技巧 </title>
    <meta name="viewport" content="width=device-width">
  </head>
  <body>
    <form>
      <p><label for="userdate"> 输入日期：</label>
        <input type="date" id="userdate"></p>
    </form>
  </body>
</html>
```

<\Ch15\skill5c.html>

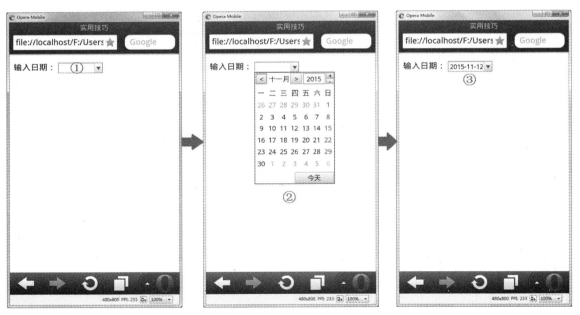

①点取日期时间字段　　　　　②选择日期　　　　　③日期出现在此

第16章

使用 jQuery Mobile 开发移动网页

16-1　移动网页的相关技术

在本书最后的两章中，我们将使用 HTML5、CSS3 和 jQuery Mobile 开发移动网页，其中 HTML5、CSS3 已经在前两篇做过介绍，所以在接下来的章节中，我们将着重于如何使用 jQuery Mobile 设计移动网页的界面。

根据 jQuery Mobile 官方网站（http://jquerymobile.com/）的说明指出，jQuery Mobile 是一个基于 jQuery 与 jQuery UI，并以 HTML5 为基础的统一用户界面系统，横跨所有受欢迎的移动设备平台，其轻量级的程序代码具有弹性且容易更换主题设计。

上文提及的 jQuery 是一个快速、轻巧、功能强大且跨浏览器的 JavaScript 函数库，属于开放源码，网页设计人员可以利用这个函数库所提供的 API 简化HTML与JavaScript之间的操作，例如选择HTML元素、操作HTML文件、处理事件、建立动画效果、导入Ajax技术等。

至于 jQuery UI 则是一个基于 jQuery 的 JavaScript 函数库，用来建立交互式用户界面，例如按钮、对话框、列表视图、工具栏、导航条、窗体、拨动式切换开关等控件，拖曳、拖放或放大缩小等操作，设置 CSS 样式、彩色动画、淡入、淡出等动画效果。

使用 jQuery Mobile 开发的移动网页具有下列特点：

- 能够在不同的移动设备显示相同的结果，达到跨平台、跨设备、跨浏览器的目的。
- 为触控设备提供优化的用户界面。
- 程序代码简洁短小。
- 可更换或自定义主题。
- 网页主要是使用 HTML5 语法来编写，除非是一些高级的功能，否则就算不懂 JavaScript，也能使用 jQuery Mobile。

jQuery Mobile 与多数的移动浏览器兼容，下图为官方网站所提供的兼容性列表，其中 A、B、C三个等级的意义如下：

- A（full）：浏览器与 jQuery Mobile 完全兼容。
- B（full minus Ajax）：除了 Ajax 功能之外，浏览器与 jQuery Mobile 兼容。
- C（basic HTML）：浏览器与 jQuery Mobile 不兼容，只会显示 HTML 网页。

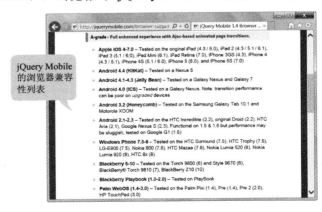

jQuery Mobile 的浏览器兼容性列表

下面是几个使用 jQuery Mobile 开发的移动网页。

16-2　移动网页的开发工具

移动网页和 HTML5 文件一样是扩展名为 .html 或 .htm 的纯文本文件，任何能够用来输入纯文本的编辑工具，都可以用来编写移动网页，例如 Notepad++，要注意的是台式机的浏览器不太适合用来测试移动网页，最好是在移动设备进行测试，或在台式机安装移动浏览器的仿真器来进行测试，例如 Opera Mobile Emulator，您可以连线到 http://www.opera.com/zh-cn/developer/mobile-emulator 下载 Windows、Mac 或 Linux 平台的仿真器，然后按照如下步骤进行安装。

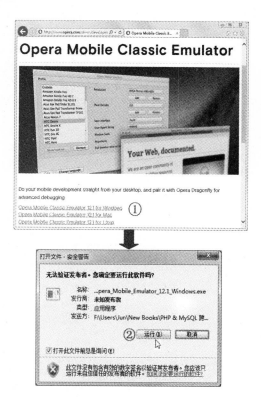

①根据平台下载适合的仿真器　②执行安装程序

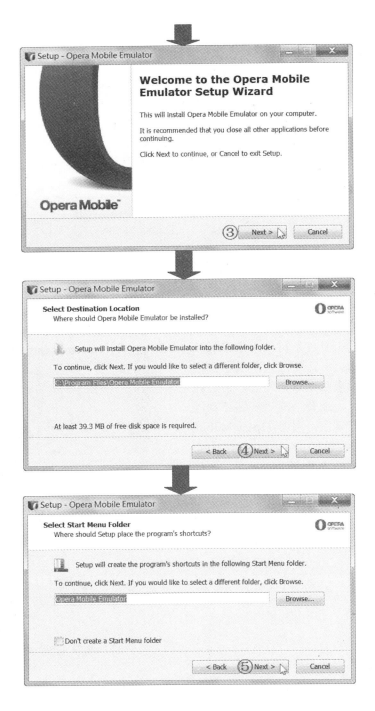

③ 点击 [Next] 继续安装　　④点击 [Next] 使用默认的安装路径

⑤ 点击 [Next] 使用默认的开始菜单文件夹

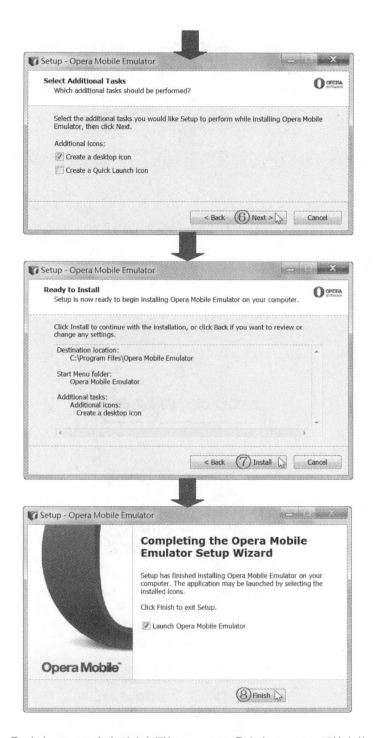

⑥ 点击 [Next] 在桌面建立图标　　　　⑦点击 [Install] 开始安装

⑧ 点击 [Finish] 完成安装

⑨第一次启动先选择语言 [English]，然后点击 [OK] 按钮

⑩选择移动设备，例如 [HTC One X]

⑪ 点击 [Launch] 按钮　　　　　⑫出现仿真器画面

除了使用纯文本编辑工具和仿真器，Windows 平台还有一些集成开发环境（IDE，Integrated Development Environment）可以使用，例如：

- Aptana Studio：这个 IDE 内建 Web 服务器并支持 JavaScript、HTML、DOM 与 CSS，可以到 http://www.aptana.com/ 免费下载。
- Eclipse：这个 IDE 最初是用来开发 Java 程序，也可通过外挂模块开发 C++、Python、PHP 等程序，可以到 http://www.eclipse.org/ 免费下载。
- Dreamweaver：这是 Adobe 公司推出的所见即所得（WYSIWYG）网页设计软件，内建支持 jQuery Mobile 并提供数种移动设备仿真器，可以到 Adobe 公司网站下载 30 天免费试用版。
- Visual Web Developer Express：这个 IDE 内建支持 jQuery，集成了 .NET 与 IIS，用来建立与测试 Web 应用程序，个人或教育用途可以到 Microsoft 公司网站免费下载。
- WebMatrix：这个 IDE 用来建立、发布与维护网站，可以到 Microsoft 公司网站 http://www.microsoft.com/web/webmatrix/ 免费下载。

Mac OS 平台也有集成开发环境，例如：

- Dreamweaver：除了 Windows 平台，Dreamweaver 也推出了 Mac OS 平台的版本，可以到 Adobe 公司网站下载 30 天免费试用版。
- Kod：这个文本编辑工具支持超过 65 种程序设计语言，可以到 http://kod.en.softonic.com/mac 免费下载。
- Espresso：这个 IDE 具有自动完成程序代码、实时预览、文件传输等功能，可以到 http://macrabbit.com/espresso/ 下载 15 天免费试用版，试用满意后再付费购买。
- Xcode：这是 Mac OS 与 iOS 平台上的 IDE，支持 C、C++、FORTRAN、Objective-C、Objective-C++、Java、AppleScript、Python、Ruby 等程序设计语言，可以到 App Store 下载。

16-3　编写第一份 jQuery Mobile 文件

使用 jQuery Mobile 开发移动网页需要一些相关文件，包括：

- jQuery Mobile 核心 CSS 文件（例如 jquery.mobile-XX.min.css，XX 为版本）
- jQuery 核心 JavaScript 文件（例如 jquery-XX.min.js）
- jQuery Mobile 核心 JavaScript 文件（例如 jquery.mobile-XX.min.js）

对于这些文件，我们可以通过下列两种方式来获得：

- 下载 jQuery 与 jQuery Mobile 套件：到 http://jquery.com/download/ 和 http://jquerymobile.com/download/ 下载 jQuery 与 jQuery Mobile 套件，例如 jquery-1.11.2.min.js 和 jquery.mobile-1.4.5.ZIP，然后将解压缩得到的文件和文件夹复制到网站项目的根目录。

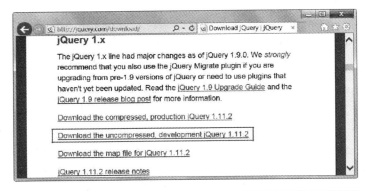

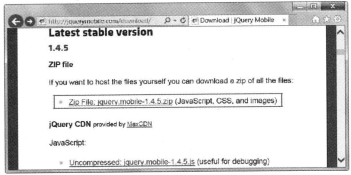

- 使用 CDN（Content Delivery Networks）：在网页中引用 jQuery 与 jQuery Mobile 官方网站提供的文件，而不是将相关文件复制到网站项目的根目录。我们可以在 http://jquerymobile.com/download/ 找到类似如下的程序代码，将它复制到网页的 <head> 区块即可：

```
<link rel="stylesheet" href="http://code.jquery.com/mobile/1.4.5/
jquery.mobile-1.4.5.min.css" />
    <script src="http://code.jquery.com/jquery-1.11.2.min.js"></script>
    <script src="http://code.jquery.com/mobile/1.4.5/jquery.mobile-1.4.5.min.js">
</script>
```

jquery.mobile-1.4.5.min.css、jquery-1.11.2.min.js、jquery.mobile-1.4.5.min.js 分别是 jQuery Mobile 核心 CSS 文件、jQuery 核心 JavaScript 文件、jQuery Mobile 核心 JavaScript 文件，文件名中的 1.4.5 或 1.11.2 为版本，而 .min 为最小化的文件，也就是不含空白、换行、注释并经过压缩，推荐给正式版使用。除了这些文件，我们可能还会引用到 jquery.mobile.structure-1.4.5.min.css、jquery.mobile.theme-1.4.5.css 等文件，以使用主题。

jQuery 与 jQuery Mobile 均属于开放源码，可以免费使用，注意不要删除文件开头的版权信息即可。

使用 CDN 的好处如下：

- 无须下载任何套件。
- 减少网络流量，因为 Web 服务器送出的文件较小。
- 若用户之前已经通过相同的 CDN 引用 jQuery 与 jQuery Mobile 的相关文件，那么这些文件就会存在于浏览器的缓存中，如此一来就可以加快网页的执行速度。

现在，我们以实际的例子来示范如何使用 jQuery Mobile 开发移动网页，请您启动 Notepad++，然后编写如下的文件，注意最左边的行号和冒号是为了方便解说之用，不要输入到程序代码中。

```
01:<!doctype html>
02:<html>
03:  <head>
04:    <meta charset="utf-8">
05:    <title> 我的 jQuery Mobile 程序</title>
06:    <link rel="stylesheet"
href="http://code.jquery.com/mobile/1.4.5/jquery.mobile-1.4.5.min.css" />
07:    <script src="http://code.jquery.com/jquery-1.11.2.min.js"></script>
08:    <script src="http://code.jquery.com/mobile/1.4.5/jquery.mobile-1.4.5.min.
js"></script>
09:    <meta name="viewport" content="width=device-width, initial-scale=1">
10:  </head>
11:  <body>
12:  </body>
13:</html>
```

<\Ch16\jQM1.html>

目前这份文件还只是一个空白网页，左下图是在智能手机上的浏览结果，而右下图是在 Opera Mobile Emulator 上的模拟画面。

这份文件的程序代码有几个重点：

- 01：DOCTYPE 声明，表示这是一份 HTML5 文件。

- 06：使用 CDN 引用 jQuery Mobile 核心 CSS 文件 jquery.mobile-1.4.5.min. css。
- 07：使用 CDN 引用 jQuery 核心 JavaScript 文件 jquery-1.11.2.min.js。
- 08：使用 CDN 引用 jQuery Mobile 核心 JavaScript 文件 jquery.mobile-1.4.5.min.js。
- 09：定义一个 metadata，名称为 "viewport"，内容为 "width=device-width, initial-scale=1"，表示将网页宽度指定为移动设备的屏幕宽度且缩放比为 1∶1，虽然如此，用户还是能够自由地缩放网页，下表为 viewport metadata 的可用属性。

属性	说明
width=device-width|n	指定移动设备的屏幕宽度，常数 device-width 为屏幕宽度，n 为像素数，例如 width=320 表示宽度为 320 像素
height=device-height|n	指定移动设备的屏幕高度，常数 device-height 为屏幕高度，n 为像素数，例如 height=640 表示高度为 640 像素
initial-scale=n	指定网页的初始缩放比例，n 为浮点数，合法范围为 0.01~10，例如 initial-scale=2.0 表示放大 2 倍
minimum-scale=n	指定网页的最小缩放比例，n 为浮点数
maximum-scale=n	指定网页的最大缩放比例，n 为浮点数
user-scalable=yes|no	指定是否允许用户缩放网页，yes（或 1）表示允许，no（或 0）表示不允许

在加入网页内容之前，我们先解释一个观念，一份 jQuery Mobile 文件可以包含一个或多个"页面"(page)，而一个页面又可以包含一个或多个"角色"(role)，"页面"就像"角色"的容器。举例来说，我们在 <jQM1.html> 的 <body> 区块加入第 12 ~ 24 行的程序代码，分别使用四个 <div> 元素和 data-role 属性定义页面、页首、内容和页尾等角色，一个典型的页面通常包含页首、内容和页尾，其中内容是一定要存在的。至于这些角色如何区分，则取决于 data-role 属性的值，下表为一些常见的角色。

角色	说明	角色	说明
page	页面	listview	项目查看
header	页首	dialog	对话框
content	内容	fieldcontain	窗体字段容器
footer	页尾	controlgroup	控件组
navbar	导航条	collapsible	可折叠面板
button	可视化按钮	slider	拨动式切换开关

```
01:<!doctype html>
02:<html>
03: <head>
04:    <meta charset="utf-8">
05:    <title> 我的 jQuery Mobile 程序</title>
06:    <link rel="stylesheet"
href="http://code.jquery.com/mobile/1.4.5/jquery.mobile-1.4.5.min.css" />
07:    <script src="http://code.jquery.com/jquery-1.11.2.min.js"></script>
08:    <script src="http://code.jquery.com/mobile/1.4.5/
```

```
jquery.mobile-1.4.5.min.js"></script>
09:    <meta name="viewport" content="width=device-width, initial-scale=1">
10:    </head>
11:    <body>

12:    <div data-role="page">
13:      <div data-role="header">
14:        <h1> 航海王</h1>              ②
15:      </div>
16:      <div data-role="content">
17:        <p> 海贼王黄金. 罗杰遗留下一个被称为 ONEPIECE 的神秘宝藏,
18:        而主角"鲁夫"找了海盗克星"索隆"、女贼"娜美"、可爱驯鹿      ③          ①
19:        "乔巴"等几位伙伴要一起寻找传说中的宝藏。</p>
20:      </div>
21:      <div data-role="footer">
22:        <h4>&copy; 快乐影视</h4>        ④
23:      </div>
24:    </div>
25:    </body>
26:</html>
```

<\Ch16\jQM1.html>

①使用 \<div\> 元素和 data-role="page" 属性定义页面
②使用 \<div\> 元素和 data-role="header" 属性定义页首
③使用 \<div\> 元素和 data-role="content" 属性定义内容
④使用 \<div\> 元素和 data-role="footer" 属性定义页尾

目前这份文件包含一个页面，左下图是在智能手机上的浏览结果，而右下图是在 Opera Mobile Emulator 上的模拟画面。

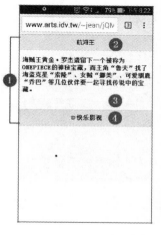

①页面　　　②页首　　　③内容　　　④页尾

若要将页尾固定显示页面下方，可以在定义页尾的语句中加上 data-position="fixed" 属性，如下：

```
21:        <div data-role="footer" data-position="fixed">
```

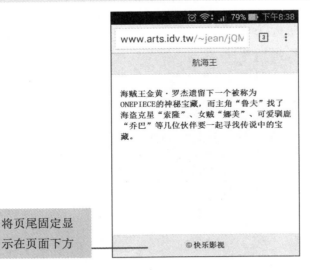

将页尾固定显示在页面下方

提示

- jQuery Mobile 文件若遇到与 jQuery Mobile 不兼容的浏览器，或遇到没有正确载入 jQuery Mobile 的情况，会被当成普通的 HTML 网页来显示，不至于会发生错误。

- jQuery Mobile 文件需要上传到 Web 服务器执行吗？以本节的例子来说，假设它在本地驱动器的位置为 F:\jQueryMobile\jQM1.html，那么只要在 Opera Mobile Emulator 的网址栏输入 file://f://jQueryMobile/jQM1.html 即可进行浏览。

  不过，我们建议的做法还是将文件上传到 Web 服务器，然后在移动浏览器或仿真器的网址栏输入以 http:// 开头的网址，例如 http://www.xxx.xxx / jQM1.html，这样不容易发生错误，尤其是当文件包含链接到相同网域内不同网页的超链接时，若以打开本地文件的方式执行该文件，将会出现类似下图的 "Error Loading Page" 报错信息。

- jQuery Mobile 相关的说明文件可以到 http://api.jquerymobile.com/查看。

16-4 主题

　　jQuery Mobile 提供了 data-theme="a-z" 属性用来指定用户界面组件的主题（theme），这是一组关于文档版式布局、样式与颜色的定义，而且 jQuery Mobile 内建 data-theme="a"（灰色）和 data-theme="b"（黑色）两种，页面默认采用主题 a，但我们可以针对页首、页尾、按钮、列表视图、工具栏等用户界面组件指定主题，若某个元素没有指定主题，就会沿用其父元素的主题，下面举一个例子。

```
01:<!doctype html>
02:<html>
03: <head>
04:   <meta charset="utf-8">
05:   <title> 我的 jQuery Mobile 程序</title>
06:   <link rel="stylesheet"
href="http://code.jquery.com/mobile/1.4.5/jquery.mobile-1.4.5.min.css" />
07:   <script src="http://code.jquery.com/jquery-1.11.2.min.js"></script>
08:   <script src="http://code.jquery.com/mobile/1.4.5/jquery.
mobile-1.4.5.min.js"></script>
09:   <meta name="viewport" content="width=device-width, initial-scale=1">
10: </head>
11: <body>
12:   <div data-role="page">
13:    <div data-role="header" data-theme="b">        ⎫
14:      <h1> 航海王</h1>                              ⎬ ①
15:    </div>                                          ⎭
16:    <div data-role="content">
17:      <p> 海贼王黄金. 罗杰遗留下一个被称为 ONEPIECE 的神秘宝藏，  ⎫
18:      而主角"鲁夫"找了海盗克星"索隆"、女贼"娜美"、              ⎬ ②
19:      可爱驯鹿"乔巴"等几位伙伴要一起寻找传说中的宝藏。</p>      ⎭
20:    </div>
21:    <div data-role="footer" data-position="fixed" data-theme="b">  ⎫
22:      <h4>&copy; 快乐影视</h4>                       ⎬ ③
23:    </div>                                          ⎭
24:   </div>
25: </body>
26:</html>
```

<\Ch16\jQM1b.html>

①页首指定套用主题 b（黑色）　　　　　　②内容沿用其父元素（页面）的主题 a（灰色）

③页尾指定套用主题 b（黑色）

　　浏览结果如下图，页首和页尾分别指定套用主题b（黑色），而内容没有指定主题，故会沿用其父元素（页面）的主题a（灰色）。

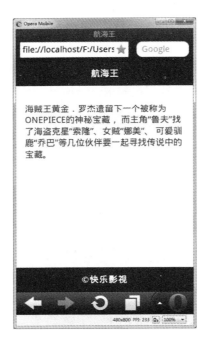

请注意，data-theme 属性的合法值为 "a-z"，也就是 "a"、"b"、"c"、...、"z"，除了 jQuery Mobile 内建的主题，您也可以到 jQuery Mobile 官方网站查询 ThemeRoller（http://jquerymobile.com/themeroller/）提供的自定义专属的主题，该网站有细节说明。

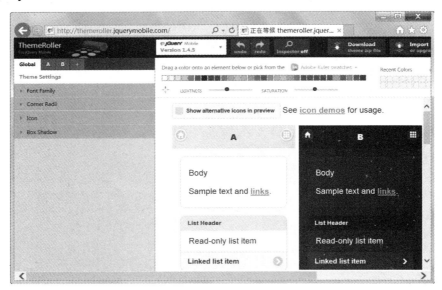

16-5　超链接

jQuery Mobile 文件的超链接可以分为下列几种类型：

- 内部链接（internal link）：链接同一份 jQuery Mobile 文件的页面。

- 外部链接（external link）：链接不同份 jQuery Mobile 文件，而且两份文件必须放在相同网域。
- 绝对外部链接（absolute external link）：链接非 jQuery Mobile 文件或其他网域的网页。

16-5-1　内部链接

我们直接以下面的例子说明如何建立内部链接，也就是链接同一份 jQuery Mobile 文件的页面，当用户点取第一个页面的"第二页"超链接时，就会开启第二个页面；相反的，当用户点取第二个页面的"第一页"超链接或移动浏览器的上一页按钮时，就会返回第一个页面。

①两个页面的标题都是页首中的"航海王"　　　③按"第二页"

②开启第二个页面，然后按 "第一页"　　　④返回第一个页面

```
01:<!doctype html>
02:<html>
03:  <head>
04:    <meta charset="utf-8">
05:    <title> 我的 jQuery Mobile 程序</title>
06:    <link rel="stylesheet"
href="http://code.jquery.com/mobile/1.4.5/jquery.mobile-1.4.5.min.css" />
07:    <script src="http://code.jquery.com/jquery-1.11.2.min.js"></script>
08:    <script src="http://code.jquery.com/mobile/1.4.5/jquery.mobile-
1.4.5.min.js"></script>
09:    <meta name="viewport" content="width=device-width, initial-scale=1">
10:  </head>
```

```
11:  <body>                                      ③
12:   <div data-role="page" id="firstPage">
13:    <div data-role="header" data-theme="b">
14:      <h1> 航海王</h1>
15:    </div>
16:    <div data-role="content">                 ④
17: ①    <p> 这是第一页，前往<a href="#secondPage"> 第二页</a>。</p>
18:    </div>
19:    <div data-role="footer" data-theme="b">
20:      <h4>&copy; 快乐影视</h4>
21:    </div>
22:   </div>                                      ⑤
23:   <div data-role="page" id="secondPage">
24:    <div data-role="header" data-theme="b">
25:      <h1> 航海王</h1>
26:    </div>
27:    <div data-role="content">                  ⑥
28: ②    <p> 这是第二页，返回<a href="#firstPage"> 第一页</a>。</p>
29:    </div>
30:    <div data-role="footer" data-theme="b">
31:      <h4>&copy; 快乐影视</h4>
32:    </div>
33:   </div>
34:  </body>
35:</html>
```

\<\Ch16\jQM2.html>

①第一个页面　　　　　　　②第二个页面

③指定第一个页面的 id　　④指定链接到第二个页面（标识名称前面要加上 #）

⑤指定第二个页面的 id　　⑥指定链接到第一个页面（标识名称前面要加上 #）

- 12 ~ 22: 定义第一个页面并将其 id 属性指定为 "firstPage"。
- 23 ~ 33: 定义第二个页面并将其 id 属性指定为 "secondPage"。
- 17: 使用 <a> 元素将字符串 "第二页" 指定为链接到第二个页面的超链接，标识名称前面要加上 # 符号。
- 28: 使用 <a> 元素将字符串 "第一页" 指定为链接到第一个页面的超链接，标识名称前面要加上 # 符号。

请注意，虽然我们有在 <head> 区块内使用 <title> 元素将文件的标题指定为 "我的 jQuery Mobile 程序"，但在浏览结果中，两个页面的标题都是页首中的 "航海王"，若要指定各个页面的标题，可以使用 jQuery Mobile 提供的 data-title 属性，举例来说，假设在第 12、23 行加上 data-title 属性，如下，就可以将两个页面的标题分别指定为 "第一页" 和 "第二页"：

```
12:         <div data-role="page" id="firstPage" data-title= "第一页">
...
23:         <div data-role="page" id="secondPage" data-title= "第二页">
```

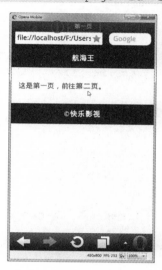

①第一个页面的标题变更为"第一页"　　　　　②第二个页面的标题变更为"第二页"

16-5-2　外部链接

我们直接以下面的例子说明如何建立外部链接，也就是链接不同的 jQuery Mobile 文件，此例有两份 jQuery Mobile 文件 <jQM3a.html> 和 <jQM3b.html> 放在相同网域，当用户点击 <jQM3a.html> 的"第二份文件"超链接时，就会开启 <jQM3b.html>；相反的，当用户点击 <jQM3b.html> 的"第一份文件"超链接或移动浏览器的上一页按钮时，就会返回 <jQM3a.html>。

①点击"第二份文件"　　②开启第二份文件，然后点击"第一份文件"　　③返回第一份文件

```
01:<!doctype html>
02:<html>
03:  <head>
04:    <meta charset="utf-8">
05:    <title> 我的 jQuery Mobile 程序</title>
06:    <link rel="stylesheet"
href="http://code.jquery.com/mobile/1.4.5/jquery.mobile-1.4.5.min.css" />
07:    <script src="http://code.jquery.com/jquery-1.11.2.min.js"></script>
08:    <script src="http://code.jquery.com/mobile/1.4.5/jquery.mobile-
1.4.5.min.js"></script>
09:    <meta name="viewport" content="width=device-width, initial-scale=1">
10:  </head>
11:  <body>
12:    <div data-role="page">
13:      <div data-role="header" data-theme="b">
14:        <h1> 航海王</h1>
15:      </div>
16:      <div data-role="content">
17:        <p> 这是第一份文件，前往<a href="jQM3b.html"> 第二份文件</a>。</p>
18:      </div>
19:      <div data-role="footer" data-theme="b">
20:        <h4>&copy; 快乐影视</h4>
21:      </div>
22:    </div>
23:  </body>
24:</html>
```

指定链接到第二份 jQuery Mobile 文件

`<\Ch16\jQM3a.html>`

```
01:<!doctype html>
02:<html>
03:  <head>
04:    <meta charset="utf-8">
05:    <title> 我的 jQuery Mobile 程序</title>
06:    <link rel="stylesheet"
href="http://code.jquery.com/mobile/1.4.5/jquery.mobile-1.4.5.min.css" />
07:    <script src="http://code.jquery.com/jquery-1.11.2.min.js"></script>
08:    <script src="http://code.jquery.com/mobile/1.4.5/jquery.mobile-
1.4.5.min.js"></script>
09:    <meta name="viewport" content="width=device-width, initial-scale=1">
10:  </head>
11:  <body>
12:    <div data-role="page">
13:      <div data-role="header" data-theme="b">
14:        <h1> 航海王</h1>
```

```
15:      </div>
16:      <div data-role="content">
17:          <p> 这是第二份文件，返回<a href="jQM3a.html"> 第一份文件</a>。</p>
18:      </div>
19:      <div data-role="footer" data-theme="b">
20:        <h4>&copy; 快乐影视</h4>
21:      </div>
22:    </div>
23:  </body>
24:</html>
```

指定链接到第一份 jQuery Mobile 文件

<\Ch16\jQM3b.html>

16-5-3　绝对外部链接

我们直接以下面的例子说明如何建立绝对外部链接，也就是链接非 jQuery Mobile 文件或其他网域的网页，当用户点击 <jQM4.html> 的"百度"超链接时，就会开启"百度"网站，要注意的是第 17 行必须加上 data-rel="external" 属性指定要建立绝对外部链接。

①点击此超链接　　　　　　②开启"百度"网站

```
01:<!doctype html>
02:<html>
03:  <head>
04:    <meta charset="utf-8">
05:    <title> 我的 jQuery Mobile 程序</title>
06:    <link rel="stylesheet"
href="http://code.jquery.com/mobile/1.4.5/jquery.mobile-1.4.5.min.css" />
07:    <script src="http://code.jquery.com/jquery-1.11.2.min.js"></script>
```

```
08:    <script src="http://code.jquery.com/mobile/1.4.5/jquery.mobile-
1.4.5.min.js"></script>
09:    <meta name="viewport" content="width=device-width, initial-scale=1">
10:  </head>
11:  <body>
12:   <div data-role="page">
13:    <div data-role="header" data-theme="b">
14:     <h1> 航海王</h1>
15:    </div>
16:    <div data-role="content">              ①          ②
17:     <p> 前往<a href="http://www.baidu.com/" data-rel="external">百度
</a>。</p>
18:    </div>
19:    <div data-role="footer" data-theme="b">
20:     <h4>&copy; 快乐影视</h4>
21:    </div>
22:   </div>
23:  </body>
24:</html>
```

<\Ch16\jQM4.html>

①指定链接到"百度"网站　　　　②指定为绝对外部链接

第 17 行之所以必须加上 data-rel="external" 属性，主要是因为 jQuery Mobile为了减少加载时间，默认会以Ajax方式加载页面或网页，也就是只加载页面或网页有更新的部分，但是对于其他网域的网页，我们必须取消 jQuery Mobile 的Ajax功能，才能在每次开启其他网域的网页时都会重载。除了使用 data-rel="external" 属性，我们也可以改用 data-ajax="false" 属性或 target="_blank" 属性取消Ajax功能。

链接不同份 jQuery Mobile 文件的页面

外部链接虽然能够链接相同网域的不同份 jQuery Mobile 文件，但被链接的文件只能包含单一页面，否则会出现加载错误，若要链接不同份 jQuery Mobile 文件的页面，就必须改用绝对外部链接。

举例来说，假设 <jQM2.html> 文件包含两个页面，id 分别为 "firstPage" 和 "secondPage"，而另一份 <jQM1.html> 文件欲链接<jQM2.html> 文件的 "secondPage" 页面，那么此超链接可以写成如下，文件名称与页面名称中间以 # 符号连接：

```
<a href="jQM2.html#secondPage" data-rel="external"></a>
```

16-6 页面切换动画

jQuery Mobile 提供了一个 data-transition 属性用来指定页面切换动画，其语法如下，默认值为 fade（淡入）：

```
data-transition="fade|flip|flow|pop|slide|slidedown|slidefade|slideup|
turn|none"
```

页面切换动画	说明
fade	淡入
flip	翻转
flow	流动
pop	弹出
slide	从右向左滑入
slidedown	从上往下滑入
slidefade	从右向左淡入
slideup	从下往上滑入
turn	转动
none	无

举例来说，假设在如下的 <a> 元素里面加上 data-transition="flip" 属性，那么在点击超链接时，就会以翻转动画开启第二份 jQuery Mobile 文件：

```
<a href="jQM3b.html" data-transition="flip"> 第二份文件 </a>
```

下面是几项补充说明：

- 切换动画套用在超链接，不是页面，而且只有套用在 A 级兼容性浏览器的内部链接或外部链接才会生效，绝对外部链接无法指定切换动画。
- 若要指定逆向切换动画，可以加上 data-direction="reverse" 属性。
- 若要指定预先加载网页，可以加上 data-prefetch="true" 属性，例如下面的语句是指定当点击超链接时，就在背景执行加载动作，以减少等待时间：

```
<a href="jQM3b.html" data-prefetch="true"> 第二份文件 </a>
```

16-7 对话框

jQuery Mobile 文件的对话框就像另一种页面（page），只是周围多了边框，左上角多了关闭按钮，适合用来显示确认信息、提示信息或没有层级关系的信息。下面举一个例子，当用户点击 <jQM5.html> 的"鲁夫简介"超链接时，就以对话框的形式显示 <introduction.html> 的介绍文字，点击左上角的关闭按钮即可返回 <jQM5.html>，值得注意的是 <jQM5.html> 的第 18 行在 <a> 元素内加上 data-rel="dialog" 属性，指定以对话框的形式显示超链接的内容。

①点击此超链接　　②开启对话框，若要关闭，可以点击此钮

```
01:<!doctype html>
02:<html>
03:  <head>
04:    <meta charset="utf-8">
05:    <title> 我的 jQuery Mobile 程序</title>
06:    <link rel="stylesheet"
href="http://code.jquery.com/mobile/1.4.5/jquery.mobile-1.4.5.min.css" />
07:    <script src="http://code.jquery.com/jquery-1.11.2.min.js"></script>
08:    <script src="http://code.jquery.com/mobile/1.4.5/jquery.mobile-
1.4.5.min.js"></script>
09:    <meta name="viewport" content="width=device-width, initial-scale=1">
10:  </head>
11:  <body>
12:    <div data-role="page">
13:      <div data-role="header"><h1> 航海王</h1></div>
14:      <div data-role="content">
15:        <p> 海贼王黄金. 罗杰遗留下一个被称为 ONEPIECE 的神秘宝藏,
16:        而主角 "鲁夫" 找了海盗克星 "索隆"、女贼 "娜美"、
17:        可爱驯鹿 "乔巴" 等几位伙伴要一起寻找传说中的宝藏。</p>
18:        <a href="introduction.html" data-rel="dialog"> 鲁夫简介</a>
19:      </div>
20:      <div data-role="footer"><h4>&copy; 快乐影视</h4></div>
21:    </div>
22:  </body>
23:/html>
```

指定以对话框的形式显示超链接的内容

\<\Ch16\jQM5.html>

```
01:<!doctype html>
02:<html>
03:  <head>
04:    <meta charset="utf-8">
05:    <title> 我的 jQuery Mobile 程序</title>
06:    <link rel="stylesheet"
href="http://code.jquery.com/mobile/1.4.5/jquery.mobile-1.4.5.min.css" />
07:    <script src="http://code.jquery.com/jquery-1.11.2.min.js"></script>
08:    <script src="http://code.jquery.com/mobile/1.4.5/
jquery.mobile-1.4.5.min.js"></script>
09:    <meta name="viewport" content="width=device-width, initial-scale=1">
10:  </head>
11:  <body>
12:  <div data-role="page">
13:    <div data-role="header"><h1> 鲁夫简介</h1></div>
14:    <div data-role="content">
15:      <p> 鲁夫是海贼王一片中的主角，因为误食了恶魔的果实，
16:      使得鲁夫成了橡胶人，身体能够任意拉长，
17:      鲁夫立志成为海贼王，寻找传说中的宝藏。</p>
18:    </div>
19:    <div data-role="footer"><h4>&copy; 快乐影视</h4></div>
20:  </div>
21:  </body>
22:</html>
```

<\Ch16\introduction.html>

习题

选择题

(　　　) 1. jQuery Mobile 文件可以使用下列哪个属性自定义角色？

  A. data-position B. data-role C. data-theme D. data-icon

(　　　) 2. jQuery Mobile 文件一定会存在着下列哪个角色？

  A. 页首   B. 内容   C. 页尾   D. 导航条

(　　　) 3. 下列关于 jQuery Mobile 主题的叙述哪一个是错误的？

  A. 可以使用 data-theme 属性来指定主题

  B. 合法的主题有 "a"、"b"、"c"、…、"z"

  C. 内建的主题有 "a"、"b"、"c"、…、"m"

  D. 我们可以针对首页指定主题

(　　　) 4. 下列哪种类型的超链接会链接同一份 jQuery Mobile 文件的页面？

  A. 绝对外部链接 B. 外部链接 C. 内部链接 D. 相对外部链接

(　　　) 5. jQuery Mobile 文件可以使用下列哪个属性指定各个页面的标题？

A. data-title　　　　B. data-role　　　　C. data-theme　　　　D. data-rel

(　　) 6. jQuery Mobile 文件可以使用下列哪个属性指定页面切换动画？

A. data-direction　　　B. data-prefetch　　　C. data-rel　　　　D. data-transition

(　　) 7. 若要指定以对话框的形式显示超链接的内容，可以在 \<a\> 元素里面加上下列哪个属性？

A. data-rel="dialog"　　　　　　　　B. data-prefetch="true"

C. data-transition="flip"　　　　　　D. data-rel="external"

(　　) 8. 下列叙述哪一个是错误的？

A. 一份 jQuery Mobile 文件可以包含一个或多个"页面"（page）

B. 一个页面可以包含一个或多个"角色"（role）

C. 若要链接同一份 jQuery Mobile 文件的页面，其标识名称前面要加上 # 符号

D. jQuery Mobile 文件若遇到不兼容的浏览器，将无法显示出来

jQuery Mobile UI 组件

17-1　按钮

jQuery Mobile 内建丰富的用户界面组件（UI component），例如按钮、工具栏、折叠面板、导航条、列表视图、窗体等。在本节中，我们要介绍按钮（button），jQuery Mobile 针对 HTML 超链接元素（<a>）和窗体输入元素（type="button"、type="submit"、type="reset"）提供了更美观、更容易点击的按钮，之所以有此设计，主要是因为超链接元素的文字经常出现在字里行间，点击区域也局限于文字本身，用户往往无法精确点击超链接，而按钮的点击区域则相对较大。

17-1-1　建立按钮

若要将超链接元素或窗体输入元素描绘成按钮，可以加上 data-role="button" 属性，例如：

```
<a href="story.html" data-role="button"> 故事介绍 </a>
<a href="role.html" data-role="button"> 角色介绍 </a>
<a href="images.html" data-role="button"> 精彩图片 </a>
```

浏览结果如左下图，每个按钮默认会占用一行。jQuery Mobile 还提供了迷你按钮，只要加上 data-mini="true" 属性，就会得到如中间图的浏览结果，若再加上 data-inline="true" 属性，则会将按钮并排在同一行，如右下图。

①按钮默认的大小　　　　　②迷你按钮的大小　　　　　③并排在同一行的迷你按钮

17-1-2　设置按钮的图标

若要设置按钮的图标，可以加上data-icon="icon-name" 属性，其中icon-name就是图标的名称，对照如下：

⊜ bars	✎ edit	⊞ grid
◀ arrow-l	▶ arrow-r	⚠ alert
▲ arrow-u	▼ arrow-d	⌂ home
✕ delete	＋ plus	★ star
− minus	✓ check	ⓘ info
⚙ gear	↻ refresh	🔍 search
⏩ forward	⏪ back	

按钮的图标默认会显示在左侧，若要变更图标的位置，可以加上data-iconpos="left | right | top | bottom | notext" 属性（默认值为left），例如：

```
    <a href="story.html" data-role="button" data-icon="arrow-r" data-iconpos="left">
故事介绍</a>
    <a href="role.html" data-role="button" data-icon="arrow-r" data-iconpos="right">
角色介绍</a>
    <a href="images.html" data-role="button" data-icon="arrow-r" data-iconpos="top">
精彩图片</a>
    <a href="theater.html" data-role="button" data-icon="arrow-r"
data-iconpos="bottom"> 剧场版</a>
    <a href="discuss.html" data-role="button" data-icon="arrow-r"
data-iconpos="notext"> 讨论区</a>
```

①图标默认放在左侧　②将图标放右侧　③将图标放上方　④将图标放下方　⑤不显示按钮的文字

除了内建的图标，我们也可以自定义按钮的图标，只要将 data-icon 属性的值设置为自定义的图标名称即可。图标的命名格式建议采用 appname-iconname，例如 myapp-email，而图标的存盘格式为 18×18 像素、白色或透明的 PNG-8。此外，我们还要针对此图标编写一条名称为 ui-icon-appname-iconname 的 CSS 样式规则，以指定背景来源，例如下面语句的 ui-icon-myapp-email：

```
    .ui-icon-myapp-email {
     background-image:url("app-icon-email.png");
    }
```

这样的做法就可以建立一个标准分辨率的图标，不过，随着越来越多高分辨率的移动设备问世，建议您再准备另一个 36×36 像素的图标，并编写类似如下的 CSS 样式规则，将此图标强制放入背景大小为 18×18 像素的空间，以适用于高分辨率的移动设备：

```css
@media only screen and (-webkit-min-device-pixel-ratio:2) {
.ui-icon-myapp-email {
background-image:url("app-icon-email-highres.png");
background-size:18px 18px;
}
... 更多高分辨率的图标规则可以放于此 ...
}
```

17-1-3　设置按钮的主题

我们可以使用data-theme="a-z" 属性设置按钮的主题，内建的主题有a（灰色）、b（黑色）、c（银色）、d（灰色）、e（黄色），例如：

```html
<a href="story.html" data-role="button" data-icon="arrow-r" data-theme="a">
故事介绍</a>
<a href="role.html" data-role="button" data-icon="arrow-r" data-theme="b">
角色介绍</a>
```

17-1-4　设置按钮的特殊效果

按钮默认为圆角加阴影，若要取消阴影，可以加上data-shadow="false" 属性；若要取消圆角，可以加上data-corners="false" 属性，例如：

```html
<a href="story.html" data-role="button" data-icon="arrow-r"> 故事介绍</a>
<a href="role.html" data-role="button" data-icon="arrow-r"
data-shadow="false"> 角色介绍</a>
<a href="images.html" data-role="button" data-icon="arrow-r"
data-corners="false"> 精彩图片</a>
```

①按钮默认为圆角加阴影　②取消加阴影（图中不明显）　③取消圆角

17-1-5　设置控件组

有时我们可能需要将几个有关联的按钮组合在一起，此时可以利用 <div> 元素加上 data-role="controlgroup" 属性定义一个控件组容器，然后将按钮放在这个容器里面，例如：

```
<div data-role="controlgroup">
  <a href="plus.html" data-role="button" data-icon="plus">新增</a>
  <a href="delete.html" data-role="button" data-icon="delete">删除</a>
  <a href="edit.html" data-role="button" data-icon="edit">编辑</a>
</div>
```

浏览结果如左下图，控件组里面的按钮默认会垂直排列，若要变更为水平排列，可以加上 data-type="horizontal" 属性，浏览结果如右下图。

①默认为垂直排列　　　　　　　　②变更为水平排列

17-2　工具栏

jQuery Mobile提供了页首行和页尾行两个标准的工具栏（toolbar），虽然不是必需的区域，但多数页面通常会包含此两者。

17-2-1　页首行

页首行（header）位于页面上方，通常用来放置标题或"返回"等按钮，标题文字建议以 <h1> 元素来标记，但使用 <h2>～<h6> 元素亦可，例如：

```
<div data-role="header">
  <h1>航海王</h1>
</div>
```

当内容超过页面的长度时，页首行可能会被卷出页面，如左下图所示，此时可以加上 data-position="fixed" 属性，将它固定显示在页面顶端，如右下图所示：

```
<div data-role="header" data-position="fixed">
  <h1>航海王</h1>
</div>
```

①当内容太长时，页首列会被卷出页面　　②将页首行固定显示在页面顶端

在页首行加入按钮

我们可以在页首行加入按钮，例如下面的语句会在页首行加入一个"回首页"按钮，而且按钮默认的位置在左侧，浏览结果如下图。

```
<div data-role="header">
  <a href="home.html" data-role="button" data-icon="home">回首页</a>
  <h1>航海王</h1>
</div>
```

若要将按钮改放在右侧，可以加上 class="ui-btn-right" 属性，浏览结果如下图。

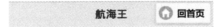

此外，若是在页首行加入两个按钮，那么先出现的按钮会放在左侧，而后出现的按钮会放在右侧，例如：

```
<div data-role="header">
  <a href="home.html" data-role="button" data-icon="home"> 回首页 </a>
  <h1> 航海王 </h1>
  <a href="info.html" data-role="button" data-icon="info"> 关于我们 </a>
</div>
```

设置页首行的主题

页首航默认的主题为 a（灰色），若要设置页首行的主题，可以加上 data-theme="a-z" 属性，内建的主题有 a（灰色）、b（黑色），例如下图是加上 data-theme="b" 属性的浏览结果。

17-2-2　页尾行

页尾行（footer）位于页面下方，通常用来放置版权声明、联络信息、具有预览功能或相关联的一组按钮，例如下面的语句是在页尾行加入三个按钮，而且这些按钮在页尾行里面并没有保持留白（padding）：

```
<div data-role="footer">
  <a href="add.html" data-role="button" data-icon="plus"> 新增</a>
  <a href="up.html" data-role="button" data-icon="arrow-u"> 上一笔</a>
  <a href="down.html" data-role="button" data-icon="arrow-d"> 下一笔</a>
</div>
```

若要保持留白，可以加上 class="ui-bar" 属性，例如：

```
<div data-role="footer" class="ui-bar">
  <a href="add.html" data-role="button" data-icon="plus"> 新增 </a>
  <a href="up.html" data-role="button" data-icon="arrow-u"> 上一笔 </a>
  <a href="down.html" data-role="button" data-icon="arrow-d"> 下一笔 </a>
</div>
```

同样的，页尾行默认的主题为 a（灰色），若要设置页尾行的主题，可以加上 data-theme="a-z" 属性，内建的主题有 a（灰色）、b（黑色），例如下图是加上 data-theme="b" 属性的浏览结果。

此外，页尾行虽然位于页面下方，但实际的高度会随着内容自动调整，当内容超过页面的长度时，页尾行可能会被卷出页面，此时可以加上data-position="fixed" 属性，将它固定显示在页面底部。

17-3　导航条

jQuery Mobile提供了一个基本的navbar widget，可以用来创建最多包含五个按钮的导航条（navigation bar）。导航条可以放在页首行、页尾行或内容区等区域，下面是一个例子 <\ch17\jQMUI3.html>，它将导航条放在页首行。

```
01:<div data-role="page">
02:  <div data-role="header">
03:    <div data-role="navbar">
04:      <ul>
05:        <li><a href="story.html" class="ui-btn-active ui-state-persist">
故事介绍</a></li>
06:        <li><a href="role.html"> 角色介绍</a></li>
07:        <li><a href="images.html"> 精彩图片</a></li>
08:      </ul>
09:    </div>
10:  </div>
11:  <div data-role="content">
12:    <img src="piece.jpg" width="100%">
13:  </div>
14:  <div data-role="footer" data-position="fixed">
15:    <h4>&copy; 快乐影视</h4>
16:  </div>
17:</div>
```

导航条 (第一个按钮被设置为默认的按钮)

- 03、09: 在页首行里面加上 <div> 元素和 data-role="navbar" 属性表示要建立导航条。
- 04~08: 使用 <ul> 和 <li> 元素定义项目列表，这些项目将成为导航条的按钮，请注意第 05 行的 ui-btn-active 表示将此项目设置为默认的按钮，ui-state-persist 表示每次加载页面都将此项目恢复到预先选取的状态。

设置导航条按钮的图标与位置

若要设置导航条按钮的图标，可以在 `<li>` 元素加上data-icon="icon-name" 属性，其中icon-name是图标的名称，第 17-1-2 节列出了名称对照表，以及如何自定义按钮的图标。此外，图标默认会显示在导航条按钮的上方，若要变更图标的位置，可以在 `<div data-role="navbar">` 元素加上data-iconpos="left | right | top | bottom | notext" 属性，例如：

```
<div data-role="header">
  <div data-role="navbar" data-iconpos="left">
   <ul>
    <li><a href="add.html" class="ui-btn-active ui-state-persist"
data-icon="plus"> 新增</a></li>
    <li><a href="delete.html" data-icon="delete"> 删除 </a></li>
    <li><a href="edit.html" data-icon="edit"> 编辑 </a></li>
   </ul>
  </div>
</div>
```

设置导航条的主题

导航条预设会沿用其父容器的主题，若要变更主题，可以在其父容器加上data-theme="a-z" 属性，例如下图是在页首行加上data-theme="b" 属性的浏览结果。

17-4 可折叠区块

由于移动设备的屏幕较小，因此，我们可以善用jQuery Mobile提供的可折叠区块（collapsible block）将某个项目或某个主题的内容折叠起来，待用户点击该项目再展开内容，例如下面的语句是在内容里面加上 `<div>` 元素和data-role="collapsible" 属性表示要创建可折叠区块：

```
<div data-role="content">
  <div data-role="collapsible">
   <h3>乔巴</h3>
   <p>身份船医，梦想成为能治百病的神医。</p>
  </div>
</div>
```

1.点取可折叠区块　　　　　　2.展开相关的内容

下面有几个小技巧:

- 可折叠区块默认是折叠起来的状态,若要一加载页面就展开内容,可以加上 data-collapsed="false" 属性。

- 可折叠区块的折叠图标默认是一个加号,若要变更折叠图标,可以加上 data-collapsed-icon 属性,例如 data-collapsed-icon="arrow-r" 是将折叠图标设置为向右箭头;相反的,展开图标默认是一个减号,若要变更展开图标,可以加上 data-expanded-icon 属性,例如 data-expanded-icon="arrow-d" 是将展开图标设置为向下箭头。

- 折叠图标和展开图标默认的位置在左侧,若要变更位置,可以加上 data-iconpos="left | right | top | bottom | notext" 属性,例如 data-iconpos="right" 是将图标放在右侧。

17-5　可折叠区块分组

我们可以利用jQuery Mobile提供的Collapsible set Widget将多个可折叠区块放在一起成为一个分组,称为可折叠区块分组(collapsible set of collapsible blocks),下面是一个例子 <\ch17\jQMUI4.html>。

```
01:<div data-role="content">
02:    <div data-role="collapsible-set">
03:      <div data-role="collapsible">
04:       <h3>乔巴</h3>
05:       <p>身份船医,梦想成为能治百病的神医。</p>
06:      </div>
07:      <div data-role="collapsible">
08:       <h3>索隆</h3>
09:       <p>主角鲁夫的伙伴,梦想成为世界第一的剑士。</p>
10:      </div>
11:      <div data-role="collapsible">
12:       <h3>佛朗基</h3>
13:       <p>传说中的船匠—汤姆的弟子,打造了千阳号</p>
14:      </div>
15:    </div>
16:</div>
```

- 02、15：在内容里面加上 <div> 元素和 data-role="collapsible-set" 属性表示要创建可折叠区块分组。
- 03 ~ 14：加上三个 <div> 元素和 data-role="collapsible" 属性表示要创建三个可折叠区块。

17-6　列表视图

对于一些条列式的项目、超链接或内容，我们可以使用jQuery Mobile提供的Listview Widget建立列表视图（listview），让这些数据排列得井然有序。

17-6-1　创建列表视图

创建列表视图最常见的方式是使用 <ul> 元素和data-role="listview" 属性，然后使用 <li> 元素指定各个的项目，下面是一个例子 <\ch17\jQMUI5.html>。

```
<div data-role="content">
  <ul data-role="listview">
   <li>故事介绍</li>
   <li>角色介绍</li>
   <li>精彩图片</li>
  </ul>
</div>
```

当然这些项目可以具有超链接功能，例如：

```
<div data-role="content">
  <ul data-role="listview">
   <li><a href="story.html">故事介绍</a></li>
   <li><a href="role.html">角色介绍</a></li>
   <li><a href="images.html">精彩图片</a></li>
```

```
    </ul>
  </div>
```

浏览结果如下图，每个项目的右侧会出现一个向右箭头，表示为超链接。

若要令超链接项目内缩且为圆角，可以在 `<ul data-role="listview">` 元素加上 data-inset="true" 属性，浏览结果如下图。

或者，我们也可以将 `<ul>` 元素换成 `<ol>` 元素，此时会在项目前面加上编号，浏览结果如下图。

17-6-2 设置分隔线

若要将列表视图中的项目分组并加上分隔线，可以在要作为分隔线的项目（`<li>` 元素）加入data-role="list-divider" 属性，例如 `<\ch17\jQMUI6.html>`：

```
01:<div data-role="content">
02:  <ul data-role="listview">
03:    <li data-role="list-divider">个性化</li>
04:    <li>面板</li>
05:    <li>桌布</li>
06:    <li>主画面</li>
07:    <li data-role="list-divider">账户管理</li>
08:    <li>Facebook</li>
09:    <li>Google</li>
10:    <li>气象</li>
```

```
11:    <li>邮件</li>
12: </ul>
13:</div>
```

浏览结果如下图，分隔线默认的主题为a（灰色），若要加以变更，可以在第 02 行的 <ul> 元素加上data-divider-theme="a-z" 属性。例如 data-divider-theme="b"，浏览结果如右下图。

①分隔线默认的主题为 a　　　　　②变更为主题 b

17-6-3　设置嵌套列表视图

我们可以在列表视图的项目中加入类似 <ul data-role="listview">...</ul> 的语句，来形成嵌套列表视图，举例来说，只要将前一节的例子改写成如下的 <\Ch17\jQMUI7.html>，就会形成嵌套列表视图。

```
<div data-role="content">
  <ul data-role="listview">
   <li> 个性化
     <ul data-role="listview">
       <li> 面板</li>
       <li> 桌布</li>            ②
       <li> 主画面</li>
     </ul>
   </li>
   <li> 账户管理
     <ul data-role="listview">
       <li>Facebook</li>
       <li>Google</li>
       <li> 气象</li>          ③
       <li> 邮件</li>
     </ul>                    ①
   </li>
  </ul>
</div>
```

①第一层列表视图（包含"个性化"和"账户管理"两个项目）

②第二层列表视图

③第二层列表视图

浏览结果如下图，浏览器会以另一个页面开启第二层列表视图，而且该页面的页首行标题会自动变成上一层的项目名称，例如此处的"个性化"。

①点击"个性化"项目　　　　　　　②开启第二层列表视图

17-6-4　格式化项目内容

我们可以选择适当的格式化元素将列表视图的项目内容加以格式化，例如使用 <h3> 和 <p> 元素标记标题与描述文字，下面举一个例子 <\Ch17\jQMUI8.html>。

```html
<div data-role="content">
  <ul data-role="listview">
    <li>
      <a href="personal.html">
        <h3> 个性化 </h3>
        <p> 设置面板、桌布与主画面 </p>
      </a>
    </li>
    <li>
      <a href="account.html">
        <h3> 账户管理 </h3>
        <p> 管理 Facebook、Google、气象与邮件账户 </p>
      </a>
    </li>
  </ul>
</div>
```

17-6-5 设置计数气泡与侧边内容

计数气泡（count bubble）是用圆圈圈起来的数字，显示在项目名称右侧，通常用来表示还有多少尚未完成的工作或尚未读取的项目，下面是一个例子 <\ch17\jQMUI9.html>，重点是在要设置计数气泡的元素（例如 <span> 元素）加上class="ui-li-count" 属性。

```
    <div data-role="content">
      <ul data-role="listview">
        <li><a href="inbox.html">收件箱<span
class="ui-li-count">20</span></a></li>
        <li><a href="outbox.html">寄件箱<span
class="ui-li-count">0</span></a></li>
        <li><a href="drafts.html">草稿<span
class="ui-li-count">1</span></a></li>
        <li><a href="drafts.html">寄件备份<span
class="ui-li-count">5</span></a></li>
      </ul>
    </div>
```

若是将上面五个 `<span>` 元素的class="ui-li-count" 属性换成 class="ui-li-aside" 属性，那么数字就不会呈现气泡外观，而是以文字显示在项目名称右侧，如下图。

邮件账户		
收件箱	20	⊙
寄件箱	0	⊙
草稿	1	⊙
寄件备份	5	⊙

17-6-6　设置搜索功能

我们可以在列表视图中设置搜索功能，以搜索包含用户输入文字的项目，举例来说，只要在 `<\ch17\jQMUI6.html>` 的 `<ul>` 元素加上data-filter="true" 属性，就会出现如下图的搜索方块，此时若输入"o"，就会搜索包含"o"的项目。

①搜索方块　　②输入"o"会搜索出包含"o"的项目

```
01:<div data-role="content">
02:  <ul data-role="listview" data-filter="true">
03:    <li data-role="list-divider">个性化</li>
04:    <li>面板</li>
05:    <li>桌布</li>
06:    <li>主画面</li>
07:    <li data-role="list-divider">账户管理</li>
08:    <li>Facebook</li>
09:    <li>Google</li>
10:    <li>气象</li>
11:    <li>邮件</li>
```

```
12:  </ul>
13:</div>
```

17-6-7 设置图标与缩略图

我们可以针对列表视图的项目设置图标或缩略图，图标（icon）为 16×16 像素，而且必须套用ui-li-icon类，缩略图（thumbnail）为 80×80 像素，无须套用ui-li-icon类。图标会显示在项目的左侧，它和用来表示超链接的向右箭头图标是不同的，下面举一个例子<\ch17\jQMUI10.html>。

①缩略图　　②图标

```
<div data-role="page">
  <div data-role="header">
   <h1>账户管理</h1>
  </div>
  <div data-role="content">
   <ul data-role="listview">
    <li><img src="fb2.png"><h3>Facebook</h3><p>查看脸书最新动态</p></li>      ①
    <li><img src="google2.png"><h3>Google</h3><p>查看 Google 账户</p></li>
    <li><img src="weather.png" class="ui-li-icon">气象</li>      ②
    <li><img src="email.png" class="ui-li-icon">邮件</a></li>
   </ul>
  </div>
</div>
```

①设置缩略图（80×80 像素）　　②设置图标（图片文件为 16×16 像素，必须套用 ui-li-icon 类）

17-6-8 设置分割按钮列表

有时我们会希望列表视图的项目能够提供两种不同的操作，举例来说，假设每个项目是一位联系人，而我们希望在用户点击项目左侧的联系人名称时，会出现对话框显示联系人的详细资料，而在用户点击项目右侧的编辑图标时，会出现另一个页面用于编辑资料，此时，可以使用分割按钮列表（split button list）功能，下面举一个例子 <\Ch17\jQMUI11.html>。

```
<div data-role="content">
  <ul data-role="listview">
    <li><a href="show.html"> 小丸子</a><a href="edit.html"
data-icon="edit"></a></li>
    <li><a href="show.html"> 花轮</a><a href="edit.html"
data-icon="edit"></a></li>
    <li><a href="show.html"> 小玉</a><a href="edit.html"
data-icon="edit"></a></li>
    <li><a href="show.html"> 丸尾</a><a href="edit.html"
data-icon="edit"></a></li>
  </ul>
</div>
```

浏览结果如下图，每个项目均被分割为两个能够点选的部分。若要单独设置右侧按钮的主题，可以在 <ul> 元素加上 data-split-theme="a-z" 属性。

17-7　窗体

jQuery Mobile支持标准的 HTML 窗体元素，若您对于HTML有哪些窗体元素感到陌生，可以参阅第 7 章，此处不再重复说明。jQuery Mobile 窗体其实和标准的 HTML 窗体差不多，都是类似如下的形式：

```
<form method="post" action="confirm.php">
  ...
</form>
```

在默认的情况下，jQuery Mobile 会以 Ajax 方式提交窗体，若要取消 Ajax 功能，改用标准的 HTTP Request，可以在 <form> 元素加上 data-ajax="false" 属性。

17-7-1　字段容器

jQuery Mobile 提供的字段容器（field container）虽然不是一种必要性的容器，但是将窗体字段放入此种容器，却可以让窗体更美观，因为字段容器可以根据移动设备当前是横向或纵向，自动将窗体字段排列整齐，而且还会加上分隔线，下面举一个例子 <\ch17\jQMform1.html>，其中第 03、08 行和第 09、11 行是各自利用一个 <div> 元素并加上 data-role="fieldcontain" 属性来设置字段容器。

```
01:<div data-role="content">
02:  <form>
03:    <div data-role="fieldcontain">
04:      <label for="username">输入姓名：</label>
05:      <input type="text" name="username">
06:      <label for="userpwd">输入密码：</label>
07:      <input type="password" name="userpwd">
08:    </div>
09:    <div data-role="fieldcontain">
10:      <input type="submit" value="确定">
11:    </div>
12:  </form>
13:</div>
```

①第一个字段容器里面有一个单行文本框和一个密码字段

②第二个字段容器里面有一个提交按钮

左下图为移动设备呈纵向时的浏览结果，此时标签和字段各排一列，两个字段容器之间则有一条分隔线，而右下图为移动设备呈横向时的浏览结果，此时标签和字段会排成一行。

您可以试着在窗体字段输入数据，由于"输入姓名："字段的输入类型是单行文本框（type="text"），故会将数据显示出来，而"输入密码："字段的输入类型是密码字段（type="password"），故会将数据显示为圆点，如下图。

17-7-2 文字输入字段

除了前一节示范的单行文本框(<input type="text">）和密码字段（<input type="password">），HTML 还提供了其他文字输入字段，例如：

文字输入字段	输入类型
<input type="email">	电子邮件地址
<input type="url">	网址
<input type="search">	搜索字段
<input type="tel">	电话号码
<input type="number">	数字
<input type="range">	以滑竿输入指定范围内的数字

我们可以直接将这些文字输入字段放入 jQuery Mobile 的字段容器，下面举一个例子 <\ch17\jQMform2.html>，其中滑竿字段可以让用户通过移动滑竿的方式输入指定范围内的数字，若要设置整个滑竿字段的主题，可以在 <input> 元素加上data-theme="a-z" 属性，若只要设置滑竿轨道的主题，可以在 <input> 元素加上data-track-theme="a-z" 属性。

```
01: <div data-role="content">
02:  <div data-role="fieldcontain">
03:   <label for="useremail">输入 E-mail: </label>
04:   <input type="email" name="useremail">
05:   <label for="userurl">输入网址: </label>
06:   <input type="url" name="userurl">
07:   <label for="usersearch">输入搜索关键词: </label>
08:   <input type="search" name="usersearch">
09:   <label for="usertel">输入电话: </label>
10:   <input type="tel" name="usertel">
```

```
11:      <label for="usernumber">输入数字 1-10：</label>
12:      <input type="number" name="usernumber" max="10" min="1">
13:      <label for="userrange">选择数字 1-10：</label>
14:      <input type="range" name="userrange" max="10" min="1">
15:   </div>
16: </div>
```

浏览结果如左下图，而右下图是在第 14 行加上 data-theme:"a" data-track-theme="b" 设置主题的浏览结果。若要显示迷你版的文字输入字段，可以在 `<input>` 元素加上 data-mini="true" 属性。

17-7-3　日期时间输入字段

HTML5 还新增了如下的日期时间输入字段，我们可以直接将这些字段放入 jQuery Mobile 的字段容器，下面是一个例子 `<\ch17\jQMform3.html>`。

日期时间输入字段	说明
`<input type="date">`	日期
`<input type="time">`	时间
`<input type="datetime">`	UTC 世界标准时间
`<input type="month">`	月份
`<input type="week">`	一年的第几周
`<input type="datetime-local">`	本地日期时间

```
<div data-role="fieldcontain">
  <label for="userdate">输入日期：</label>
  <input type="date" name="userdate">
</div>
```

浏览结果如下图，不同的浏览器可能提供不同的实现方式。

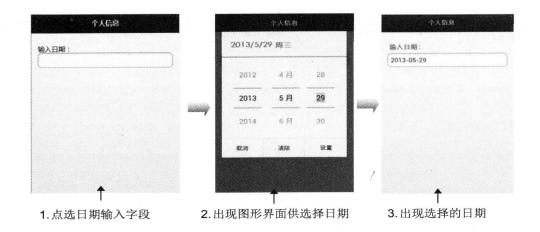

1.点选日期输入字段　　　　2.出现图形界面供选择日期　　　　3.出现选择的日期

17-7-4　多行文本框

我们可以将多行文本框放入 jQuery Mobile 的字段容器，下面举一个例子 <\ch17\jQMform4.html>。

```
<div data-role="fieldcontain">
  <label for="userintro">输入自我介绍: </label>
  <textarea name="userintro"></textarea>
</div>
```

浏览结果如下图，多行文本框会随着输入的文字变多而自动变大，若要显示迷你版的多行文本框，可以在 <textarea> 元素加上 data-mini="true" 属性。

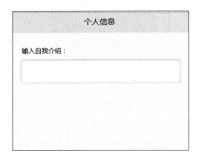

17-7-5　拨动式切换开关

我们可以利用 jQuery Mobile 提供的 Slider Widget 制作拨动式切换开关（flip toggle switch），下面举一个例子 <\ch17\jQMform5.html>，重点在于使用 <select> 元素搭配两个 <option> 元素来指定切换开关的 off 值和 on 值，而且 <select> 元素还要加上 data-role="slider" 属性，表示为拨动式切换开关。

```
01:<div data-role="fieldcontain">
02: <label for="openwifi">开启 Wi-Fi: </label>
```

```
03:   <select name="openwifi" data-role="slider">
04:    <option value="off">关
05:    <option value="on">开
06:   </select>
07:</div>
```

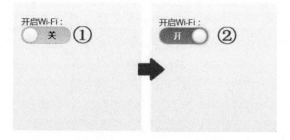

①预设为"关"，请向右拨动　　②切换为"开"

　　若要显示迷你版的切换开关，可以在 <select> 元素加上 data-mini="true" 属性。若要设置整个切换开关的主题，可以在 <select> 元素加上data-theme="a-z" 属性，若只要设置开关轨道的主题，可以在 <select> 元素加上data-track-theme="a-z" 属性，以下二图是在第 03 行加上 data-theme="a" data-track-theme="b" 设置主题的浏览结果。

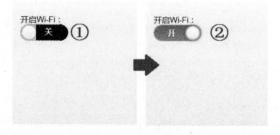

①预设为"关"，请向右拨动　　　②切换为"开"

17-7-6 下拉式菜单

　　和传统网页一样，我们可以使用 <select> 元素搭配 <option> 元素在移动版网页中插入下拉式菜单，不同的是 jQuery Mobile 会以可触控的按钮形式来显示下拉式菜单，并会针对不允许复选和允许复选的下拉式菜单提供不同的接口。

　　下面举一个例子 <\ch17\jQMform6a.html>，这个下拉式菜单不允许复选，而且"台湾大哥大"为预先选取的项目。

```
<div data-role="fieldcontain">
 <label for="userphone">您使用哪家业者的服务？</label>
 <select name="userphone">
  <option value="中国电信">中国电信
  <option value="台湾大哥大" selected>台湾大哥大
  <option value="远传">远传
```

```
    <option value="威宝">威宝
  </select>
</div>
```

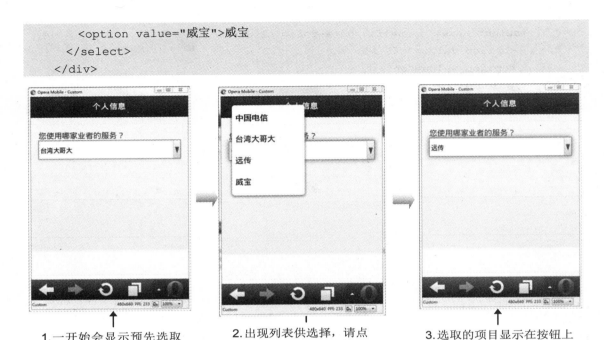

1.一开始会显示预先选取
的项目（例如"台湾大哥
大"），请点取此按钮

2.出现列表供选择，请点
取项目（例如"远传"）

3.选取的项目显示在按钮上

接着，我们将这个例子改写为允许复选的下拉式菜单 <\ch17\jQMform6b.html>，也就是在 <select> 元素加上multiple属性。

```
<div data-role="fieldcontain">
  <label for="userphone">您使用哪家业者的服务？</label>
  <select name="userphone[]" multiple>
    <option value="中华电信">中国电信
    <option value="台湾大哥大" selected>台湾大哥大
    <option value="远传">远传
    <option value="威宝">威宝
  </select>
</div>
```

浏览结果如下图，请注意第三个画面，jQuery Mobile会以逗号隔开复选的项目，并加上气泡数字标记选取几个项目。

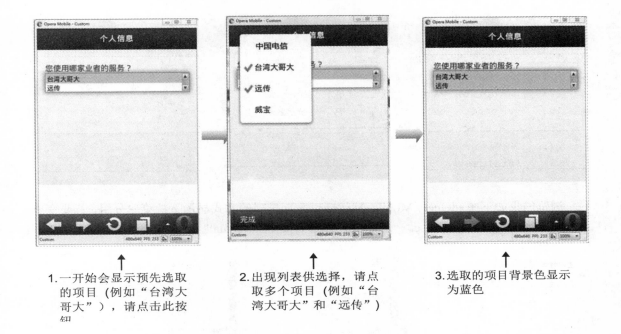

1. 一开始会显示预先选取的项目（例如"台湾大哥大"），请点击此按钮

2. 出现列表供选择，请点取多个项目（例如"台湾大哥大"和"远传"）

3. 选取的项目背景色显示为蓝色

由于 jQuery Mobile 会以可触控的按钮形式来显示下拉式菜单，所以适用于按钮的 data-* 属性都可以套用于 <select> 元素，例如加上 data-mini="true" 属性可以显示迷你按钮，加上 data-theme="a-z" 可以设置主题。

下拉菜单分组

我们可以将数个 <select> 元素建立为一个下拉菜单分组，下面是一个例子 <\Ch17\jQMform6c.html>，重点如下：

- 02、18：将 <select> 元素放在 <fieldset> 元素里面，并在 <fieldset> 元素加上 data-role="controlgroup" 属性，表示要建立为分组。
- 03：第 04 行的 <label> 元素原本是针对第 05 行的 <select> 元素提供说明文字，而第 12 行的 <label> 元素原本是针对第 13 行的 <select> 元素提供说明文字，但这些说明文字都因为格式化的缘故没有显示出来，所以在第 03 行使用 <legend> 元素加上说明文字。

```
01:<div data-role="fieldcontain">
02:  <fieldset data-role="controlgroup">
03:    <legend> 上课时间</legend>
04:    <label for="class-day"> 星期几</label>
05:    <select id="class-day">
06:      <option value=" 周一"> 周一</option>
07:      <option value=" 周二"> 周二</option>
08:      <option value=" 周三"> 周三</option>
09:      <option value=" 周四"> 周四</option>
```

```
10:      <option value=" 周五"> 周五</option>
11:    </select>
12:    <label for="class-time"> 时段</label>
13:    <select id="class-time">
14:      <option value=" 早上"> 早上</option>
15:      <option value=" 中午"> 中午</option>
16:      <option value=" 晚上"> 晚上</option>
17:    </select>
18:  </fieldset>
19:</div>
```

浏览结果如下图，jQuery Mobile 默认会以垂直排列的方式显示下拉菜单分组，若要变更为水平排列，可以在 <fieldset> 元素加上 data-type="horizontal" 属性。

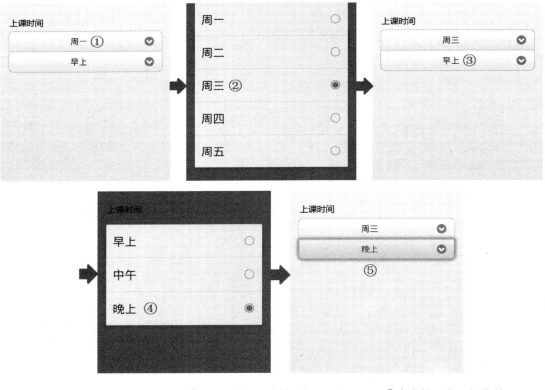

①点击第一个下拉菜单　　　②选取星期几（例如周三）　　　③点击第二个下拉菜单

④选取时段（例如晚上）　　　⑤选择的上课时间为周三晚上

下图是在第 02 行加上 data-type="horizontal" 属性，变更为水平排列的浏览结果。

非原生下拉菜单

在前面的例子 <\Ch17\jQMform6c.html> 中，用户点击下拉菜单后所弹出的画面其实是移动浏览器原生的界面，若要取消原生的界面，改用 jQuery Mobile 提供的界面，称为非原生下拉菜单（non-native select menu），可以在第 05 行和第 13 行的<select>元素加上 data-native-menu="false" 属性，如下：

```
...
05: <select id="class-day" data-native-menu="false">
...
13: <select id="class-time" data-native-menu="false">
...
```

浏览结果如下图。

17-7-7   复选框

我们可以使用 <input> 元素加上type="checkbox" 属性在移动版网页中插入复选框，下面是一个例子 <\ch17\jQMform7.html>，重点如下：

- 02、10：将 <input> 元素放在 <fieldset> 元素里面，并在 <fieldset> 元素加上 data-role="controlgroup" 属性，表示要创建为分组。
- 05、07、09：使用 <label> 元素作用于第 04、06、08 行的 <input> 元素提供项目的文字，这么做的目的是让项目容易被点击。请注意，每个 <input> 元素的 id 属性必须是唯一的，以供 <label> 元素的 for 属性引用，而隶属于相同分组的复选框必须有相同的 name 属性。
- 03：由于 <label> 元素被用来提供项目的文字，所以在第 03 行使用 <legend> 元素加上说明文字。

```
01:<div data-role="fieldcontain">
02:  <fieldset data-role="controlgroup">
03:    <legend>您使用过哪些品牌的手机？</legend>
04:    <input type="checkbox" name="userphone[]" id="brand1" value="htc">
05:    <label for="brand1">hTC</label>
06:    <input type="checkbox" name="userphone[]" id="brand2" value="Apple">
07:    <label for="brand2">Apple</label>
08:    <input type="checkbox" name="userphone[]" id="brand3" value="SONY">
09:    <label for="brand3">SONY</label>
10:  </fieldset>
11:</div>
```

①尚未勾选项目　　　　　　　②勾选前两个项目

若要显示迷你版的项目，可以在 <input> 元素加上 data-mini="true" 属性。此外，jQuery Mobile 默认会以垂直排列的方式显示复选框，若要变更为水平排列，可以在 <fieldset> 元素加上 data-type="horizontal" 属性，下图是在第 02 行加上 data-type="horizontal" 属性，变更为水平排列的浏览结果。

①尚未勾选项目　　　　　　　②勾选前两个项目

17-7-8　单选按钮

我们可以使用 <input> 元素加上 type="radio" 属性在移动版网页中插入单选按钮，下面举一个例子 <\ch10\jQMform8.html>，重点如下：

- 02、10：将 <input> 元素放在 <fieldset> 元素里面，并在 <fieldset> 元素加上 data-role="controlgroup" 属性，表示要创建为分组。
- 05、07、09：使用 <label> 元素作用于第 04、06、08 行的 <input> 元素提供项目的

文字，这么做的目的是让项目容易被点击。请注意，每个 <input> 元素的 **id** 属性必须是唯一的，以供 <label> 元素的 for 属性引用，而隶属于相同分组的单选按钮必须有相同的 **name** 属性。

- 03：由于 <label> 元素被用于提供项目的文字，所以在第 03 行使用 <legend> 元素加上说明文字。

仔细观察可以发现，这段程序代码和前一节的例子 <\ch17\jQMform7.html> 颇为类似，主要的差异在于单选按钮不允许复选，而复选框允许复选。

```
01:<div data-role="fieldcontain">
02:  <fieldset data-role="controlgroup">
03:    <legend>您最喜欢哪种水果？</legend>
04:    <input type="radio" name="fruit" id="kind1" value="peach">
05:    <label for="kind1">水蜜桃</label>
06:    <input type="radio" name="fruit" id="kind2" value="apple">
07:    <label for="kind2">苹果</label>
08:    <input type="radio" name="fruit" id="kind3" value="banana">
09:    <label for="kind3">香蕉</label>
10:  </fieldset>
11:</div>
```

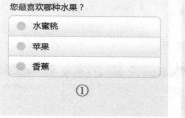
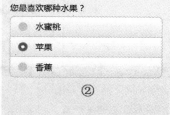

①尚未勾选任何项目　　　　　　　②勾选第二个项目

若要显示迷你版的项目，可以在 <input> 元素加上 data-mini="true" 属性。此外，jQuery Mobile 默认会以垂直排列的方式显示单选按钮，若要变更为水平排列，可以在 <fieldset> 元素加上 data-type="horizontal" 属性，下图是在第 02 行加上 data-type="horizontal" 属性，变更为水平排列的浏览结果。

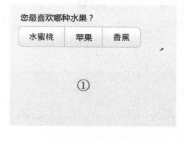

①尚未勾选任何项目　　　　　　　②勾选第二个项目

17-8　移动版网站实例

在本章的最后，我们会示范如何开发一个移动版网站，然后将相关的文件上传到 Web 服务器，并通过浏览器执行，浏览结果如以下各图。

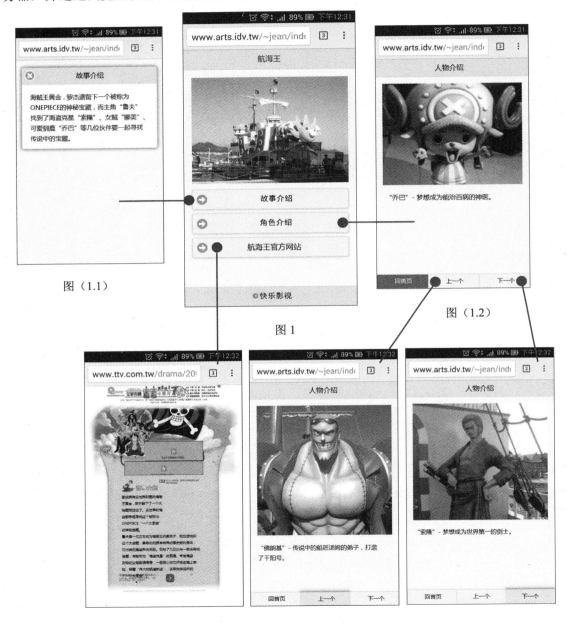

图（1.1）

图1

图（1.2）

图（1.3）　　　　　图（1.2.1）　　　　　图（1.2.2）

- 首页包含页首、内容和页尾，内容的部分有一张图片和"故事介绍"、"角色介绍"、"航海王官方网站"等三个按钮，如图 1。
- 当点击"故事介绍"时，会以对话框的形式显示航海王的故事介绍，如图 1.1，若要返回首页，可以点击左上角的关闭按钮。
- 当点击"角色介绍"时，会以另一个内部页面显示航海王的角色介绍，如图 1.2。若要显示上一个角色，可以点击导航条的"上一个"按钮，如图 1.2.1；若要显示下一个角色，可以点击导航条的"下一个"按钮，如图 1.2.2；若要返回首页，可以点击"回首页"按钮。
- 当点击"航海王官方网站"时，会链接到外部网站 http://www.ttv.com.tw/ drama/2005/ cartoon/onepeace/01-story.htm，如图 1.3。

17-8-1　设计移动版网站的界面

这个移动版网站是由下列几个文件所组成。

文件名	说明	
index.html	这个主控文件包含"首页"、"故事介绍"、"角色介绍"等三个页面，浏览结果如图 1、图 1.1、图 1.2	
piece.jpg		这张图片放在"首页"页面
piece1.jpg		这张图片放在"角色介绍"页面
piece2.jpg		这张图片放在"角色介绍"页面
piece3.jpg		这张图片放在"角色介绍"页面

首先，我们可以拟定 <index.html> 的页面结构如下，共包含"首页"、"故事介绍"、"角色介绍"等三个页面，id 分别为 "home"、"story"、"role"：

```
<body>
  <div data-role="page" id="home">
    <div data-role="header" data-position="fixed">
    </div>
    <div data-role="content">
    </div>
    <div data-role="footer" data-position="fixed">
    </div>
  </div>

  <div data-role="page" id="story">
    <div data-role="header">
    </div>
    <div data-role="content">
    </div>
  </div>
  <div data-role="page" id="role">
    <div data-role="header">
    </div>
    <div data-role="content">
    </div>
    <div data-role="footer" data-position="fixed">
    </div>
  </div>
</body>
```

① ①"首页"页面　　②"故事介绍"页面　　③"角色介绍"页面

接着，我们可以一一填入各个页面的内容如下：

```
<body>
  <div data-role="page" id="home">
    <div data-role="header" data-position="fixed">
      <h1> 航海王</h1>
    </div>
    <div data-role="content">
      <img src="piece.jpg" width="100%">
④    <a href="#story" data-rel="dialog" data-role="button"
data-icon="arrow-r"> 故事介绍</a>
⑤    <a href="#role" data-role="button" data-icon="arrow-r"> 角色介绍</a>
⑥    <a href="http://www.ttv.com.tw/drama/2005/cartoon/onepeace/01-story.htm"
       data-rel="external" data-role="button" data-icon="arrow-r"> 航海王官
方网站</a>
    </div>
    <div data-role="footer" data-position="fixed">
```

```
        <h4>&copy; 快乐影视</h4>
      </div>
    </div>
    <div data-role="page" id="story">
      <div data-role="header">
        <h1> 故事介绍</h1>
      </div>
      <div data-role="content">
        <p> 海贼王黄金. 罗杰遗留下一个被称为 ONEPIECE 的神秘宝藏,
          而主角"鲁夫"找了海盗克星"索隆"、女贼"娜美"、
          可爱驯鹿"乔巴"等几位伙伴要一起寻找传说中的宝藏。</p>
      </div>
    </div>
    <div data-role="page" id="role">
      <div data-role="header">
        <h1> 人物介绍</h1>
      </div>
      <div data-role="content">
        <img id="roleimg" src="piece1.jpg" width="100%">
        <p id="rolemsg"> "乔巴"一梦想成为能治百病的神医。</p>
      </div>
      <div data-role="footer" data-position="fixed">
        <div data-role="navbar">
          <ul>
            <li><a href="#home" class="ui-btn-active ui-state-persist">
            回首页</a></li>
                    ⑧
            <li><a href="javascript:prev();"> 上一个</a></li>
            <li><a href="javascript:next();"> 下一个</a></li>
                      ⑨
          </ul>
        </div>
      </div>
    </div>
  </div>
</body>
```

④指定以对话框的形式显示 "story" 页面的故事介绍

⑤指定以另一个内部页面显示 "role" 页面的角色介绍

⑥指定链接到外部网站

⑦在页尾放入一个导航条,里面有"回首页"、"上一个"、"下一个"三项

⑧指定点击超链接时就调用 prev() 函数

⑨指定点击超链接时就调用 next() 函数

17-8-2 加入 JavaScript 程序代码

记得我们在前一节设计网站界面的最后调用了 prev() 和 next() 两个 JavaScript 函数？前者的用途是显示上一个角色的图片和说明，而后者的用途是显示下一个角色的图片和说明，因此，我们只要在这个网站的 <head> 元素里面加入如下的 <script> 元素（标示为蓝字的部分），就大功告成了。

```html
<!doctype html>
<html>
  <head>
    <meta charset="utf-8">
    <title> 我的 jQuery Mobile 程序</title>
    <link rel="stylesheet"
href="http://code.jquery.com/mobile/1.3.1/jquery.mobile-1.3.1.min.css" />
    <script src="http://code.jquery.com/jquery-1.9.1.min.js"></script>
    <script src="http://code.jquery.com/mobile/1.3.1/jquery.mobile-
    1.3.1.min.js"></script>
<meta name="viewport" content="width=device-width, initial-scale=1">
    <script>
    var i = 0;                   // 变量 i 用来记录图片数组和说明数组的索引
    var img = new Array("piece1.jpg", "piece2.jpg", "piece3.jpg");
    var msg = new Array(""乔巴"一梦想成为能治百病的神医。",
        ""索隆"一梦想成为世界第一的剑士。",
        ""佛朗基"一传说中的船匠汤姆的弟子，打造了千阳号。");
    function prev(){
        i--;                     // 将索引递减 1
        if (i < 0) {i = 2;}              // 若 i 小于数组的最小索引，就重设为最大索引
        $("#roleimg").attr("src", img[i]);
        $("#rolemsg").text(msg[i]);
    }
    function next(){
        i++;                     // 将索引递增 1
        if (i > 2) {i = 0;}              // 若 i 大于数组的最大索引，就重设为最小索引
        $("#roleimg").attr("src", img[i]);
        $("#rolemsg").text(msg[i]);
    }
    </script>
</head>
  <body>
    <div data-role="page" id="home">
      <div data-role="header" data-position="fixed"><h1> 航海王</h1></div>
      <div data-role="content">
      <img src="piece.jpg" width="100%">
      <a href="#story" data-rel="dialog" data-role="button"
```

```
data-icon="arrow-r"> 故事介绍</a>
        <a href="#role" data-role="button" data-icon="arrow-r"> 角色介绍</a>
        <a href="http://www.ttv.com.tw/drama/2005/cartoon/onepeace/
          01-story.htm"data-rel="external" data-role="button"
          data-icon="arrow-r"> 航海王官方网站</a>
    </div>
    <div data-role="footer" data-position="fixed"><h4>&copy; 快乐影视
</h4></div>
    </div>
    <div data-role="page" id="story">
    <div data-role="header"><h1> 故事介绍</h1></div>
    <div data-role="content">
      <p> 海贼王黄金. 罗杰遗留下一个被称为 ONEPIECE 的神秘宝藏,
        而主角"鲁夫"找了海盗克星"索隆"、女贼"娜美"、
        可爱驯鹿"乔巴"等几位伙伴要一起寻找传说中的宝藏。</p>
    </div>
    </div>
    <div data-role="page" id="role">
    <div data-role="header"><h1> 人物介绍</h1></div>
      <div data-role="content">
        <img id="roleimg" src="piece1.jpg" width="100%">
        <p id="rolemsg">"乔巴" 一梦想成为能治百病的神医。</p>
      </div>
      <div data-role="footer" data-position="fixed">
        <div data-role="navbar">
          <ul>
            <li><a href="#home" class="ui-btn-active ui-state-persist"> 回首
页</a></li>
            <li><a href="javascript:prev();"> 上一个</a></li>
            <li><a href="javascript:next();"> 下一个</a></li>
          </ul>
        </div>
      </div>
    </div>
  </body>
</html>
```

`<\Ch17\index.html >`

习题

选择题

(　　) 1. 若要将超链接元素或表单输入元素描绘成按钮,可以使用下列哪个属性?

    A. data-inline="true"   B. data-inset="true"

    C. data-role="button"   D. data-role="navbar"

( ) 2. 若要变更按钮的图标位置，可以使用下列哪个属性？

    A. data-icon   B. data-mini

    C. data-position   D. data-iconpos

( ) 3. 若要将页首行固定显示在页面顶端，可以使用下列哪个属性？

    A. data-position="fixed"   B. data-type="horizontal"

    C. data-inline="true"   D. data-fullscreen="true"

( ) 4. 若要建立可折叠区块，将某个项目或某个主题的内容折叠起来，等用户点击
    该项再展开内容，可以使用下列哪个属性？

    A. data-role="collapsible"   B. data-role="controlgroup"

    C. data-role="collapsible-set"   D. data-role="listview"

( ) 5. 若要将列表视图中的项分组并加上分隔线，可以使用下列哪个属性？

    A. class="ui-li-aside"   B. class="ui-li-count"

    C. data-filter="true"   D. data-role="list-divider"

( ) 6. 若要制作拨动式切换开关，可以使用下列哪个属性？

    A. data-role="controlgroup"   B. data-role="slider"

    C. data-native-menu="false"   D. data-role="fieldcontain"

( ) 7. 若要取消按钮默认的圆角，可以使用下列哪个属性？

    A. data-shadow="false"   B. data-corners="false"

    C. data-icon="gear"   D. data-iconpos="nocorners"